纺织服装高等教育“十四五”部委级规划教材

时尚女装样板设计与制作

PATTERN-MAKING OF FASHIONABLE WOMEN'S WEAR

郑守阳　卓静　编著

東華大學出版社 · 上海

图书在版编目 (CIP) 数据

时尚女装样板设计与制作 / 郑守阳，卓静编著. -- 上海：东华大学出版社，2022.1

ISBN 978-7-5669-2017-1

Ⅰ. ①时… Ⅱ. ①郑… ②卓… Ⅲ. ①女服—纸样设计—高等职业教育—教材 Ⅳ. ① TS941.717

中国版本图书馆 CIP 数据核字 (2021) 第 260380 号

责任编辑：谭　英

封面设计：Marquis

时尚女装样板设计与制作

Shishang Nüzhuang Yangban Sheji yu Zhizuo

郑守阳　卓 静　编著

东华大学出版社出版

上海市延安西路 1882 号

邮政编码：200051　电话：(021) 62193056

出版社网址： http://www.dhupress.dhu.edu.cn

天猫旗舰店： http://www.dhdx.tmall.com

印刷：上海盛通时代印刷有限公司

开本：889 mm×1194 mm　1/16　印张：9　字数：308 千字

2022 年 1 月第 1 版　2022 年 1 月第 1 次印刷

ISBN 978-7-5669-2017-1

定价：43.00 元

前言

目前，我国经济建设中缺乏大量适应一线岗位工作的高等应用型人才，如何瞄准企业对人才的需求，以就业为导向，探索适合本地区、本学校发展的人才培养体系，是职业院校教学研究的热点问题。近几年来，浙江纺织服装职业技术学院与中国纺织工程学会、宁波智尚国际服装产业园合力共建“宁波现代纺织服装产业学院”、“中国纺织工程学会宁波纺织服装技术创新研究院”（“一园两院”），以建设数字化、智能化“纺织服装+”产教融合大平台为目标，促进本土纺织服装教育链、人才链与产业链、创新链有机衔接，服务地方经济发展。在“一园两院”产教融合背景下，服装与服饰专业现代学徒制教学体系也日益形成，并在教学上取得了卓效。女装样板设计与制作课程作为服装专业的主干课程，在教学内容与教学方法上积极创新，依托服装产业进行教学改革，成效显著。

本教材作为课程的配套教材，根据经济社会发展对人才需求的多样化，特别是生产一线对高素质技能型人才的迫切需要，有效地探索有利于服装职业教育高级技能型人才培养的现代学徒制教学进行教材内容的制定。教学内容根据校企合作产品开发的工作过程设置出产品款式设计、女装样板设计、样衣试制、展示评价等任务环节，构建了以服装技术工作过程为主线的项目课程方案。在课内师生与企业开发团队真诚合作，探索了真实项目、任务引领、团队教学、校企评价、佳作投产等课程模式，初步形成了课程的特色。

在此背景下，笔者将这些年的教学经验和教学内容重构整合，编写了课程教材《时尚女装样板设计与制作》。本教材的内容是按照我国现有服装产业的运行模式和相关服装企业的类型、岗位任务的能力要求进行编写的。其按企业模式、打样方式、操作过程进行设计，按照女装企业的产品结构设置了下装、上装、连体装三大模块，结合女装类和企业打样方式设计了短裙、裤子、衬衫、夹克衫、西服、大衣、连衣裙、连衣裤八个项目，按照岗位工作步骤设立了款式分析、初板设计和初板确认三个主要工作任务。特别是在款式分析环节设定了最新产品技术标准、相应材料的知识和测试技能、工艺技术参数确定使用等女装工业技术；在初样设计中提升了数字化设计含量；在初样确认中设计了试样假缝技术。其将样板设计、制板技术等知识与能力融合在一起，与服装产业岗位一一对应，进行“校企项目联动”、生产实训和校外顶岗实习等训练，形成必备的知识链条与综合的能力素质，达到与企业共同开发课程过程中提出的岗位能力要求，实现高技能人才培养的目标，满足企业对人才的需求，具有很强的岗位针对性和产业适用性。

本教材由全国服装十佳制板师郑守阳和卓静编著。宁波华羽金顶时尚科技有限公司现代学徒制合作企业总经理宋兆弘、设计总监吴利波参与了课程设计与教材内容编写；服装与服饰设计专业主任、副教授胡贞华对教材内容进行了设计和审核；课程组教师周盈、马艳英参与了编写工作，江群慧、徐颖芳、陆银霞参与了部分图片绘画工作。全书由郑守阳架构、修改和统稿，卓静对全书作了格式编排和审核。本教材的内容凝聚了几位教师在服装结构与工艺方面多年来的教学经验和在服装企业的工作经验。

本教材编写得到了宁波的几家企业的大力支持，许多服装款式、订单都是由服装企业亲自提供，宁波华羽金顶时尚科技有限公司和雅戈尔、杉杉、杉玛等企业的技术人员直接参与或指导了编写工作。在此深表感谢！本书在编写过程中还得到了浙江纺织服装职业技术学院领导与教师的大力支持和帮助，在此一并表示诚挚的谢意。由于水平和能力所限，加之现代学徒制课程尚处探索阶段，书中定有许多不足之处，恳请各位师生或读者朋友批评指正。真诚地希望本书能得到业界朋友的欢迎！

郑守阳

2021/11/10

目录

模块一 下装样板设计与制作

项目一　短裙样板设计与制作 001

过程一　裙子基础知识 001

过程二　裙子基础款样板设计与制作 003

过程三　时尚女裙样板设计与制作 008

项目二　裤子样板设计与制作 014

过程一　裤子基础知识 014

过程二　直筒女裤样板设计与制作 018

过程三　时尚女裤样板设计与制作 023

模块二 上装样板设计与制作

项目一　女衬衫样板设计与制作 028

过程一　女衬衫基础知识 028

过程二　衬衫基础款样板设计与制作 034

过程三　时尚女衬衫样板设计与制作 039

项目二　女夹克样板设计与制作 044

过程一　女夹克基础知识 044

过程二　夹克基础款样板设计与制作 050

过程三　时尚女夹克样板设计与制作 055

项目三　女西服样板设计与制作 060

过程一　女西服基础知识 060

过程二　女西服基础款样板设计与制作 064

过程三　时尚女西服样板设计与制作 072

项目四　女大衣样板设计与制作 ……076

过程一　女大衣基础知识 ……076

过程二　女大衣基础款样板设计与制作 ……079

过程三　时尚女大衣样板设计与制作 ……084

模块三 连体装样板设计与制作

项目一　连衣裙样板设计与制作 ……089

过程一　连衣裙基础知识 ……089

过程二　连衣裙基础款样板设计与制作 ……093

过程三　时尚连衣裙样板设计与制作 ……097

项目二　连衣裤样板设计与制作 ……102

过程一　连衣裤基础知识 ……102

过程二　连衣裤基础款样板设计与制作 ……105

过程三　时尚连衣裤样板设计与制作 ……109

附录：样板相关基础知识

基础知识一：服装号型标准及应用 ……117

基础知识二：服装样板 ……133

参考文献 ……135

模块一 下装样板设计与制作

项目一 短裙样板设计与制作

过程一 裙子基础知识

裙是一种围在人体下身的服装。在人类穿衣历史上，穿着裙子是最久远的。一块正方形的粗毛或粗麻织物也许就是人类进入纤维时代最初的衣服——裙子。

裙在古代被称为裳，男女同用，现一般为女性的常规服装。裙子是女性服装史中最古老的形式之一。虽然它至今仍保持着原始的基本形状，但随着人们对美的追求，它的外观形状也在不断地变化，已发展出丰富多彩的款式造型。

在不同国家、不同民族中，人们穿着裙子的形式不同，显示出了人们不同的性格特征和不同的审美情趣，如：印度纱丽的典雅，苏格兰格裙的潇洒，非洲草裙的朴实，西班牙长裙的浪漫，欧洲维多利亚时代带有撑架的蓬裙的华贵等。在服装演变的历史中，裙装更成为不同时期服饰潮流的晴雨表，其长短变化、裙摆变化、宽窄变化都成为追求时尚的人们最关心的话题，同时也反映着不同时期、不同地域、不同文化、不同社会背景中的人们对美的不同追求。

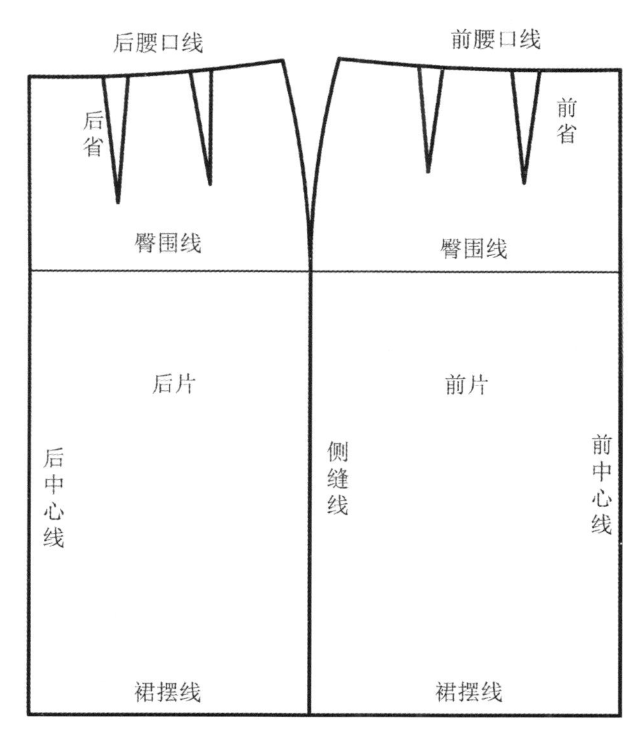

图 1-1 裙子结构线名称

一、裙子结构线名称和作用（图 1-1）

（1）前、后腰口线。裙子的前、后腰口线根据其所在人体位置命名。根据人体体型特征，前、后腰口线在侧缝处略抬高。

（2）前、后中心线。处于前、后中心位置。由于裙子没有裆的设计，前中心线一般在结构中都设计为直线，后中心线上一般都装拉链。

（3）前、后侧缝线。臀部以上根据人体体型特征略呈弧线，臀部以下根据款式造型设计。

（4）臀围线。臀围线是确定裙子围度的重要依据，裙子臀围的放松量决定裙子类型。

（5）裙摆线。一般根据裙子的款式设计，有直线造型的裙摆和弧线造型的裙摆。

二、裙子的分类

虽然裙装的变化形式丰富多样，但其基本结构都是一样的，即围裹于人体腰围以下部分的服装。与上装和裤装相比，裙装应该算是结构最简单的服装形式。对于裙装来说，控制部位一般较少，主要有腰围、臀围、裙长和下摆围。其中，腰围和臀围属于结构数据，裙长和下摆围属于造型数据（完全取决于款式和流行的需要）。腰部和臀部的处理是裙装结构设计的重点。

裙装根据不同的分类标准可以有不同的分类形式。

1. 按长度分类（图 1-2）

可分为超短裙、短裙、齐膝裙、中长裙、长裙、拖地裙六大类。超短裙裙摆线在横裆线至大腿中段之间；短裙裙摆线在大腿中段至膝位之间；齐膝裙裙摆线在膝位至小腿肚之间；中长裙裙摆线在小腿肚至小腿中段之间；长裙裙摆线在小腿中段至踝位之间；拖地裙裙摆线在踝位至地面之间。

2. 按款式造型分类（表 1-1）

可分为一步裙、直裙、A 字裙、斜裙、圆裙。

3. 按腰口线高低分类（图 1-3）

可分为低腰裙、中腰裙、高腰裙。

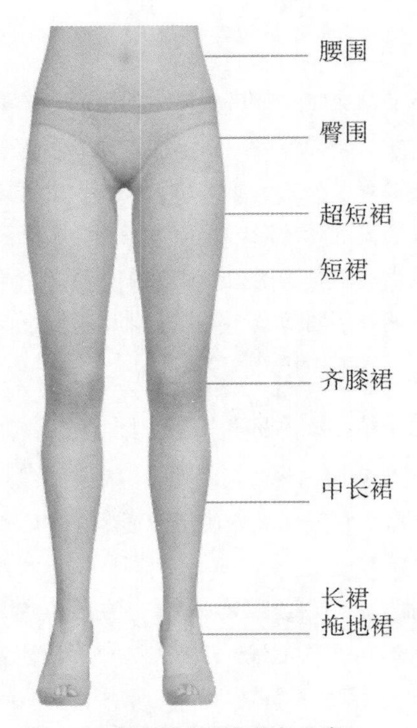

图 1-2　裙摆线位置与裙长分类

表 1-1 裙子按款式造型分类

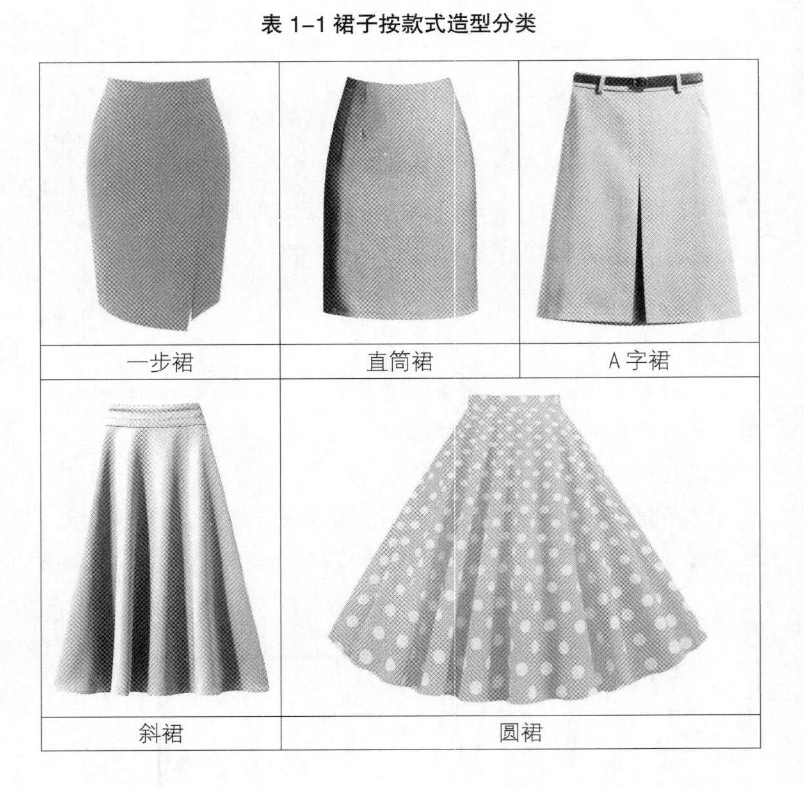

一步裙	直筒裙	A 字裙
斜裙	圆裙	

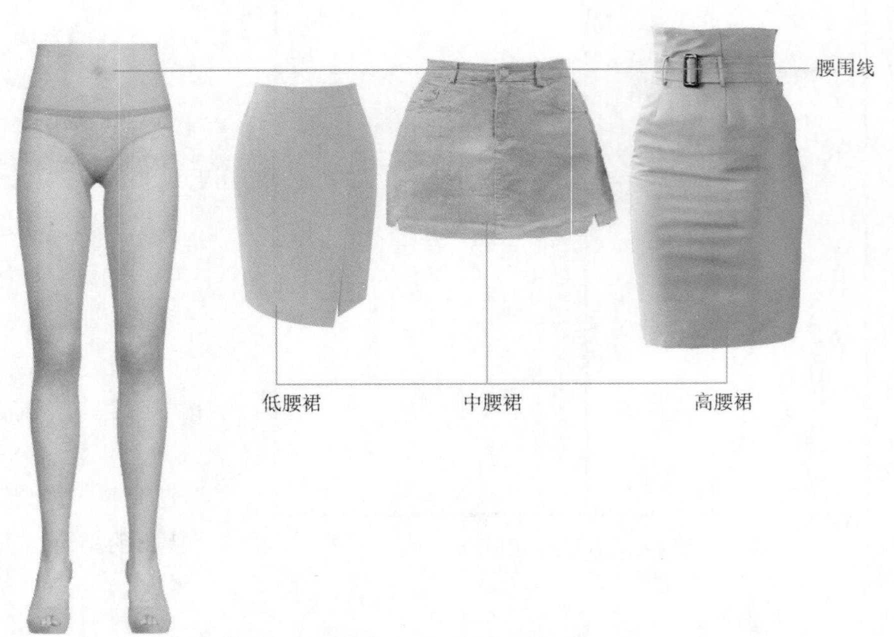

图 1-3　按裙子腰围线高低分类

三、裙子各部位尺寸设计原理

裙子的主要控制部位包括一个长度（裙长）和三个围度（腰围、臀围、摆围）。这四个因素相互之间按一定比例关系组合就可以构成各种各样的裙子。

1. 裙长尺寸设计（图 1-4）

（1）号型 160/68A 人体各部位的参照尺寸：人体上的腰围线、臀围线、横裆线、膝围线、脚踝线。这些部位之间的距离是衡量裙子长度的依据。

（2）裙长设计参考尺寸（表 1-2）。裙长一般起自腰围线，终点则没有绝对标准。裙长设计见表 1-2。

表 1-2 裙长设计参考尺寸（单位：cm）

名称	部位	不带腰头宽尺寸	带腰头宽（3cm）尺寸
超短裙	腰围线—大腿中围线	38	41
短裙	腰围线—膝围线	52	55
齐膝裙	腰围线—小腿上围线	63	66
中长裙	腰围线—小腿中围线	75	78
长裙	腰围线—踝围线	86	89
拖地裙	腰围线—地平面	98	101

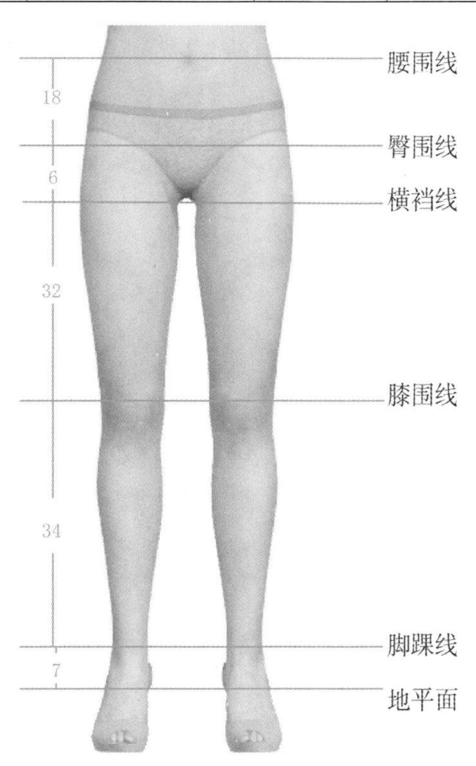

图 1-4　裙长尺寸设计图

2. 腰围尺寸设计原理（表 1-3）

在裙子的三个围度中，腰围是最小的，而且变化量也很小。不同裙子在腰头的造型、离腰围线距离都有所不同。

表 1-3 裙子腰围尺寸设计表（单位：cm）

名称	放松量	腰头造型	离腰围线距离
低腰裙	0 ~ 2	上弧形腰	一般低于人体腰围线 3 cm，不大于 6 ~ 8 cm
中腰裙	0 ~ 2	直腰	在人体腰围线上
高腰裙	0 ~ 2	下弧形腰	一般高出人体腰围线 6 ~ 8 cm，不超过 10 cm

3. 臀围尺寸设计原理（表 1-4）

臀围是人体臀部最丰满处水平一周的围度。但由于人体运动，臀部围度会产生变化，所以需要在净臀围尺寸上加放一定的运动松量。放松量根据不同款式、不同面料，还需要加入一定的调节量。

表 1-4 裙子臀围尺寸设计表（单位：cm）

名称	一步裙	直裙	A 字裙	斜裙	圆裙
放松量	2 ~ 4	3 ~ 6	6 ~ 8	8 ~ 12	由摆围与腰围的关系决定

4. 摆围尺寸设计原理

裙子下摆一周为摆围。它是裙子构成中最活跃的围度。一般来说，裙摆越大越便于下肢活动，裙摆越小越限制两条腿动作的幅度。但是，也不应得出裙摆越大活动就越方便的结论。裙摆的大小应主要根据裙子本身的造型、穿着场合及不同的活动方式而做出不同的设计。裙摆的变化也是裙子分类的主要依据。

过程二　裙子基础款样板设计与制作

一、实物样衣分析

实物样衣的分析主要包括实物样衣规格的测量，款式特点的分析及面辅料、工艺特点的分析。通过这些内容的分析来制定基础款的制板规格和制板方案。

下面以图 1-5 中直筒裙为例，来分析讲解其样板设计与制作的过程。

1. 款式分析（图 1-5）

裙子为中腰包臀直筒裙款式，前、后片左右各收一个省，装腰头，裙片后中缝的上端装隐形拉链、下端开衩。

2. 实物样衣规格测量（图 1-6）

操作要点：裙子被测量的部位一定要摆放平整，松紧适宜，这样才可测量。

测量的基本部位：裙长、腰围、臀围、裙摆围。

（1）裙长的测量：将裙子前片朝上平摊于桌面，皮尺从腰侧点向下沿侧缝线量至下摆线，皮尺松紧适宜。

图 1-5　直筒裙款式图

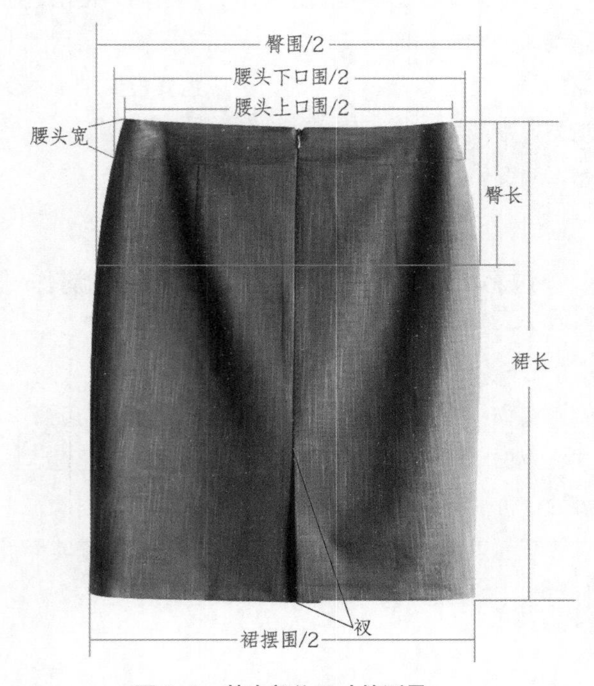

图 1-6　基本部位尺寸的测量

（2）腰围的测量：现在的女裙普遍使用立体型的腰头，即腰头裁片形状为扇形，所以测量腰围尺寸应包括腰头上口围与腰头下口围。

①操作时将裙子腰头摆平，从左腰侧点量至右腰侧点，先量腰头上口围，再量腰头下口围。

②对应于裙腰围测量的人体部位腰围测量的位置与方法：一般人体腰围测量的位置处于中腰位，但现在流行的款式以低腰或高腰为主，若为订单打样，取人体腰围尺寸时则应考虑腰口线的具体设计位置。

③腰围加放量分析及规格设计：一般腰围松量为 1 ～ 2cm；若裙子很宽松且体积较大，则可以不用加放松量，较贴身的腰围便于固定裙子于腰部；若裙子臀围、下摆很紧身，则加放较多的腰围松量，如 2 ～ 3cm。

（3）臀围的测量：将裙子摆平，一般左腰侧点向下 17cm 处（M 号）为臀围线位置，在臀围线上从左侧缝线横量至右侧缝线。确定臀围线时，也要考虑腰围线位置的高低，方可准确测量出臀围大小。一般紧身裙围度最大的位置即为臀围。

（4）摆围的测量：裙摆最下沿外围处，从左侧缝线横量至右侧缝线。注意保持布料顺直，不要将布料丝缕拉歪斜。

（5）细节部位尺寸的测量：细节部位测量将帮助确定纸样细节，是实物打样非常重要的数据。例如：

①腰头的宽度：测量腰面、腰里宽度，并检查腰面宽度前后是否一致，腰面、腰里宽度是否一致。

②夹里的大小：除去腰头的宽度，测量夹里实际的长度，分别测量夹里的腰省或腰褶的大小。

③拉链开口的长度，门里襟的长度。

④前、后片褶裥的位置与裥量的大小：注意区别风琴褶与锥形褶，有规律的褶与碎褶。有规律的褶需要分别量取褶裥两端的大小。

⑤前、后片分割形状的上下具体位置：可以在样衣上测量分割后的裁片实际大小，如纵向分割的鱼尾裙，可选择腰口、臀围、膝围和底边各个位置来测量横向宽度的变化。

⑥前、后省的长度与左右位置：注意省道缝份倒向的不同将影响毛样放缝。

⑦斜插袋或者其他口袋的测量：测量袋口尺寸、袋布大小，与腰口的距离。注意根据款式（如月亮袋）分析袋口是否需要进行腰省省量转移。

通过测量，获得样衣的成品规格见表 1-5。

表 1-5 成品规格表（单位：cm）

号型	裙长（L）	腰围（W）	臀围（H）	臀长（HL）	腰头宽（WBH）
160/68A	60	70	94	18	3.5

3. 面料测试

（1）测试取样：距布料布边 2cm 处取布，如纬向门幅为 90cm 则取 70cm（布样规格 70cm×70cm），纬向门幅大于 90cm 则取 100cm（布样规格 100cm×100cm），并用色线在四个端点定位。

（2）缩率测试：根据面料性能和款式要求做缩水、热缩测试，测试时要求用蒸汽熨烫，温度与压力根据面料的种类和性能选择。熨烫时要求顺着丝缕的方向左右或前后均匀熨烫，待受热均匀后，要求至少冷却 12h，然后测量样板四个定位点之间的长度和宽度，与取样的长度与宽度进行比较，得到经向和纬向相应的缩率值。

4. 规格设计

（1）成品规格设计。成品规格自样裙上实际测得，具体见表 1-5。

（2）女裙主要部位规格允许偏差。中华人民共和国纺织行业标准中规定的裙子主要部位规格偏差值见表 1-6。

表 1-6 部位规格偏差值（单位：cm）

部位名称	允许偏差
裙长	±1cm
臀围	±2cm
腰围	±1cm

5. 制板规格设计

面料的性能和缩率会影响到服装的规格，同时，在服装的生产过程中，缝制、熨烫等工艺手段也会或多或少影响服装成品的规格尺寸。因此，为保证成品服装规格在国家标注规定的偏差范围内，在设计制板规格时，应考虑以上影响成品规格的相关因素。假设以上面料测试中所测得的缩率：经向为 2%，纬向为 1%，计算 M 号的相关部位制板规格，见表 1-7。

（1）裙长：60×（1+2%）≈ 61cm；

（2）臀围：94×（1+1%）+ 工艺损耗≈ 95cm；

（3）腰围：因缝制时容易做大，故不变。

表 1-7 制板规格表（单位：cm）

号型	裙长（L）	腰围（W）	臀围（H）	臀长（HL）	腰头宽（WBH）
160/68A	61	70	95	18	3.5

二、初板制作

1. 样板制作

（1）裙子结构设计（见图 1-7）；

（2）先根据规格做出裙子基本型，确定前、后片的臀围、腰围与省量；

（3）女裙的前腰围为 W/4+1cm+ 省，后腰围为 W/4-1cm+ 省，这是因为前腰围线稍长于后腰线的缘故；

（4）后中腰点比前中腰点下降 0.8 ～ 1cm，这是因为在人体上通过精准测量而得到后中线上的腰至臀距离比前中线上的短；

（5）女裙若是面料较轻薄的夏季款式，或者采用毛呢类的面料，则应设置裙里。

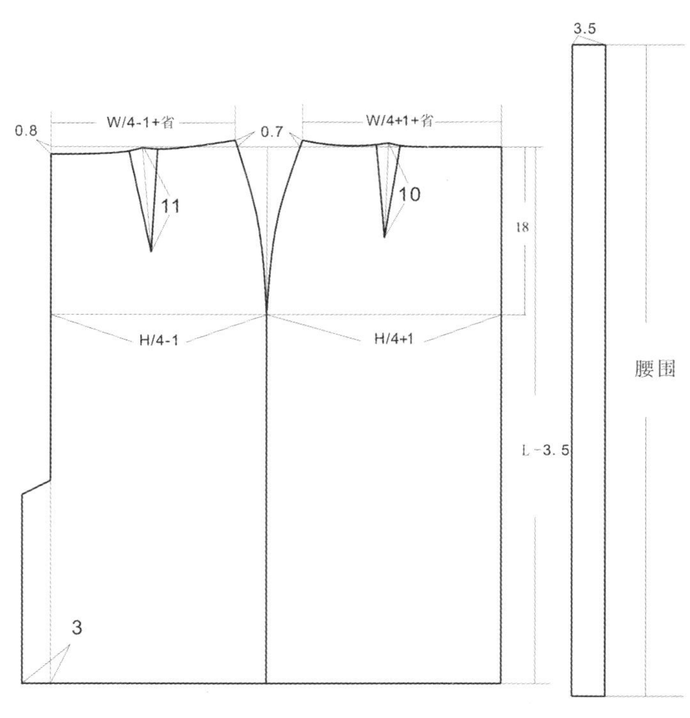

图 1-7 裙子结构制图（单位：cm）

2. 放缝（见图 1-8）

（1）放缝要点：

①常规情况下，裙片侧缝、腰缝的缝份为 1cm；直筒型裙子底边缝份为 3 ～ 4cm；若裙子底边处加缝贴边，则只需要放缝 1cm；圆台型的大摆裙，因为底边为斜丝缕，卷边太宽不容易缝制，所以大摆裙的底边一般为两折折光，放缝 1cm，也有一些底边直接用密拷收边，就不需要放缝了。若后中缝需要装拉链，则后中缝份为 1.5 ～ 2.5cm；

②花苞裙这类的裙子底边为圆弧形，不能直接折边卷上来缝，所以要加下摆贴边，贴边宽度为 3 ～ 4cm。

③放缝时弧线部分的端角要保持与净缝线垂直。

（2）样板标记：

①样板上做好丝缕线标记：写上款号、裁片名称、裁片数、号型、正反面等（不对称裁片应标明上下、左右、正反等信息）。

②做好定位、对位等相关标记。

说明：在 CAD 软件系统里样板图中“*=×”，全书后同。

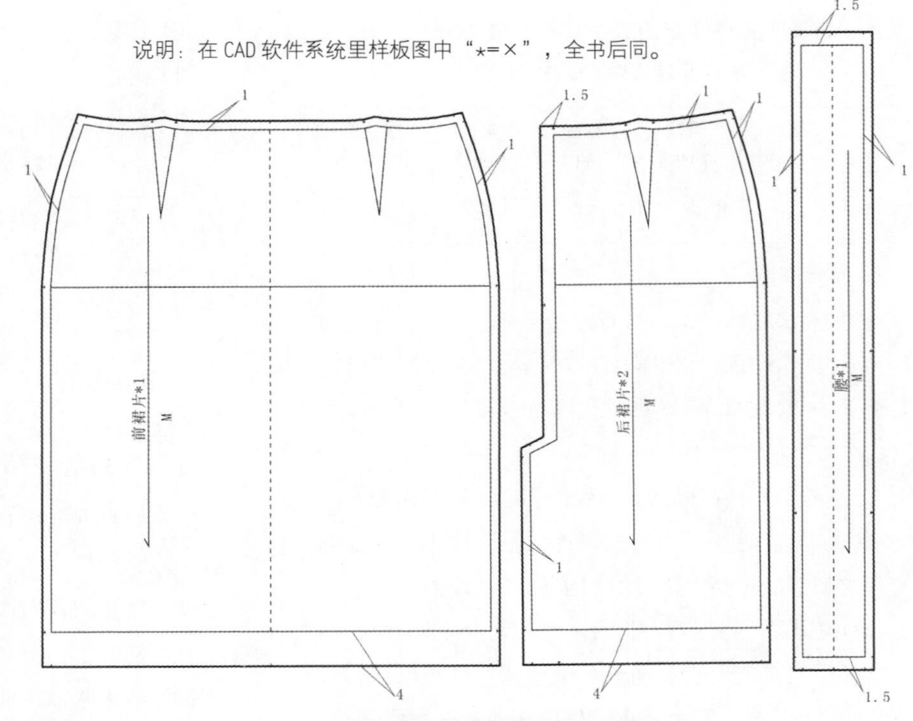

图 1-8 放缝图（样板）（单位：cm）

三、初板确认

1. 坯样试制

1）排料、裁剪

缝制服装前的第一个环节就是排料，排料准确性直接影响衣服的质量、造价的高低。对于批量生产服装而言，通过合理的排料来确定合理的使用量，不但为铺料、裁剪提供了依据，同时也提高了经济效益。

注意：排料时应注意面料的正、反面与衣片的对称，避免出现“一顺”现象。如遇到面料表面有绒毛时还应注意绒毛方向的一致性；若为有条格的面料，还应注意对条对格。排料时要充分节约面料，反复进行试排，不断改进，最终选出最合理的排料方案。在裁剪时要注意裁片色差、色条、破损，保证裁片的准确性，做到二层相符，纱向顺直、刀口整齐。

这款裙子采用门幅 144cm 的棉布制作，单层平铺排料，如图 1-9 所示。排料、裁剪时对裙子面料经纬纱向的规定见表 1-8。

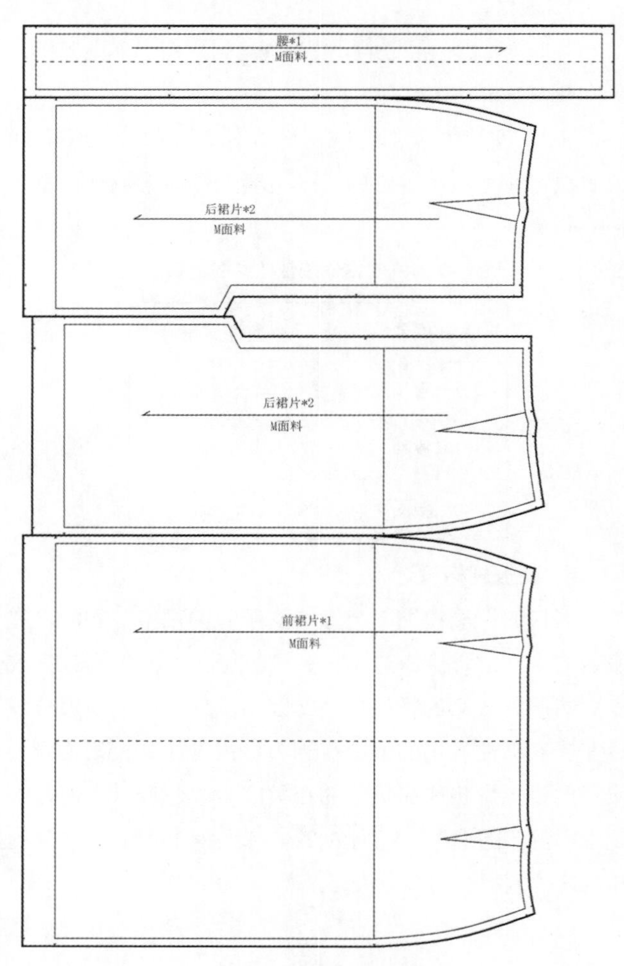

图 1-9 裙子排料图

表 1-8 经纬纱向规定

部位	经纬纱向规定
前片	经纱以前中线为准，不许歪斜， 特殊的斜裙取 45° 斜丝
后片	经纱以前中线为准，不许歪斜， 特殊的斜裙取 45° 斜丝

2）坯样缝制

坯样的缝制应参照样板要求和设计意愿，特别是在缝制过程中缝份大小应严格按照样板操作。同时，还应参照国家标准（GB/T 2665—2017）中女裙的质量标准。标准中关于服装缝制的技术规定有以下几项：

（1）缝制质量要求：

①针距密度规定见表 1-9。

表 1-9 针距密度表（单位：cm）

项目		针距密度	备注
明暗线		不少于 11 针 /3cm	—
包缝线		不少于 11 针 /3cm	—
手工针		不少于 7 针 /3cm	—
手拱止口 / 机拱止口		不少于 5 针 /3cm	—
三角针		不少于 5 针 /3cm	以单面计算
锁眼	细线	不少于 12 针 /1cm	—
	粗线	不少于 9 针 /1cm	—

注：细线指 20tex 及以下缝纫线；粗线指 20tex 以上缝纫线。

②各部位缝制线路顺直、整齐、牢固；

③缝份宽度不小于 0.8cm（开袋、领止口、门襟止口等缝份除外）；起落针处应有回针；

④上、下线松紧适宜，无跳线、断线、脱线、连根线头，底线不得外露；

⑤腰口伏贴，腰面松紧适应；

⑥底边圆顺，前后基本一致。

（2）缝制工艺流程：检查裁片—烫衬—收省—拼合侧缝—做衩—装后中隐形拉链—做腰、装腰—做底边—整理、整烫。

按以上的工序和要求完成坯样缝制。

2. 坯样确认与样板修正

（1）对比分析坯样与款式图，主要从以下几个方面进行核对：

①规格核对。测量坯样样衣规格，查看规格的偏差是否在工艺要求的偏差范围之内。如超出偏差范围则需要分析是何种原因造成的。

a. 工艺方面：缝合时有否按照样板所放的缝份缝合，是否有缝份缝制过大或过小的情况。如果是工艺制作的原因，则要注意下次缝合时一定要按样板所放的缝份缝合。褶裥的位置是否伏贴、准确。

b. 面料方面：面料的缩率测试是否有误；或是制作的面料有了调整，致使样板制板规格设定产生误差。若是以上原因则针对实际对制板规格进行调整，然后对样板作出相应的纠正。

c. 样板方面：再次核对样板的规格是否符合先前所设定的制板规格，如有出入，则对样板进行调整。

②款型核对。检查坯样样衣与实际样衣的款式是否相符，如有不符则进行修改。

③合体程度的核对。将样衣穿在模特上，观察哪些地方有欠缺或不够合体，然后分析原因，查找纠错方法，并在样板上进行修正。

④工艺制作手法的核对。观察坯样样衣上所采用的工艺手法是否与实物样衣的要求相符合，如果不相符合则在下一次制作时进行纠正。

（2）经对坯样进行分析、对比，做样板的修正：

①针对弊病作样板修正。针对样板上的错误或不好的地方，一般在基准样板上进行调整、改正，然后重新拷贝样板。对于改动较多、较大的样板，需要重新做试样修正。

②确认基准样。经过几次的试样、改样，一直到样衣、样板符合要求后，将基准样确定下来，然后封样。

过程三　时尚女裙样板设计与制作

一、时尚设计款一

1. 款式说明（图 1-10）

A 字裙，装 6cm 宽裙下摆，缉 0.6cm 宽的明线；前中装门里襟拉链，缉双明线，前中缝份倒向左片，缉 0.6cm 宽的明线；侧缝向前片偏 2cm，缝份倒向后片，缉 0.6cm 宽的明线；前片左右各挖一个单嵌线挖袋，袋口缉 0.1cm 宽的明线，裙片正面做口袋造型线；后中破缝，缝份倒向左片，缉 0.6cm 宽的明线；装两节腰头，四周缉 0.1cm 宽的明线，装 5 根裤袢。

说明：缉 0.6cm 宽的明线，即为距边缘端 0.6cm 处缉明线。全书后同。

2. 规格设计（表 1-10）

表 1-10 规格设计（单位：cm）

号型	裙长（L）	腰围（W）	臀围（H）	臀长（HL）	腰头宽（WBH）
160/68A	62	68	94	19	4

3. 结构分析

（1）长度 = 裙长 -8cm（腰头宽），臀长 19cm。

（2）臀围：前片臀围 =H/4+0.5cm，后片臀围 =H/4-0.5cm。

（3）下摆从前、后裙片里取出，其弧度根据裙子弧度来定。

（4）门里襟装拉链，缉双明线装饰。

（5）此裙为低腰裙，结构中腰做弧形腰。

4. 结构设计（图 1-11）

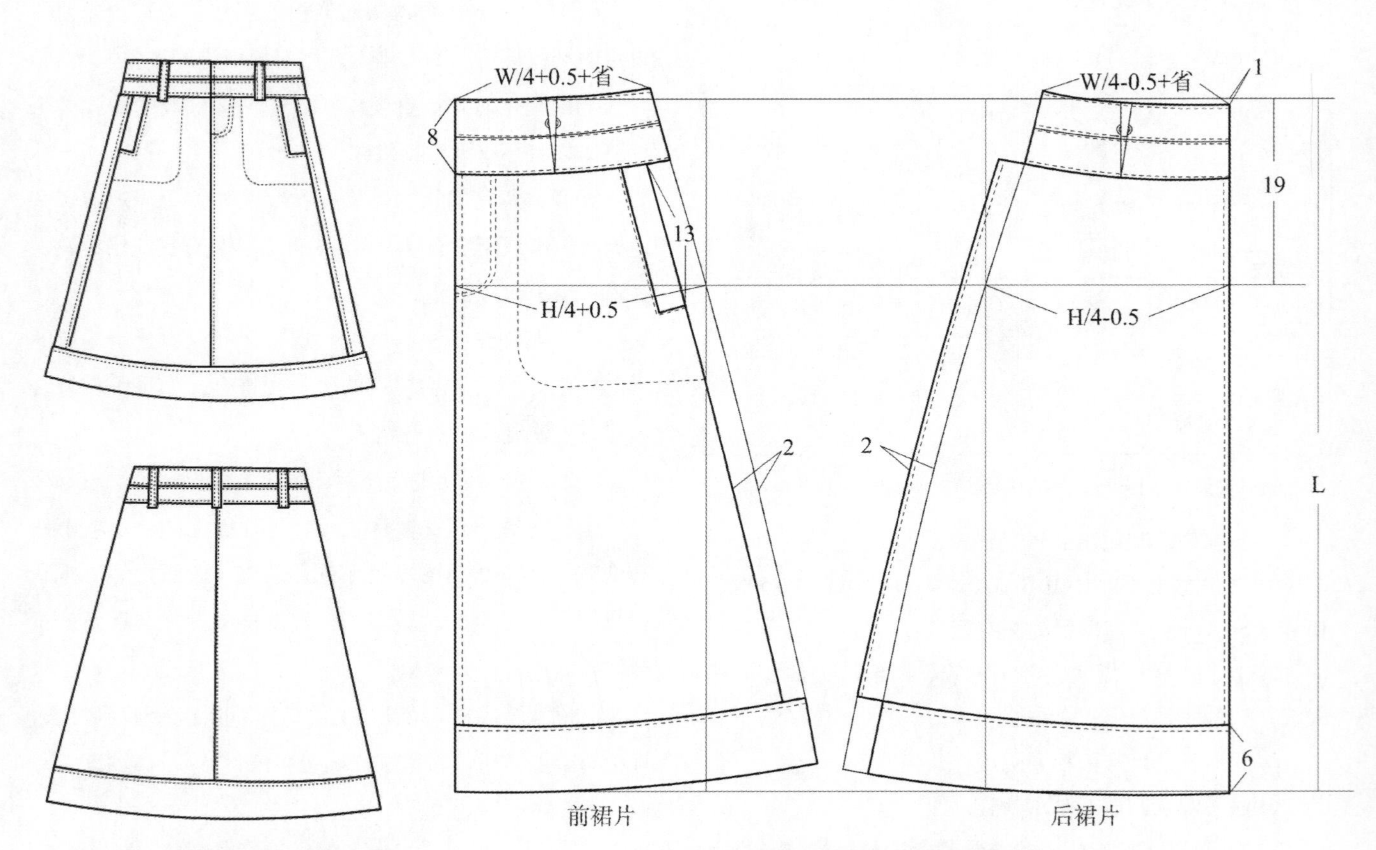

图 1-10　时尚设计款一的款式图

图 1-11　时尚设计款一的结构图（单位：cm）

二、时尚设计款二

1. 款式说明（图 1-12）

A 字不规则分割裙。装直腰，腰头各边缉 0.1cm 宽的明线；前后裙片做不规则分割，缝份各边缉 0.1cm 宽的明线；前后裙摆各有三片波浪式裙片，使裙摆成喇叭式，裙摆做三折光卷边，卷边宽 0.3cm，缉 0.2cm 宽的明线。

图 1-12　时尚设计款二的款式图

2. 规格设计（表 1-11）

表 1-11 规格设计（单位：cm）

号型	裙长（L）	腰围（W）	臀围（H）	臀长（HL）	腰头宽（WBH）
160/66A	66	68	94	16	3

3. 结构分析

（1）长度 = 裙长 -3cm（腰头宽），臀长 16cm（不含腰头宽）。

（2）臀围：前片臀围 =H/4+0.5cm，后片臀围 =H/4-0.5cm。

（3）不规则分割，将腰省转移到分割线内。

（4）将波浪裙片进行拉开，并将外轮廓重新调整。

（5）做直腰。

4. 结构设计（图 1-13）

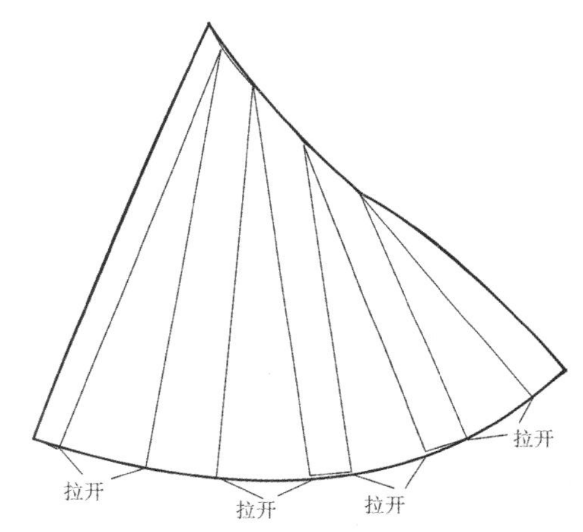

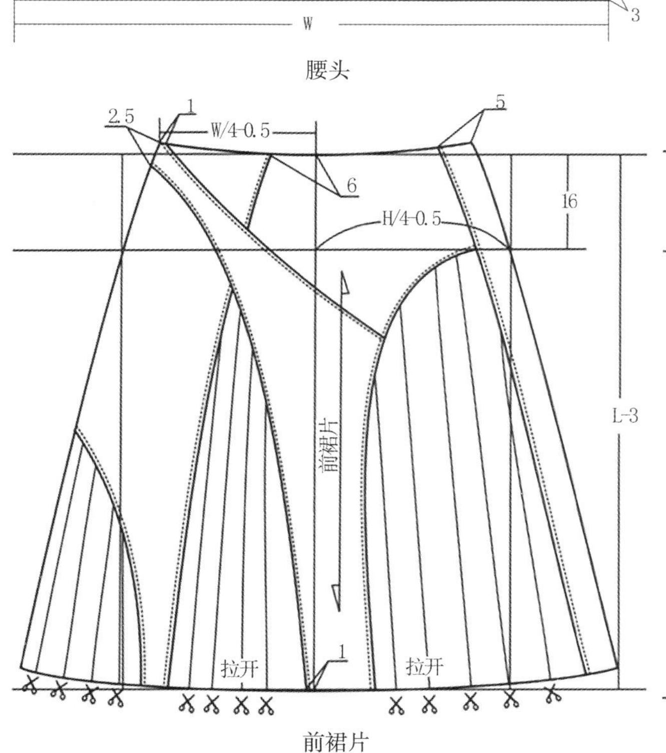

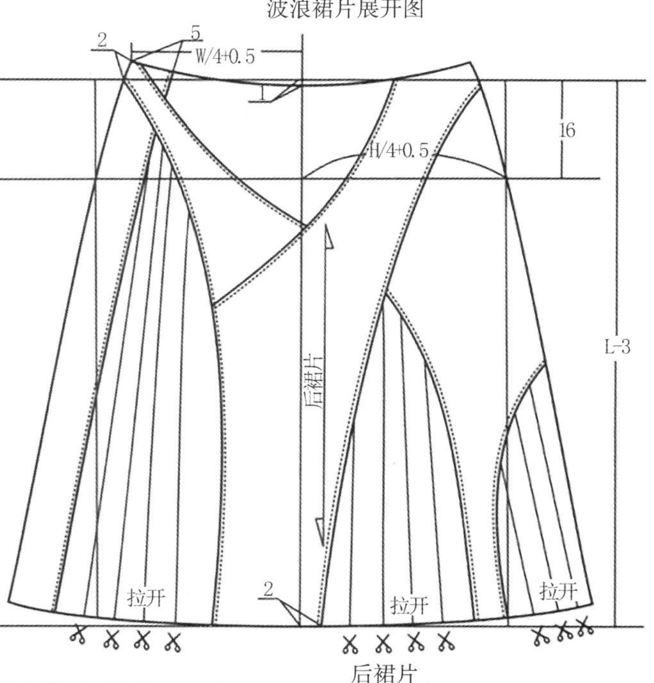

图 1-13　时尚设计款二的结构图（单位：cm）

三、时尚设计款三

1. 款式说明（图 1-14）

低腰直筒裙。装弧形腰，腰头各边缉 0.1cm 宽的明线；裙子由前片、后片、侧片组成，无侧缝线；前片左右各做一个斜插袋，装袋唇；后片弧线分割线，缝份倒向后片，缉 0.1cm 宽的明线；后中装隐形拉链，开后摆衩。裙摆做三折光卷边，卷边宽 2.1cm，缉 2cm 宽的明线。

2. 规格设计（表 1-12）

表 1-12 规格设计（单位：cm）

号型	裙长（L）	腰围（W）	臀围（H）	臀长（HL）	腰头宽（WBH）
160/68A	58	68	94	19	4

3. 结构分析

（1）长度 = 裙长（含腰头宽），臀长 19cm（含腰头宽）。

（2）臀围：前片臀围 =H/4+0.5cm，后片臀围 =H/4-0.5cm。

（3）根据基础裙结构做出前、后裙片及省道大小和位置。

（4）再根据款式将前、后裙片进行分割，将省道合并或转移到分割线内，合并侧缝，把袋垫布直接在侧片里画出。

（5）做弧腰，把腰省合并。

4. 结构设计（图 1-15）

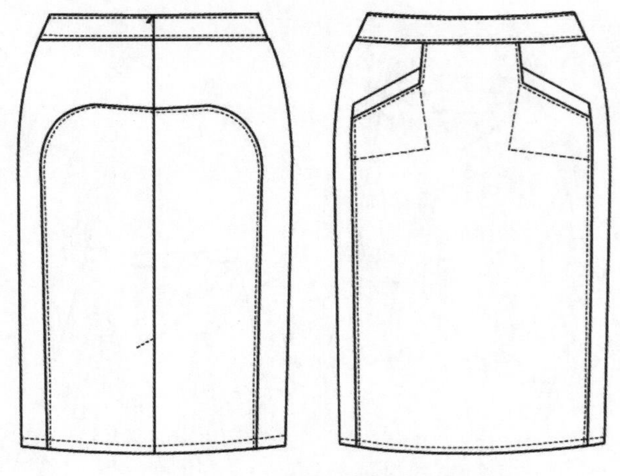

图 1-14 时尚设计款三的款式图

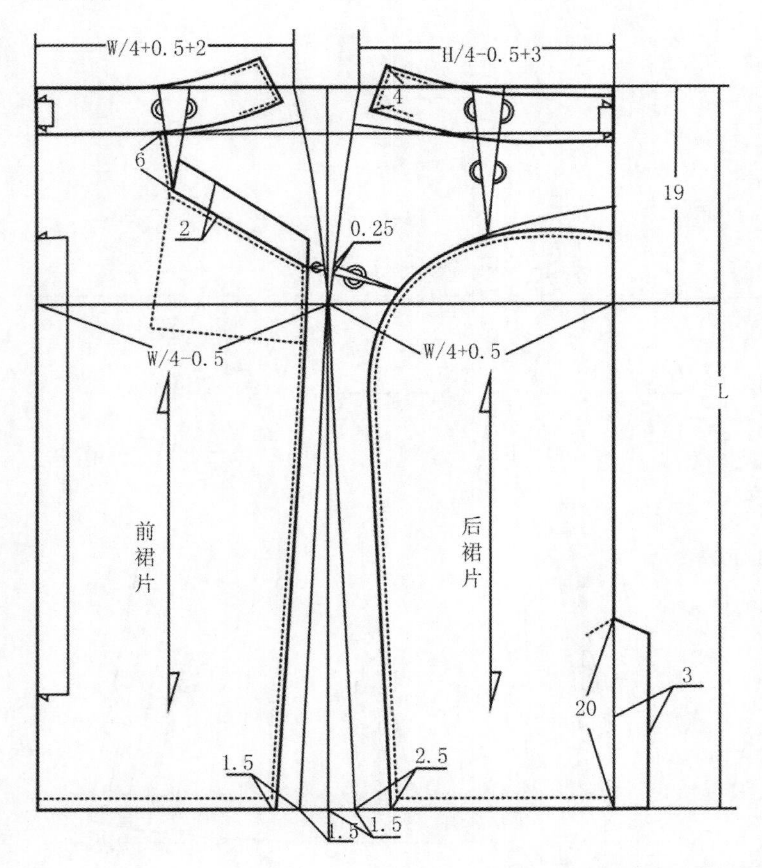

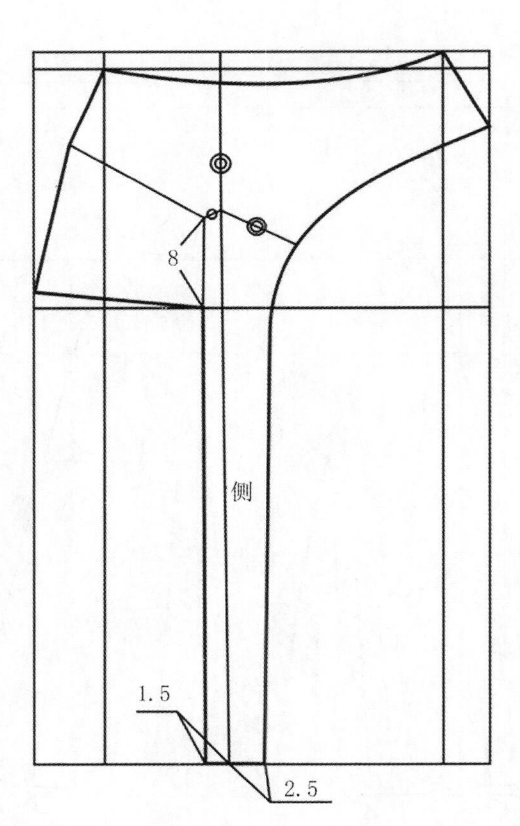

图 1-15 时尚设计款三的结构图（单位：cm）

四、时尚设计款四

1. 款式说明（图 1-16）

A 字裙。装弧形腰头；前裙片一道横向分割线，是将腰省合并后形成的；横向分割线下左右各打两个阴褶；后中装隐形拉链，装至腰上口，后片左右各收一个省道；裙摆做三折光卷边，卷边宽 0.5cm，缉 0.1cm 宽的止口。

2. 规格设计（表 1-13）

表 1-13 规格设计（单位：cm）

号型	裙长（L）	腰围（W）	臀围（H）	臀长（HL）	腰头宽（WBH）
160/66A	62	69	95	18	5

图 1-16　时尚设计款四的款式图

3. 结构分析

（1）长度 = 裙长（含腰头宽），臀长 18cm（含腰头宽）。

（2）臀围：前裙片中设计了四个褶，增加了前片的横向尺寸。前片臀围 =H/4，后片臀围 =H/4。

（3）横向分割线的位置应该在省尖附近，不可以太靠近腰线，向下不可以超越臀围线。

（4）横向分割线下的阴褶，尺寸设计为 12 ～ 16cm，增加了裙摆的量。

（5）做弧腰：由于拉链装到腰上口，因此腰头两端不用再加重叠量，只要把腰省合并即可。

4. 结构设计（图 1-17）

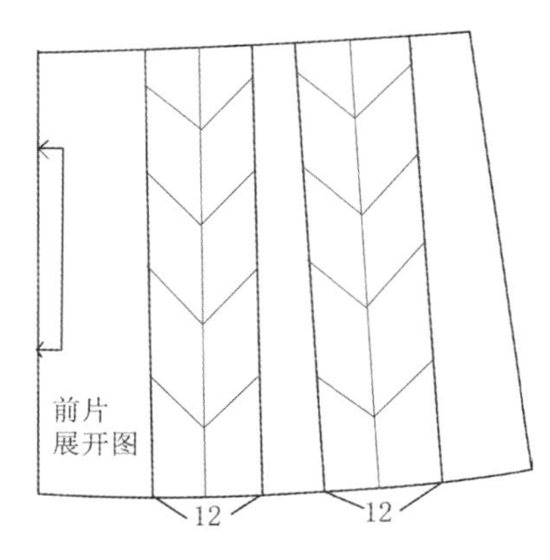

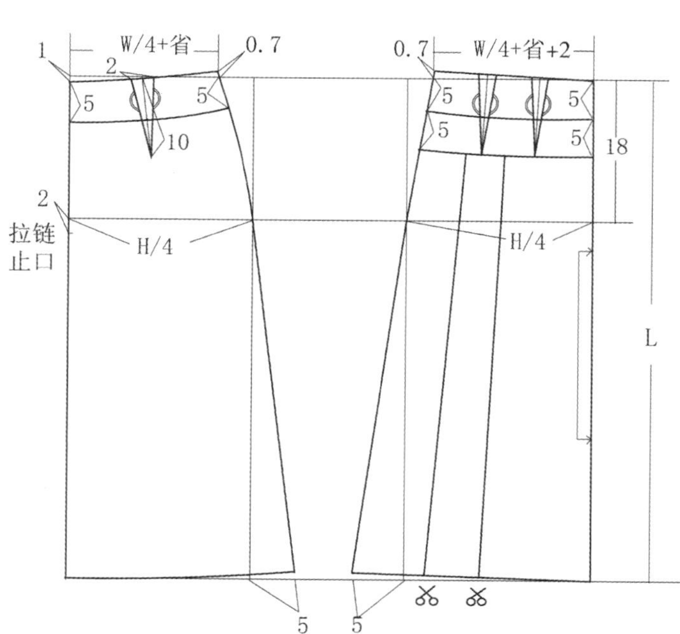

图 1-17　时尚设计款四的结构图（单位：cm）

五、时尚设计款五

1. 款式说明（图 1-18）

不对称短裙。装直腰，腰头缉 0.1cm 宽的明线；前、后裙片均有两道横向弧形分割线，分割线缝份倒向腰口，缉 0.1cm 宽的明线；前、后裙片各收一个腰省；分割线下裙片为不对称波浪裙，裙摆成喇叭式，裙摆做三折光卷边，卷边宽 1cm，缉 0.1cm 宽的止口。

2. 规格设计（表 1-14）

表 1-14 规格设计（单位：cm）

号型	裙长（L）	腰围（W）	臀围（H）	臀长（HL）	腰头宽（WBH）
160/66A	73	68	93	18	3

3. 结构分析

（1）长度 = 裙长 -3cm（腰头宽），臀长 18cm（不含腰头）。

（2）臀围：前片臀围 =H/4+0.5cm，后片臀围 =H/4-0.5cm。

（3）前后横向弧形分割线，将一个腰省合并在分割片内。

（4）不对称波浪裙片，将前后右侧裙片进行拉开处理，使裙摆产生大波浪造型，并将外轮廓重新调整。

（5）做直腰，腰带里襟方向做出 3cm 的重叠量。

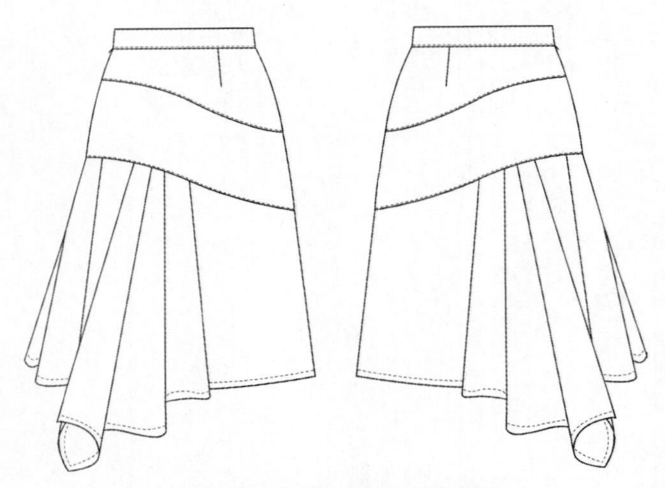

图 1-18　时尚设计款五的款式图

4. 结构设计（图 1-19）

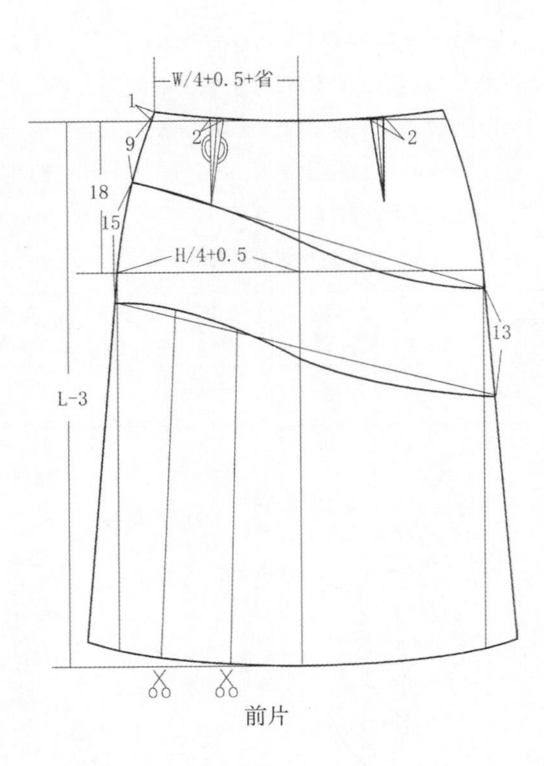

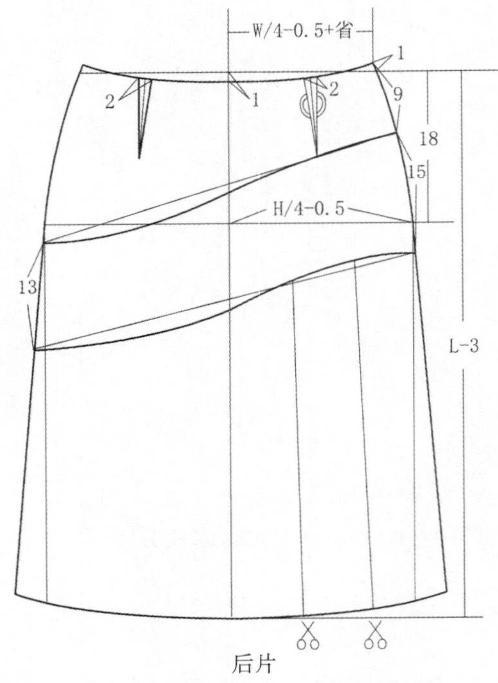

图 1-19-（1）　时尚设计款五的结构图（单位：cm）

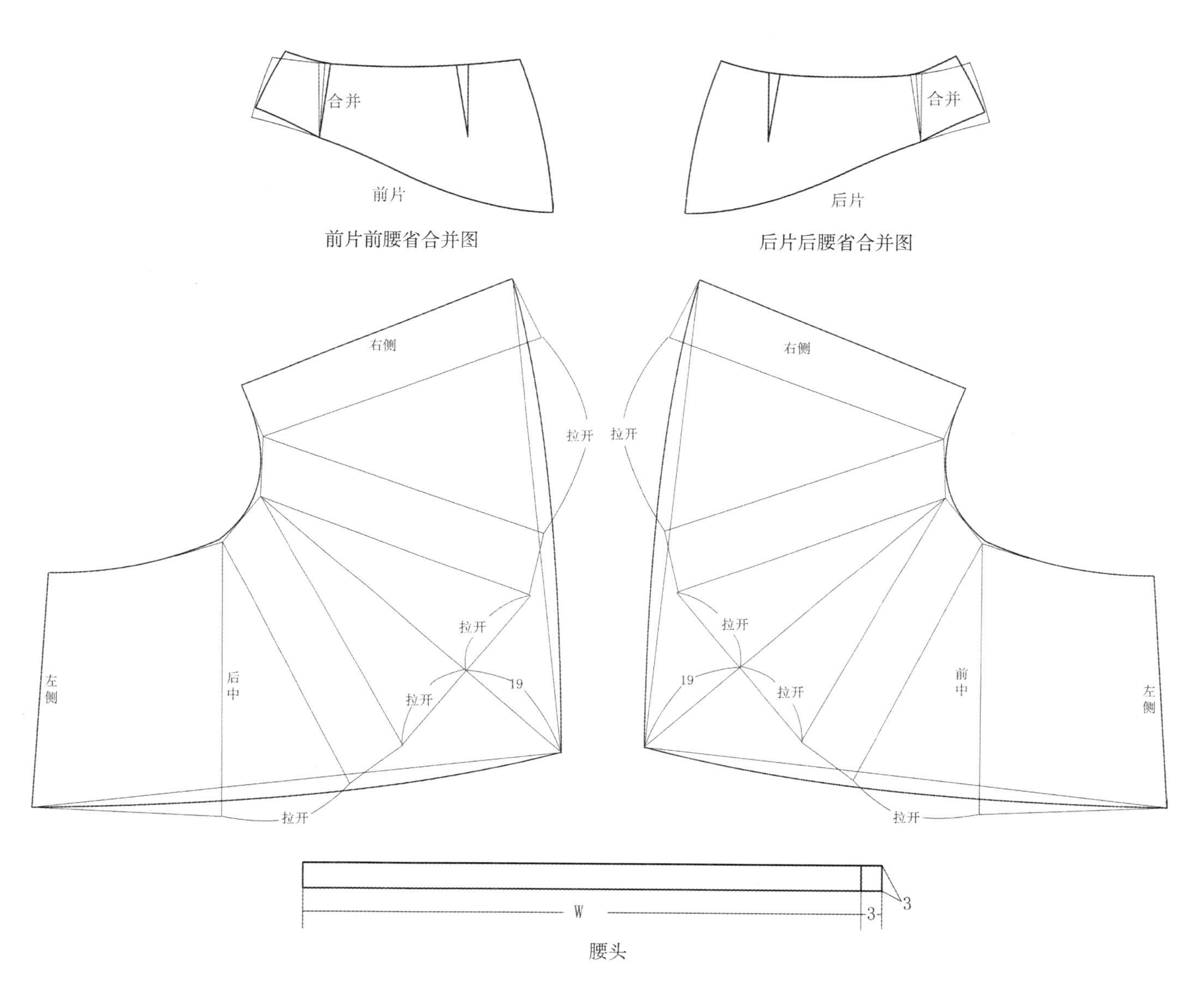

图 1-19-（2） 时尚设计款五的结构图（单位：cm）

项目二　裤子样板设计与制作

过程一　裤子基础知识

裤子是腰部以下穿着的主要服饰，最早是古代东方的波斯、土耳其、中国等地的典型服饰。随着社会的发展，如今裤子的种类也可谓丰富多彩，裤型、面料、色彩等都有了更多的选择。

现今裤子基本上由裤腰、裤裆和两个裤筒三部分组成。女裤在结构设计方面有着与裙子相似的地方。如裤子的省道、分割线和打褶的设计，与裙子的结构设计基本相同。裤子的结构设计主要在于正确把握大、小裆弯的设计，后翘和后中倾斜度的参数的选择。

裤子面料一般以涤、棉、毛以及各种混纺面料为主。

一、裤子结构线名称和作用（图 2-1）

（1）前、后腰口线。裤子的前、后腰口线是根据其所在人体位置命名的。由于裤子横裆的原因，后裤腰口线必须起翘而呈倾斜型。

（2）前、后中心线。处于前、后中心位置。由于人体的特征和运动因素，前中心线较直，后中心线呈倾斜状。

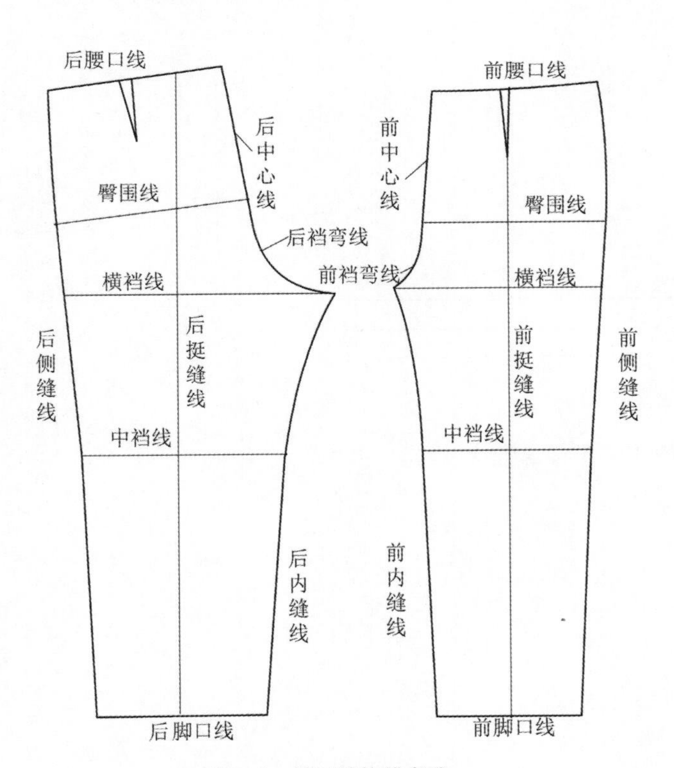

图 2-1　裤子结构线名称

（3）前、后裆弯线。前裆弯线是指通过腹部转向臀部的前转弯线，由于腹凸位置靠上而不明显，所以其弯度小而平。后裆弯线是指通过臀部转向腹部的后转弯线，由于臀凸位置低而凸起大，所以弯曲度急而深。

（4）前、后内缝线。前、后内缝线也叫前、后内长，是指下肢内侧的结构线，虽两线曲度不同，但长度基本相同。

（5）前、后侧缝线。是指髋部至下肢的结构线，虽两线曲度不同，但长度基本相同。

（6）前、后挺缝线。挺缝线也称烫迹线，必须与面料的直向丝缕保持一致，否则容易产生斜纹。

（7）臀围线。臀围线是在人体臀部最丰满的位置，是确定裤子围度的重要依据，也是制约裆弯深度的重要依据。

（8）横裆线。横裆线是指两个裤筒分开的参照线，横裆线的高低决定了裤子的宽松度。一般裤子越宽松，横裆线越低；裤子越紧身，横裆线越高。

（9）中裆线。中裆线也叫膝高线，是衡量膝关节的位置，是决定裤筒造型的重要依据。

（10）前、后脚口线。由于臀部凸起的原因，后脚口宽比前脚口宽大一些，使其达到裤身总体结构平衡。

二、裤子的分类

裤子即为双腿分别包裹的下装品种，根据不同的功能以及长度形状，裤子一般可根据长度、腰头高低、轮廓外观等分成长裤、短裤、无腰裤、高腰裤、直筒裤、喇叭裤等多种类型。

1. 按长度分类（图 2-2）

可分为超短裤、短裤、中裤、中长裤、吊脚裤、长裤。

2. 按款式造型分类（表 2-1）

可分为直筒裤、小脚裤、喇叭裤、裙裤。

3. 按腰口线高低分类（图 2-3）

可分为低腰裤、中腰裤、高腰裤。

4. 按裤装臀围放松量分类（图 2-4）

可分为贴体裤、较贴体裤、较宽松裤、宽松裤。

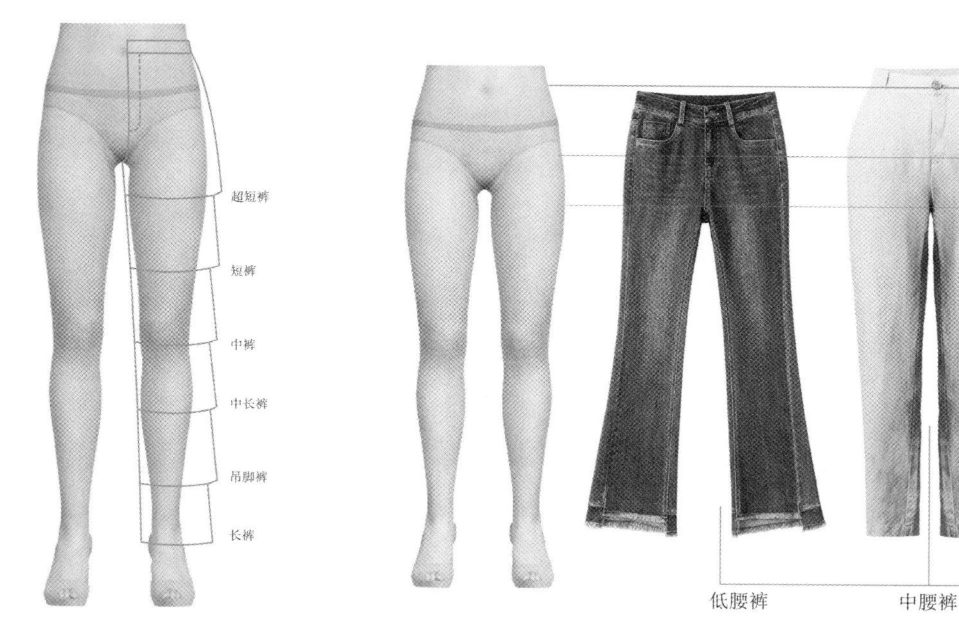

图 2-2　按长度分类

图 2-3　按裤子腰围线高低分类

表 2-1 按款式造型分类表

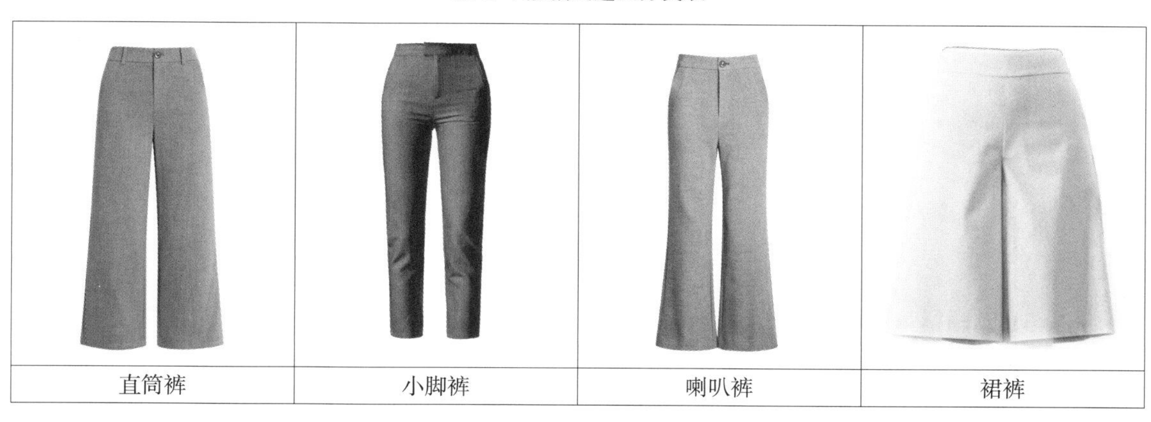			
直筒裤	小脚裤	喇叭裤	裙裤

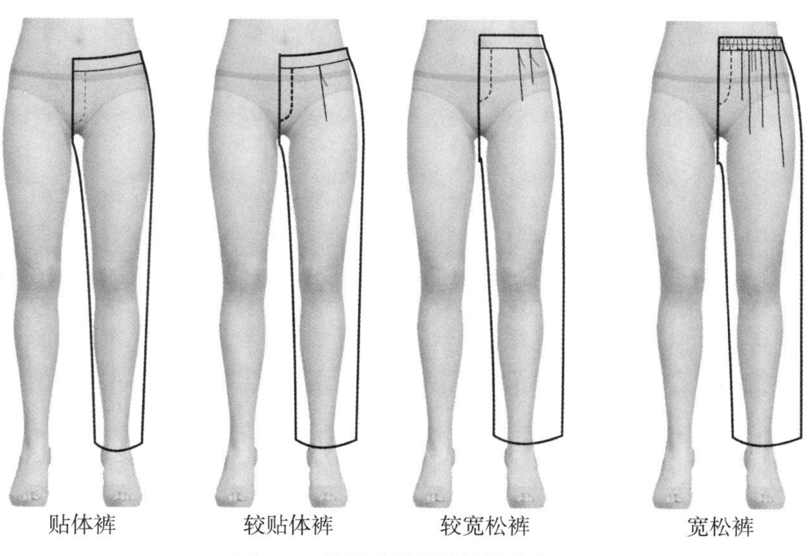

图 2-4　按裤装臀围放松量分类

三、裤子各部位尺寸设计原理

裤子的主要控制部位包括围度、宽度、长度。如腰围、臀围、上裆、裤长、脚口等。一般可以通过人体测量、实物测量、查表计算三种方法来获取裤子各部位的尺寸。

1. 实物测量尺寸（图 2-5）

测量裤子实物尺寸要点：被测量的部位一定要摆放平整、松紧适宜后，才可测量。基本部位尺寸的测量：

（1）裤长：沿侧缝线测量裤腰上口线至脚口线的距离（图中①）；

（2）立裆：自腰围线向下量至臀沟的距离（图中②）；

（3）腰围：将裤子放平后，测量腰口对折后的长度，再乘以 2（图中③）；

（4）臀围：将裤子放平后，测量股上长 1/3 处的臀部对折后的长度，再乘以 2（图中④）；

（5）脚口宽：将裤子放平后，测量脚口处裤腿的宽度（图中⑤）；

（6）腰带宽：腰头的宽度；

（7）细节部位：腰头、口袋、纽扣或者拉链等，省道、褶裥的位置等。

2. 人体测量尺寸（图 2-6）

号型 160/68A 人体各部位的参照尺寸如下。

（1）中腰腰围尺寸为 68cm，腰头每低 2cm，腰口的尺寸就大 2cm，腰围的尺寸是相对比较稳定的。

（2）无弹性面料的裤脚口尺寸必须大于 30cm，否则裤脚口处必须开衩、装拉链或者装橡筋处理。有弹性的面料，可根据面料的弹性情况把裤脚口做到 23 ～ 29cm。

（3）不管是高腰、中腰还是低腰，臀围至横裆的尺寸不会变化，一般为 8 ～ 9cm。

（4）裤子的长度由腰口线的高低、脚口的大小所决定。裤脚口较大则裤长可以加长，这样腿会显得更长。

图 2-5　实物测量

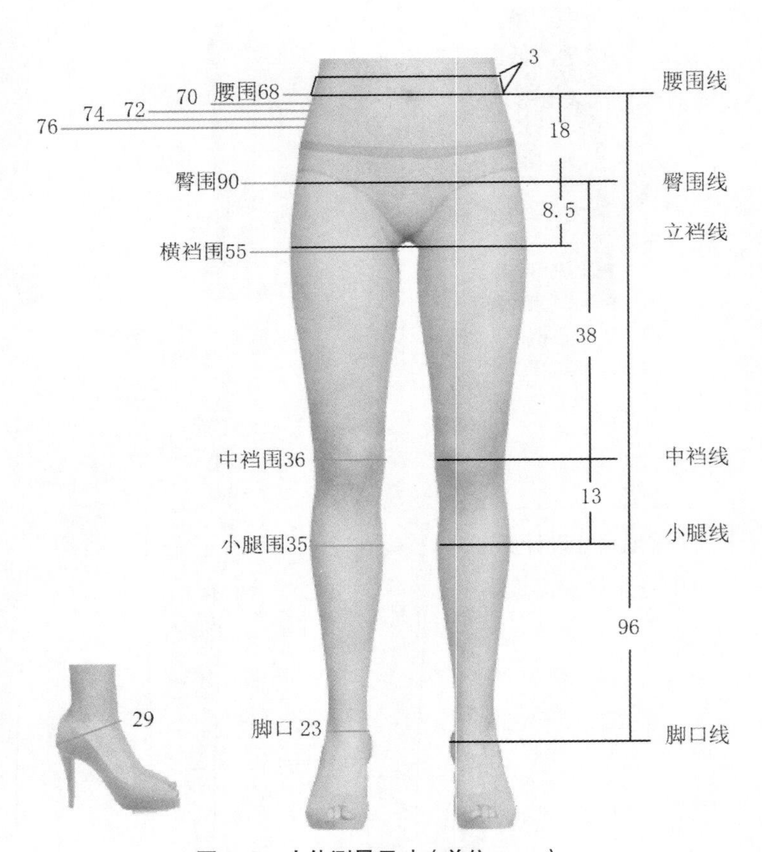

图 2-6　人体测量尺寸（单位：cm）

3. 裤子控制部位尺寸设计

1）裤长设计参考尺寸

中腰裤一般裤长起自腰围线，低腰裤、高腰裤根据实际情况在中腰裤长度的基础上进行加减。裤长设计见表 2-2（表中 h 表示身高）。

表 2-2 裤长设计参考尺寸

名称	部位	裤长设计
超短裤	长度至大转子骨下端	小于 0.4h-10cm
短裤	长度至大腿中部	0.4h-10cm 至 0.4h+5cm
中裤	长度至膝关节下端	0.4h+5cm 至 0.5h
中长裤	长度至小腿中部	0.5h 至 0.5h+10cm
吊脚裤	长度至小腿中部到脚踝骨之间	0.5h+10cm 至 0.6h
长裤	长度至脚踝骨	0.6h+2cm

2）腰围尺寸设计原理

裤子的中腰围一般根据服装穿着的层次和运动因素放 0 ～ 2cm 的松量。低腰裤成衣腰口尺寸要根据低腰情况来进行设计（表 2-3）。

表 2-3 裤腰围尺寸设计

名称	放松量	腰头造型	离腰围线距离
低腰裤	0 ～ 2 cm	上弧形腰	低于腰围线 2cm，腰围为 70cm 低于腰围线 4cm，腰围为 72cm 低于腰围线 6cm，腰围为 74cm 低于腰围线 8cm，腰围为 76cm
中腰裤	0 ～ 2 cm	直腰	在腰围线处，腰围为 68cm
高腰裤	0 ～ 2 cm	下弧形腰	一般高出腰围线 6 ～ 8 cm，不超过 10cm

3）臀围尺寸设计原理（表 2-4）

臀围是人体臀部最丰满处水平一周的围度。但由于人体运动，臀部围度会产生变化，所以需要在净臀围尺寸上加放一定的运动松量。放松量根据不同款式、不同面料，还需要加入一定的调节量。

表 2-4 不同款式臀围尺寸设计

款式	臀围的松量
合体	小于或等于 6cm
较合体	6 ～ 12cm
较宽松	12 ～ 18cm
宽松	18cm 以上

4）上裆与裆宽尺寸设计原理

在纸样设计中，上裆以人体股上长为依据进行调节，裆底的松量以横裆线为基础，下移 3cm 左右为设计调节区。上裆过短，会出现裤子下裆到臀部处紧绷，产生褶皱，穿上时夹裆，影响舒适度，反之上裆过长则裤子松垮，裆处出现松散皱纹，跨步有一定的困难。因此，要设计出合适的上裆长短，必须充分考虑裆底松量的合理配置。

正常情况下，上裆长都以 H/4 计算，但这只针对于正常体，特殊体型则会出现不合体的状态。经验得出，特体的上裆以“H/10+L/10+6cm”矫正，也可以用“H/10+号 /10”的公式进行验证。因为对于特胖的人体来说，本身臀围就很大，如果按照常用的 H/4 来定尺寸，会出现上裆过大的现象，整个裤型缺乏合理及美观性。

在整个结构中，还有一个数据也起到了至关重要的作用，即裆宽。一般情况下，“腹臀宽 + 松量”就是总裆宽。在结构中前、后裆宽的比例为 1∶2 至 1∶3 之间，过大，则会出现吊裆，过小则腹臀宽过紧，运动受限。同时，裆宽的大小也受到臀围的影响：臀围数值越大，横裆越宽；反之则变小。所以说，前、后裆宽的比例及设计，对穿着的舒适度有很大的影响（表 2-5）。

表 2-5 不同款式裆宽尺寸设计（单位：cm）

款式	裆宽
贴体	0.14H ～ 0.15H
较贴体	0.145H ～ 0.155H
较宽松	0.15H ～ 0.16H
宽松	0.145H ～ 0.155H

过程二　直筒女裤样板设计与制作

一、直筒女裤订单分析

订单分析主要涉及到样衣生产单设计以及具体服装的款式、风格、结构、面辅料、工艺特点等，以便能合理制定制板规格，正确做出服装样板。表 2-6 为直筒女裤的订单样衣生产单。

样衣试制是生产企业的技术部门根据设计师所画的款式效果图或客户的来图、来样及其他相关要求，结合自身的条件所进行的实物样衣试制。其目的是通过样衣试制，充分了解产品特征，为更好体现设计意愿和客户的要求，摸索和总结一套既能符合生产条件、又能保证产品质量的科学、有效的生产工艺和操作方法，以修正不合理的因素，制定出一份合理、有效的生产技术文件，用以指导大批量生产。

在内销产品的生产企业中，样衣试制必须有设计部门下达给技术部门的生产样衣任务书，即样衣生产通知单。设计师在完成款式设计后，要编写样衣生产通知单，做出款式平面图，说明款式特点、规格要求以及相关的工艺要求等，并附上面辅料小样，交付技术部门试制样衣。

1. 样衣生产单内容

（1）款式编号：是一个款式用于区别其他款式的标志，便于生产各方查询使用。编号的方法在不同的企业均有所不同，但都包含了一定的信息，如产品的服类、日期等。

（2）下单日期和完成日期：样衣下单的日期和计划要求完成的日期。

（3）款式平面结构图（正、反）款式说明：强调款式特点、细节设计，以帮助板师对款式的理解。

（4）成品规格表：说明样衣各个部位的成品规格以及某些部位小部件的规格，必要时注明测量方式。

（5）面、辅料小样：必要时注明面 / 辅料的货号、名称、门幅、规格等。

（6）工艺要求：说明样衣中一些需要注意的工艺要求，强调样衣的一些特殊工艺以及成品所需要达到的工艺质量。

（7）后整理要求：对样衣需要做水洗、砂洗等后整理工序处理的情况进行说明。

（8）改样记录：留此一栏以备样衣需要修改时在上面做修改记录，方便在后面的工作中查看。

（9）设计、制板、样衣制作人员签名，以明确分工、落实责任。

2. 直筒女裤款式分析

这是一款简洁的直筒女裤，整体造型呈 H 型，而且比较合体。中腰设计，前面左右各一个省道，弧线型斜插袋并缉 0.6cm 宽的明线。后片左右各一个省道。

此款可采用中厚型的全棉或者带有莱卡的弹性面料制作，适合初春或深秋穿着。

3. 面料测试

面料取样和缩率测试方法同裙子面料的测试，在此不再赘述。

4. 规格设计

（1）成品规格：见表 2-6 中的规格。

（2）直筒女裤成品主要部位规格允许偏差。中华人民共和国国家标准（GB/T 2666—2017）西裤标准中规定的主要部位规格偏差值见表 2-7。

表 2-7 部位规格偏差值（单位：cm）

部位名称	允许偏差
裤长	±1.5cm
腰围	±1cm
臀围	±1cm
脚口围 /2	±0.5cm
上裆	±0.5cm

（3）制板规格设计

同裙子一样，为保证成品后服装规格在国家标准规定的偏差范围内，在设计制板规格时，应考虑面料的缩率及工艺制作中的损耗等一些影响成品规格的相关因素。假设以上面料测试中所测得的热缩率：经向为 1.5%，纬向为 1.0%，计算 160/66A 的相关部位制板规格如下（表 2-8）：

①裤长：100×（1+1.5%）=101.5cm；

②腰围：68×（1+1.0%）+ 工艺损耗≈ 69cm；

③臀围：94×（1+1.0%）+ 工艺损耗≈ 95cm；

④上裆：24.5×（1+1.5%）+ 工艺损耗≈ 25cm；

⑤脚口：根据产品规格，不加缩率和工艺损耗。

表 2-6 样衣生产单

<table>
<tr><td colspan="7">样衣生产单</td></tr>
<tr><td colspan="3">款式编号：NK-20200001</td><td colspan="4">名称：直筒女裤</td></tr>
<tr><td colspan="2">下单日期：2020.03.05</td><td colspan="3">完成日期：2020.06.10</td><td colspan="2">规格表（单位：cm）</td></tr>
<tr><td colspan="7">款式图
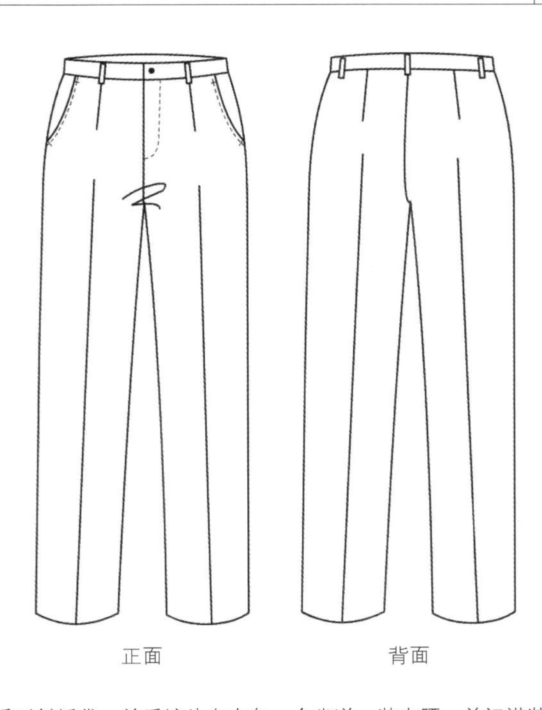

款式说明：此款为直筒裤，前片为一弧形斜插袋，前后裤片左右各一个省道，装直腰，前门襟装拉链，脚口处缲三角针。</td></tr>
<tr><td>号型</td><td>裤长</td><td>腰围</td><td>臀围</td><td>脚口围</td><td>上裆</td><td>腰头宽</td></tr>
<tr><td>160/66A</td><td>100</td><td>68</td><td>94</td><td>40</td><td>24.5</td><td>3</td></tr>
<tr><td colspan="3">面辅料：
40cm 长的袋布；
直径为 15mm 的纽扣 1 个；
20cm 长的拉链 1 根；
配色涤纶线</td><td colspan="4" rowspan="3">工艺要求：
1. 平针车针距为 15 针 /3cm；
2. 各部位缝制线路顺直、整齐、牢固；
3. 上下线松紧适宜，无跳线、断线、脱线、连根线头，底线不得外露；
4. 斜插袋袋口下端打结处以上 5cm 至以下 10cm 处、下裆缝上 1/2 处、后裆缝、小裆缝缉两道线，或用链式缝迹缝制；
5. 袋布的垫料要折光边或包缝；袋口两端应打结，可采用套结机或平缝机回针；
6. 锁眼定位准确，大小适宜，扣与眼对位，整齐、牢固</td></tr>
<tr><td colspan="3">粘衬部位：
裤子的腰头、门襟、前插袋袋口</td></tr>
<tr><td colspan="3">裁剪要求：
1. 注意裁片色差、色条、破损；
2. 经向顺直，不允许有偏差；
3. 裁片准确，二层相符</td></tr>
<tr><td colspan="3">印、绣花：无</td><td colspan="4">后整理要求：普洗</td></tr>
<tr><td>设计：*****</td><td colspan="2">制板：*****</td><td colspan="2">样衣：</td><td colspan="2">日期：</td></tr>
</table>

表 2-8 制板规格表（单位：cm）

号型	裤长（L）	腰围（W）	臀围（H）	上裆（BR）	脚口围（SB）	腰头宽（WBH）
160/66A	101.5	69	95	25	40	3

二、初板设计

1. 直筒女裤结构设计（图 2-7）

结构设计要点：

（1）先做出裤子基本型，确定上裆长、臀围线，以及前后裆的尺寸，在取裤长时注意要先除去腰头宽。

（2）腰围：前片腰围 =W/4-1cm+ 省，后片腰围 =W/4+1cm+ 省。

（3）臀围：臀长 17cm。前裤片臀围 =H/4-1cm，后裤片臀围 =H/4+1cm。

（4）前、后裤片左右各收一个省道。

（5）门里襟装拉链，缉单明线装饰。

（6）此裤为中腰裤，结构中腰做直腰。

2. 放缝（图 2-8）

放缝要点：

（1）一般情况下，内、外侧缝及前门襟缝份为 1 ～ 1.2cm；裆缝等弧线部位缝份为 0.8 ～ 1cm；后中裆缝缝份根据款式来定，西裤类型为 1.5 ～ 2.5cm，牛仔裤、休闲裤、运动裤等为 1 ～ 1.2cm；腰头的缝份为 1 ～ 1.2cm。

（2）脚口贴边宽为 3 ～ 4cm。

（3）放缝时弧线部分的端角要保持与净缝线垂直。

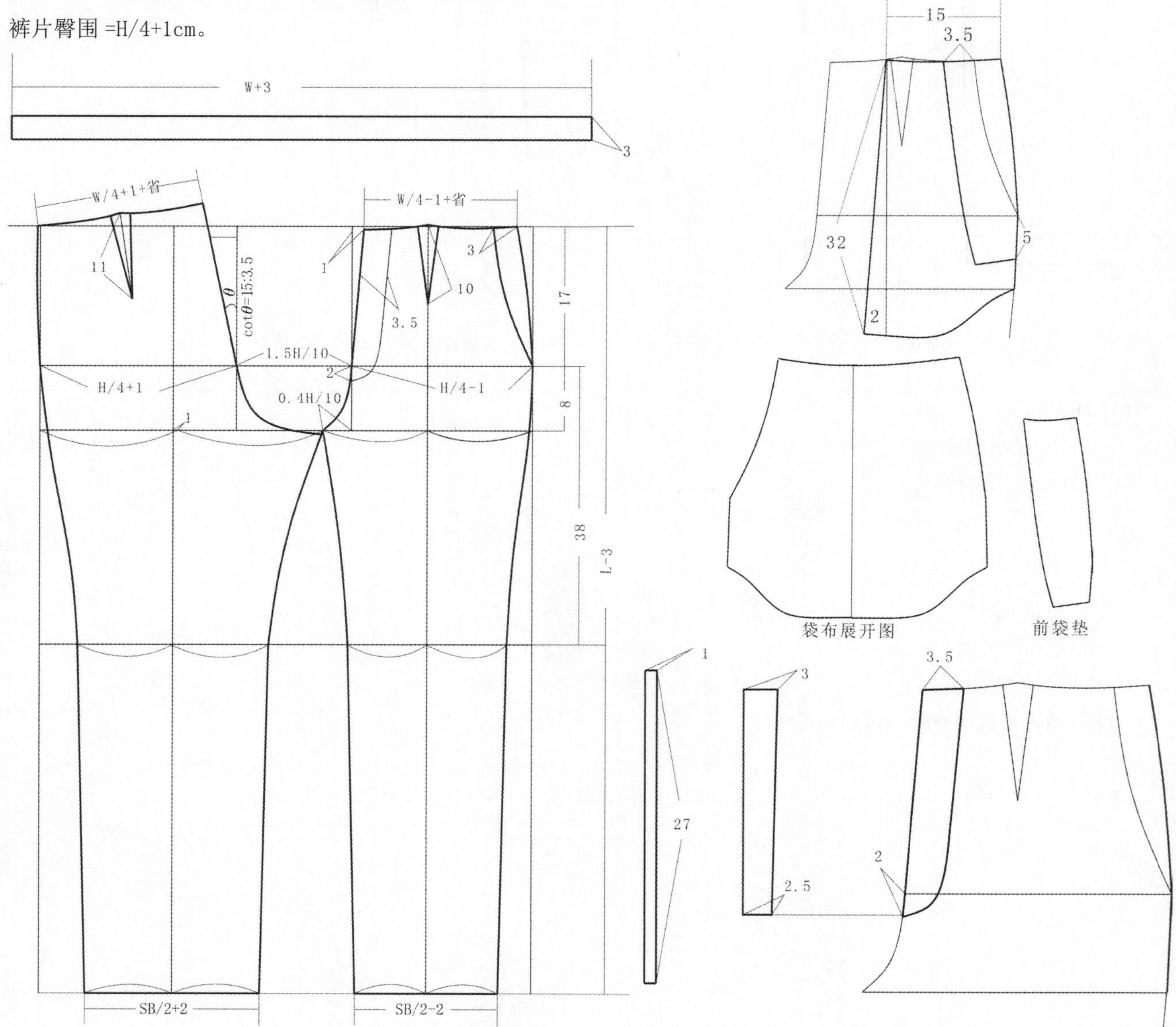

图 2-7　直筒女裤结构制图（单位：cm）

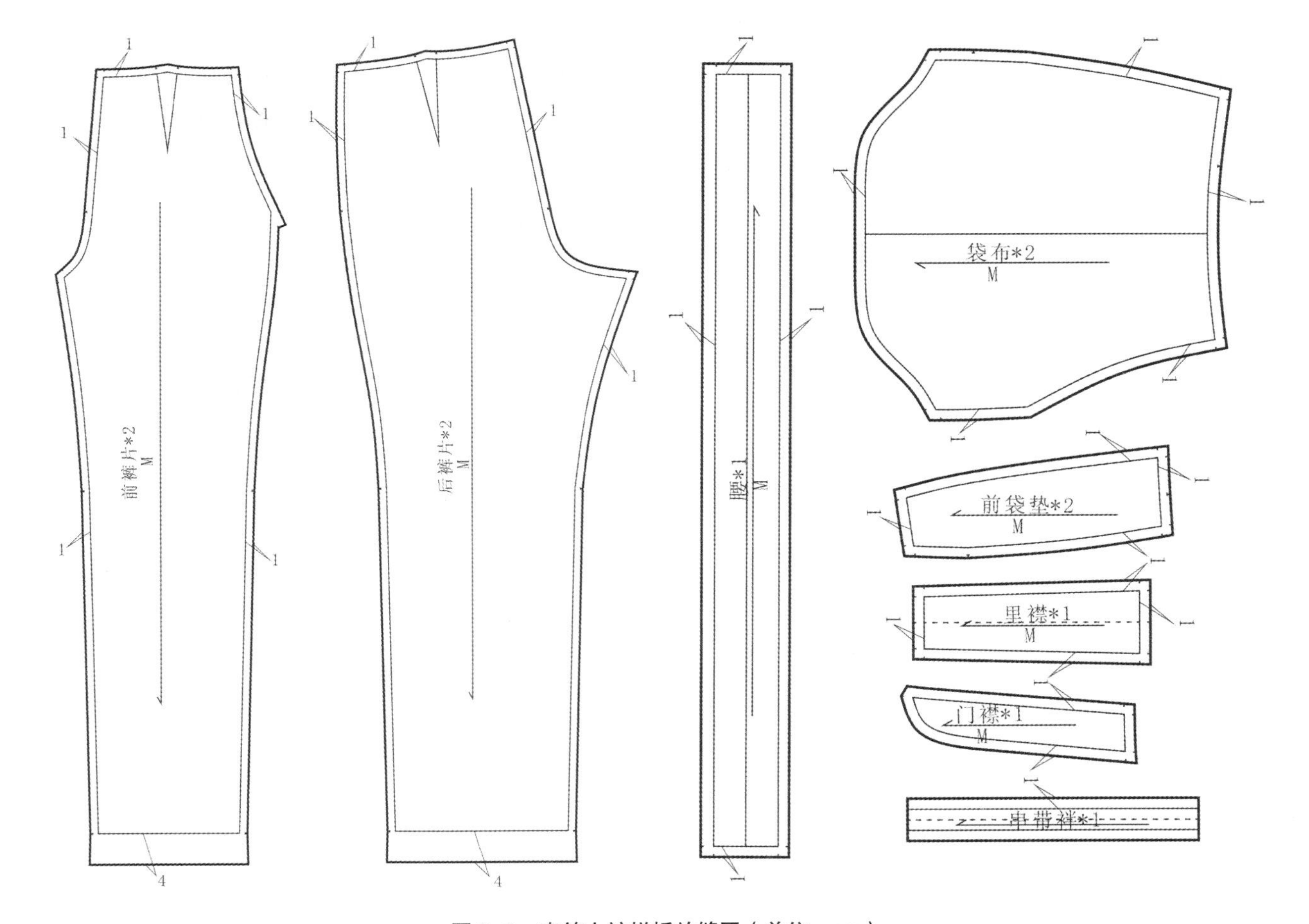

图 2-8　直筒女裤样板放缝图（单位：cm）

3. 样板标识

样板的标识方法同裙子样板，在此不再赘述。注意一定要做好定位、对位等相关剪口标记。

4. 粘衬样板制作（图 2-9）

配置要点：

（1）粘衬样板在面样毛样的基础上制作；

（2）常规情况下，裤子的腰头、门襟、前插袋袋口、后口袋盖等部位需要粘衬；

（3）粘衬样板的丝缕一般同面样丝缕，若需在某些部位起加固作用，则采用直丝。

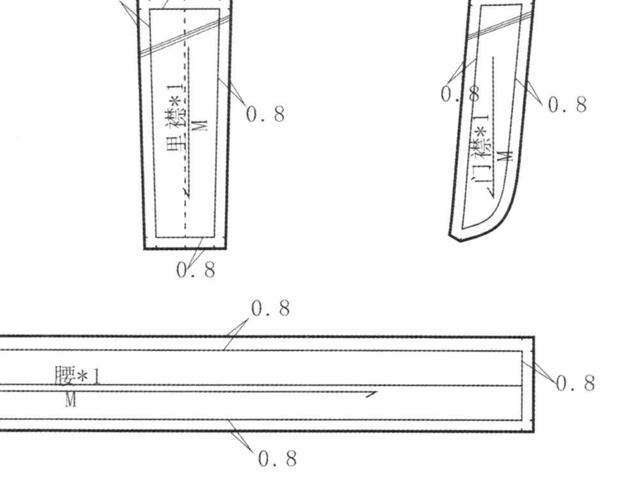

图 2-9　直筒女裤粘衬样板（单位：cm）

三、初板确认

1. 坯样试制

1）排料、裁剪坯样

排料、裁剪时的注意点同前面项目一中女裙（见本书第 6 页）。中华人民共和国国家标准（GB/T 2666—2017）里西裤标准中对于对条对格的规定见表 2-9。图 2-10 为直筒女裤排料图。

表 2-9 对条对格规定

部位	对条对格规定
侧缝	横裆以下格料对横，互差不大于 0.2cm
前后裆缝	格料对横，互差不大于 0.3cm
袋盖与大身	条料对条，格料对格，互差不大于 0.2cm

注：特别设计不受此限。

2）坯样缝制

坯样的缝制应参照样板要求和设计意愿，特别是在缝制过程中缝份大小应严格按照样板操作。同时，还应参照国家标准（GB/T 2666—2017）中西裤的质量标准。标准中关于服装缝制的技术规定有以下几项：

（1）缝制质量要求：

①针距密度规定同项目一中表 1-9。

②各部位缝制线路顺直、整齐、伏贴。

③上、下线松紧适宜，无跳线、断线、脱线、连根线头，底线不得外露。

④侧缝袋口下端打结处向上 5cm 与向下 10cm 之间、下裆缝中裆线以上、后裆缝、小裆缝缉两道线，或用链式缝迹缝制。

⑤袋布的垫料要折光边或包缝；袋口两端封口应牢固、整洁。

⑥锁眼定位准确、大小适宜，扣与眼对位，钉扣牢固。

（2）外观质量规定见表 2-10。

（3）缝制工艺流程：

检查裁片—拷边—粘衬—做前袋—装前袋—装前门襟拉链—缝合后裆缝—分别缝合外侧缝和内侧缝—做腰袢、绱腰—缝制裤脚口—锁钉、整烫。

按以上的工序和要求完成坯样缝制。

2. 坯样确认与样板修正

坯样确认和样板修正方法与步骤同项目一中的女裙，在此不再赘述。

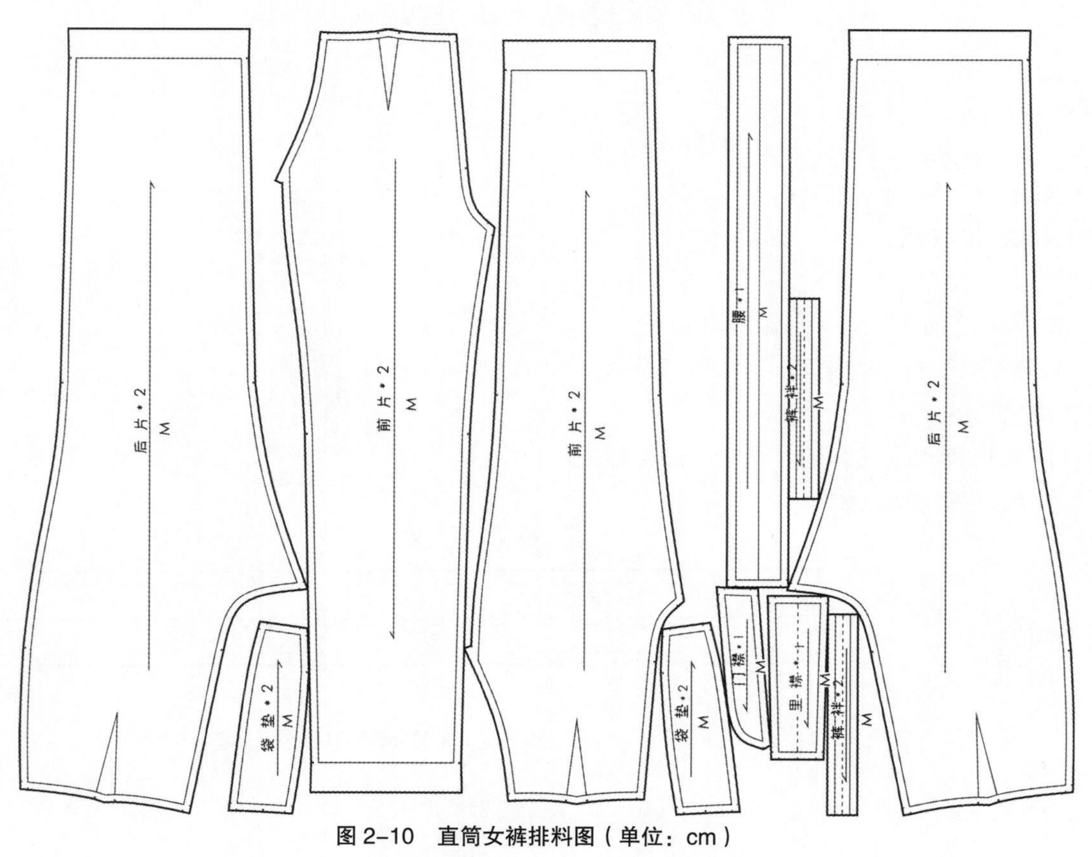

图 2-10 直筒女裤排料图（单位：cm）

表 2-10 外观质量规定

部位	外观质量规定
腰头	面、里、衬伏贴，松紧适宜
门、里襟	长短互差不大于 0.3cm，门襟不短于里襟 门襟止口不反吐；门袢缝合松紧适宜
前、后裆	圆顺、伏贴
串带	长短互差不大于 0.4cm。位置准确、对称， 宽窄、左右高低互差不大于 0.2cm
裤袋	袋位高低、袋口大小互差不大于 0.3cm， 袋口顺直伏贴
裤腿	两裤腿长短互差不大于 0.5cm， 肥瘦互差不大于 0.3cm
裤脚口	两脚口大小互差不大于 0.3cm

过程三　时尚女裤样板设计与制作

一、时尚设计款一（图 2-11）

1. 款式说明（图 2-11）

此款为低腰大裤腿女裤，整体造型呈H型，较合体。前片左右各两个裥，直线型斜插袋并缉 0.6cm 宽的明线。后片左右各一个省道、挖袋，并装袋盖，后中腰头上钉一装饰片。此款可采用中厚型的全棉或者带有莱卡的弹性面料制作，适合初春或深秋穿着。

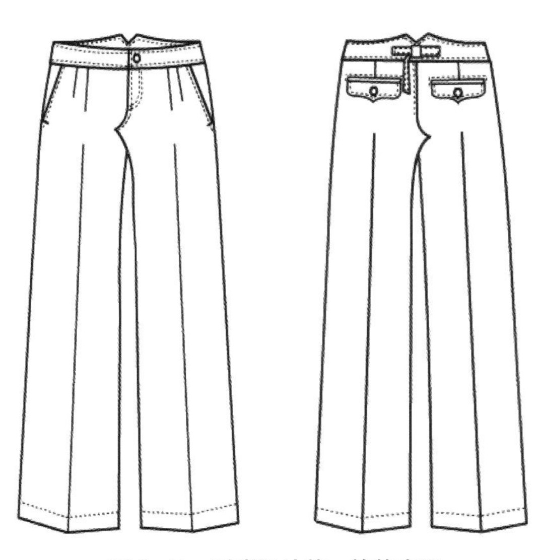

图 2-11　时尚设计款一的款式图

2. 规格设计（表 2-11）

表 2-11 规格设计（单位：cm）

号型	裤长(L)	腰围（W）	臀围（H）	脚口围（SB）
160/66A	100	68	96	52

3. 结构分析

（1）腰围：前或后片腰围 =W/4。

（2）臀围：前裤片臀围 =H/4-1cm，后裤片臀围 =H/4+1cm。臀长 17cm（含腰头）。

（3）前裤片左右各收两个褶裥，离挺缝线 0.7cm 处做第一个褶裥，第一个褶裥至口袋位中间作第二个褶裥。

（4）门里襟装拉链，缉双明线装饰。

（5）此裤为低腰裤，结构中腰做弧形腰。

4. 结构设计（图 2-12）

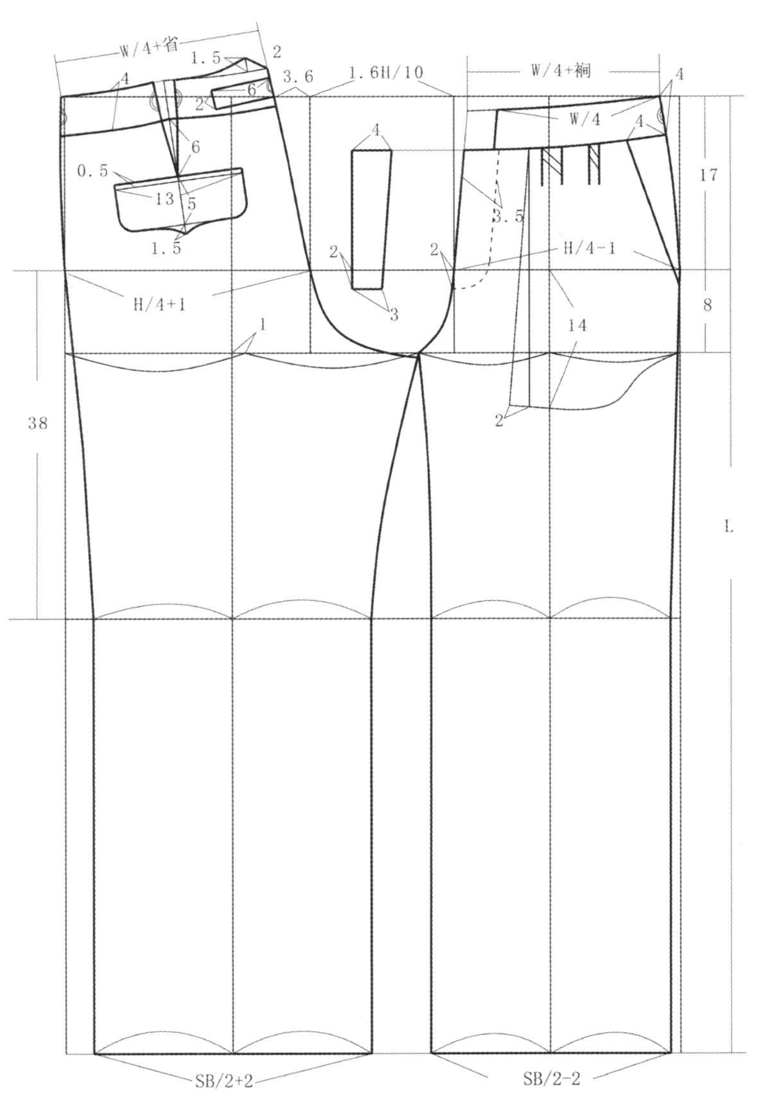

图 2-12　时尚设计款一的结构图（单位：cm）

二、时尚设计款二

1. 款式说明（图 2-13）

此款为低腰紧身牛仔裤。弧形腰设计，前面左右各一个省；月牙袋，袋口缉 0.6cm 宽的明线；前门襟装金属拉链；后片做育克，后片左右各一个贴袋。此款可采用深蓝色或深藏青色弹性斜纹或树皮纹的牛仔布面料制作，并采用不同水洗方式产生不同的效果，适合初春或深秋穿着。

图 2-13　时尚设计款二的款式图

2. 规格设计（表 2-12）

表 2-12 规格设计（单位：cm）

号型	裤长（L）	腰围（W）	臀围（H）	脚口围（SB）	中裆宽
160/66A	100	74	90	32	18

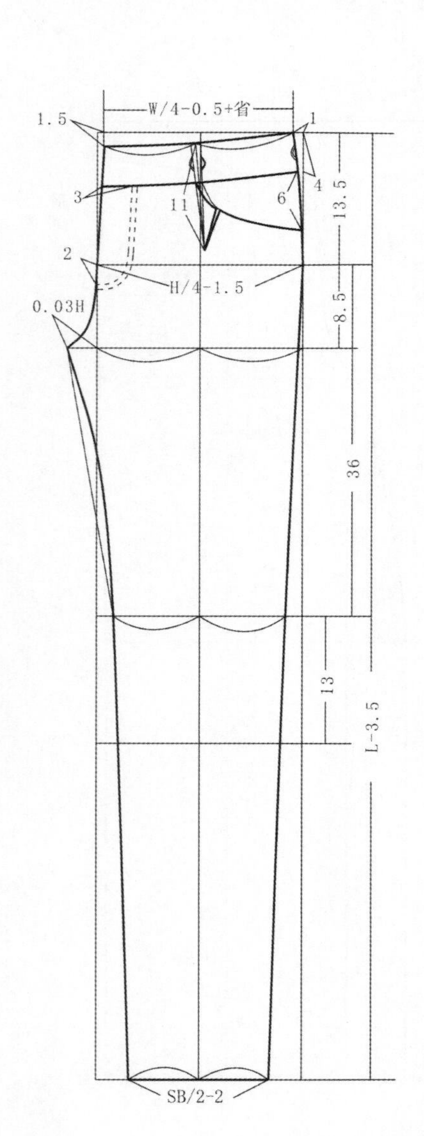

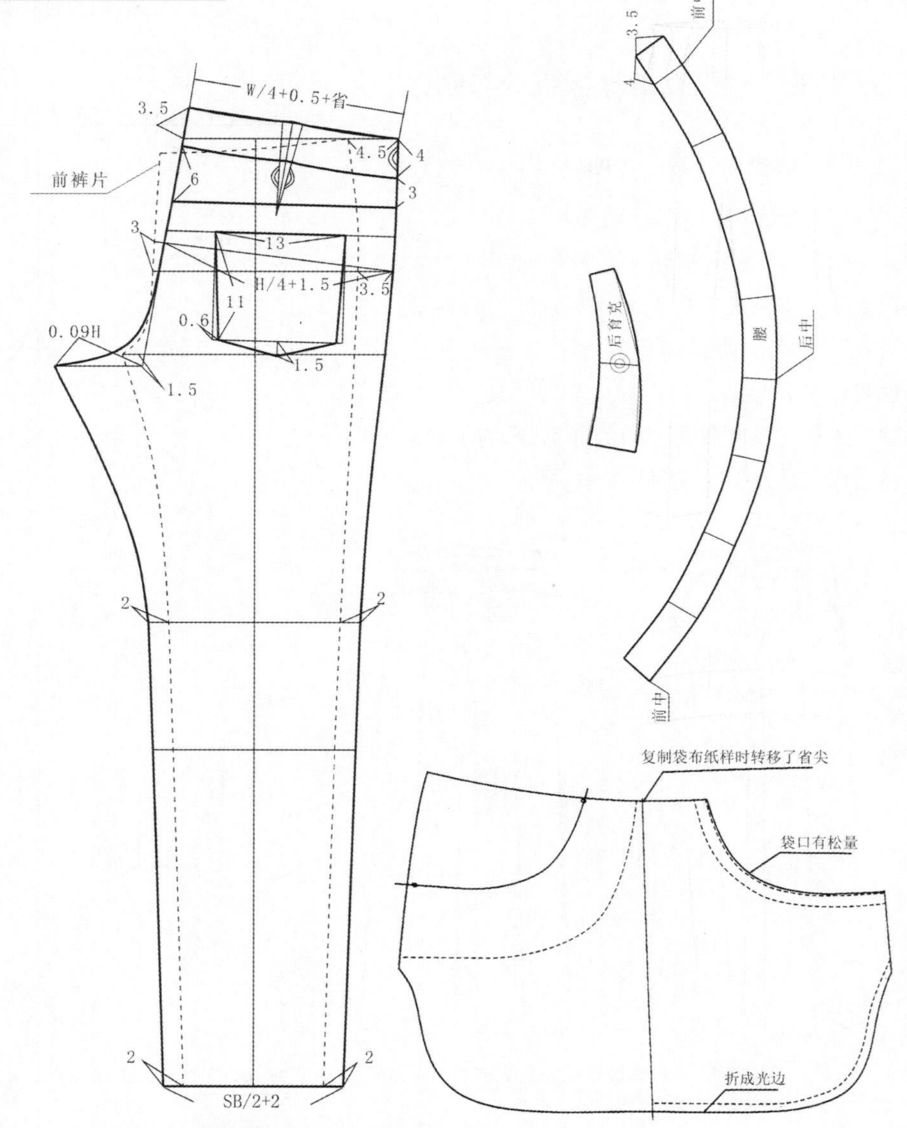

图 2-14　时尚设计款二的结构图（单位：cm）

3. 结构分析

（1）采用套打方法，即在前裤片的基础上进行后裤片的结构制作的方法。

（2）腰围：弧线低腰，因为臀腰差较大，所以前片腰围 =W/4-（0 ～ 0.5cm），后片腰围 =W/4+（0 ～ 0.5cm）。

（3）臀围：臀围的松量控制在 1 ～ 2cm，前后臀围差 3 ～ 4cm，即前片臀围 =H/4-1.5cm，后片臀围 =H/4+1.5cm。

（4）紧身裤裆部贴体，前、后裆宽稍收小。前裆宽 =0.03H，后裆宽 =0.11H，后裆翘 3.5 ～ 4cm。

（5）此裤为低腰裤，结构中腰做弧形腰；门里襟装拉链，缉双明线装饰。

4. 结构设计（图 2-14）

三、时尚设计款三

1. 款式说明（图 2-15）

此款为直筒连腰高腰翻脚口裤。侧缝装一个直插袋，前裤片左右各两个褶，后裤片左右各两个省道，装腰贴，前门襟装拉链，脚口做翻贴边。此款可采用薄羊毛呢、化纤条纹、格子花纹等面料制作，适合初春或深秋穿着。

2. 规格设计（表 2-13）

表 2-13 规格设计（单位：cm）

号型	裤长（L）	腰围（W）	臀围（H）	脚口围（SB）	中裆宽
160/66A	102	68	102	40	24

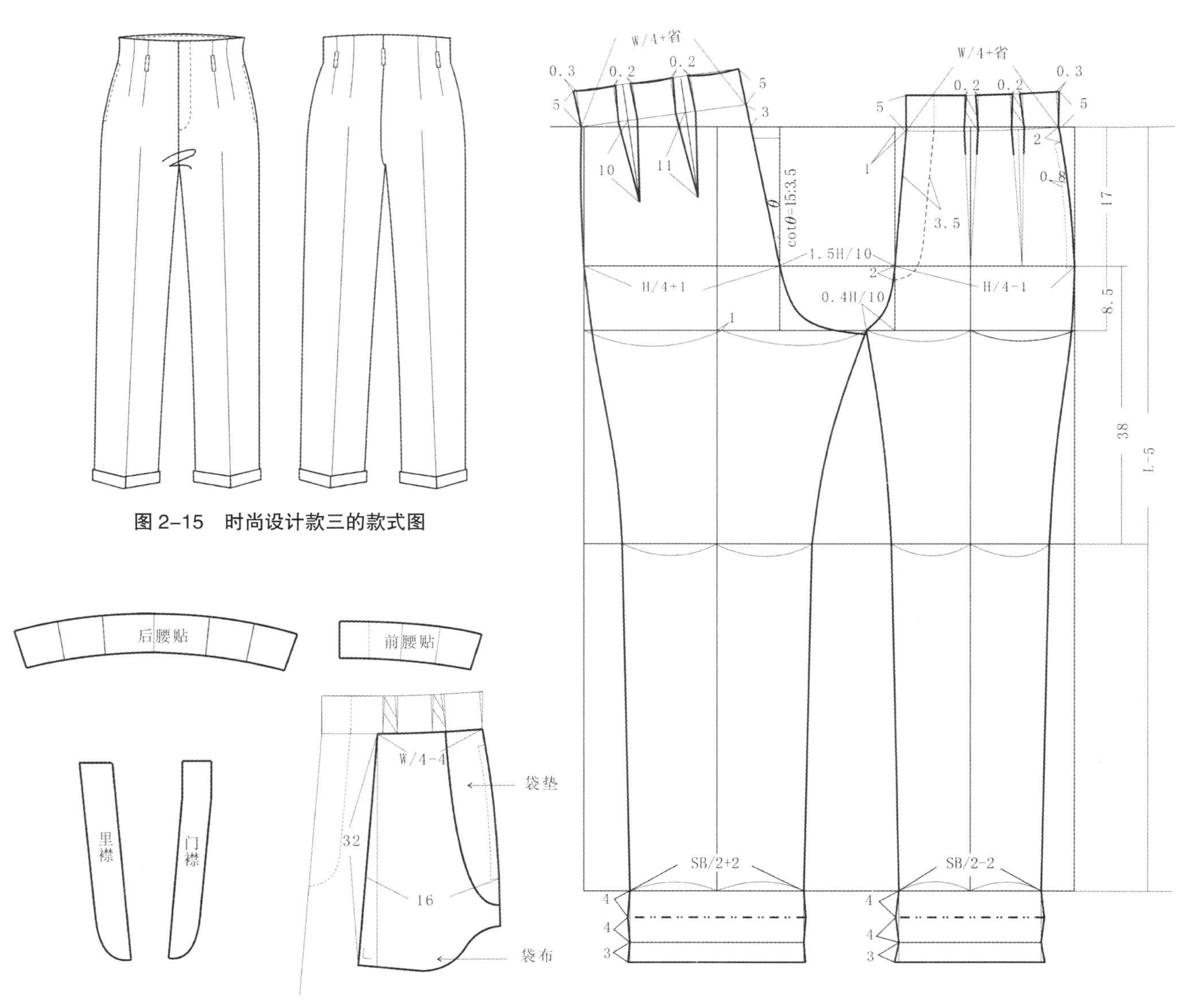

图 2-15 时尚设计款三的款式图

图 2-16 时尚设计款三的结构图（单位：cm）

3. 结构分析

（1）先做出裤子基本型，确定横裆长、臀围线，以及前、后裆宽的尺寸，在取裤长时要先除去高腰部分的5cm。

（2）腰围；前片腰围 =W/4+ 褶 ×2，后片腰围 =W/4+省 ×2。

（3）臀围：前片臀围 =H/4-1cm，后片臀片 =H/4+1cm。臀长 17cm。

（4）前裤片左右各收两个褶，后裤片左右各收两个省道。

（5）门里襟装拉链，缉单明线装饰。

（6）此裤为高腰裤，上腰口围在中腰围的基础上加大，腰部装腰贴。

（7）裤脚口为翻脚口设计，结构设计中向外翻的部分要大于裤脚口。

图 2-17　时尚设计款四的款式图

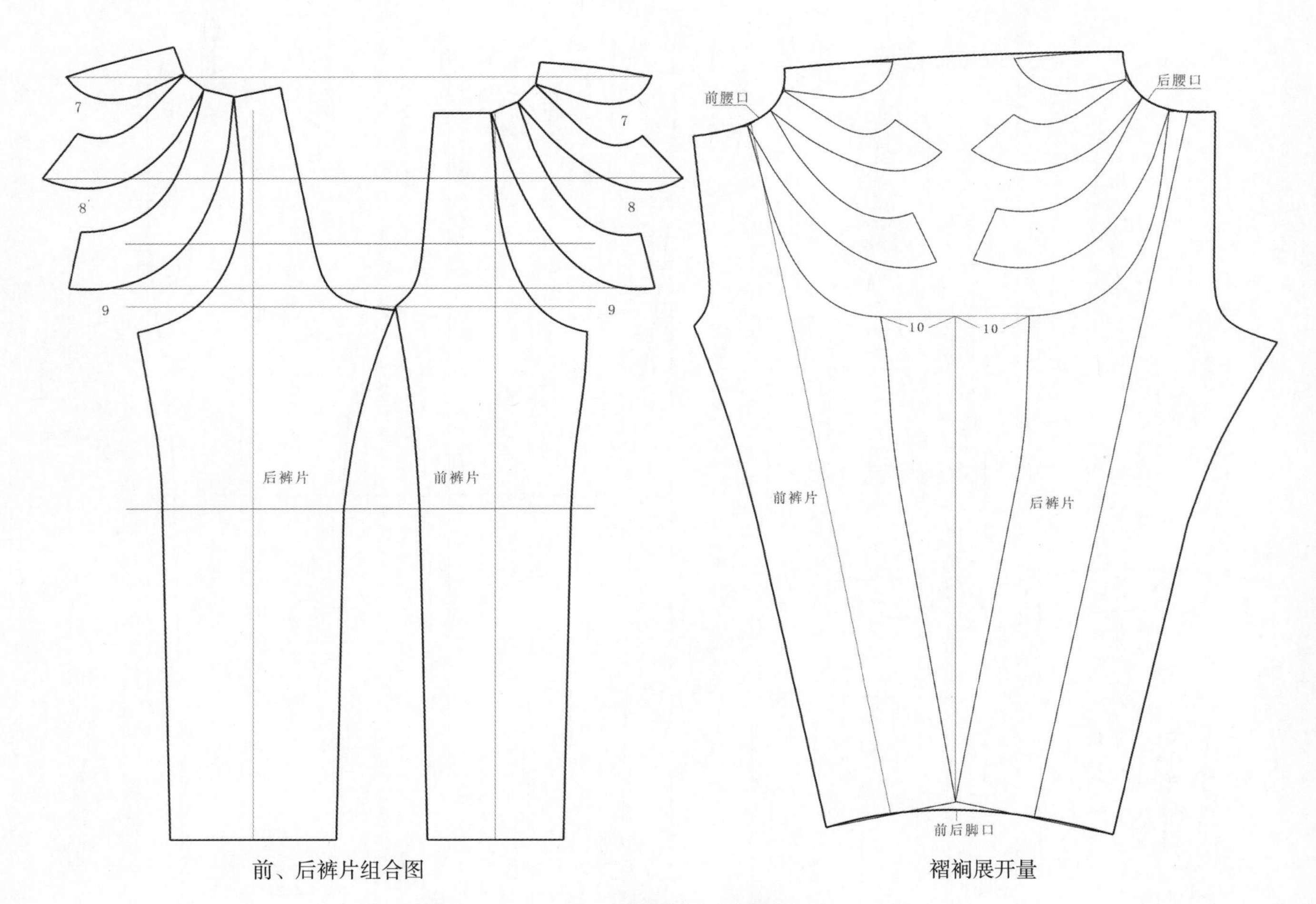

图 2-18（1）　时尚设计款四的结构图（单位：cm）

4. 结构设计（图 2-16）

四、时尚设计款四

1. 款式说明（图 2-17）

此款为环浪小脚裤。臀部宽松肥大，左右侧边各设三个褶裥，由腰部至侧身形成褶裥，装直腰，前门襟装拉链，脚口做卷边。此款可采用悬垂性较好的棉麻、双绉等面料制作，适合春秋季穿着。

2. 规格设计

表 2-14 规格设计（单位：cm）

号型	裤长（L）	腰围（W）	臀围（H）	脚口围（SB）	中裆宽
160/66A	100	68	100	36	22

3. 结构分析

（1）先做出裤子基本型。

（2）确定褶裥在裤腰与侧面的位置，作褶裥展开线。

（3）根据褶裥的展开线，将三个褶裥均匀展开，考虑到褶裥的位置和造型，一般褶裥越大，展开量就越大。

（4）此类裤子一般侧缝为连口，因此将前、后裤片的裁片拼合，根据裤子的造型加 15 ～ 25cm 的量。

（5）对前、后裤片展开拼合后的外廓形重新勾线，作出最后的轮廓线。

（6）门里襟装拉链，缉单明线装饰。

4. 结构设计（图 2-18）

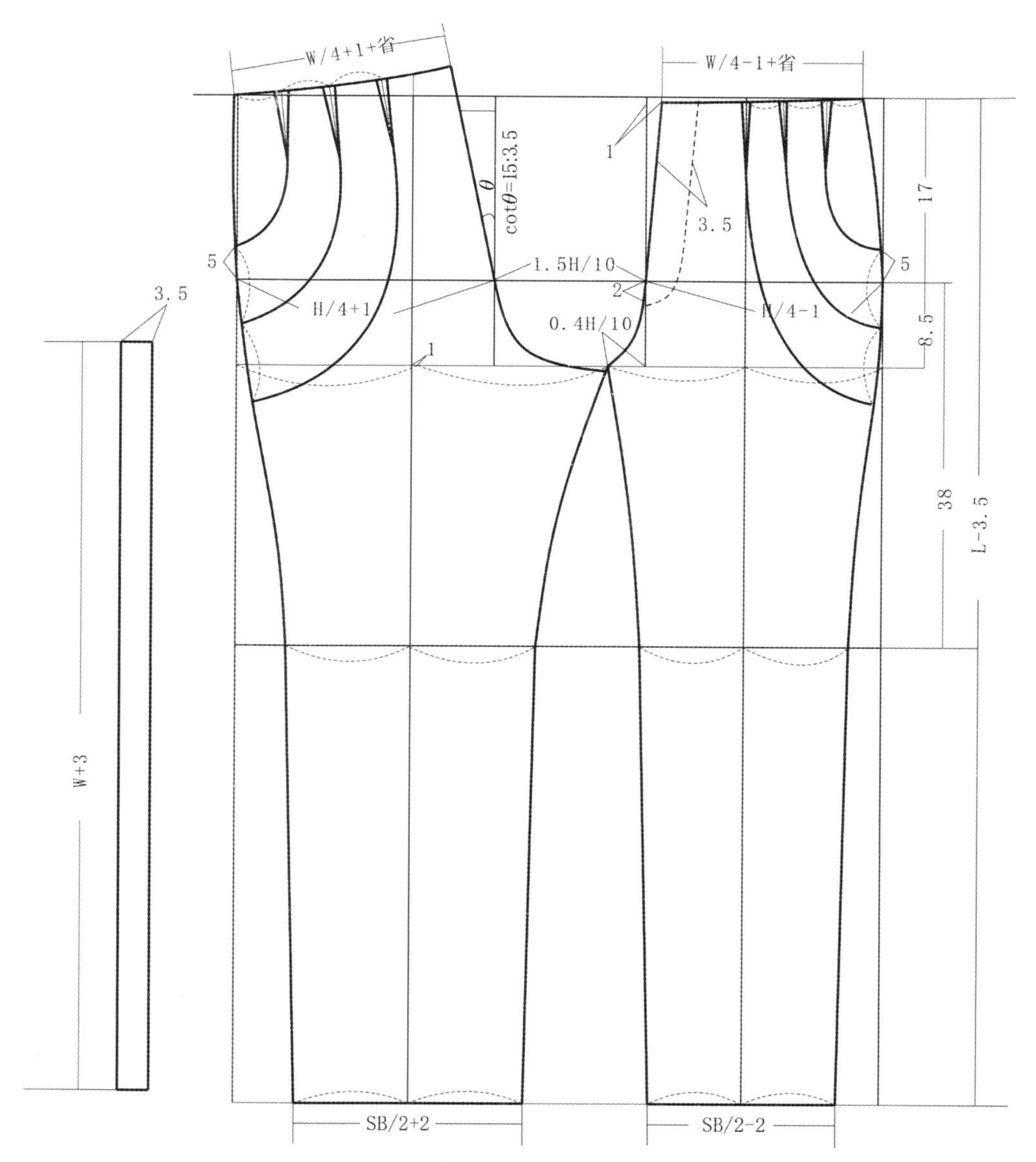

图 2-18（2） 时尚设计款四的结构图（单位：cm）

模块二 上装样板设计与制作

项目一 女衬衫样板设计与制作

过程一 女衬衫基础知识

衬衫是一种穿在内外衣之间或可单独穿用的上衣。男衬衫通常胸前有口袋，袖口有袖头。

中国周代已有衬衫，称中衣，后称中单。汉代称近身的衫为厕牏。宋代已用衬衫之名。现称之为中式衬衫。在西方，公元前 16 世纪古埃及第 18 王朝已有衬衫，为无领、无袖的束腰衣。14 世纪诺曼底人穿的衬衫有领和袖头。16 世纪欧洲盛行在衬衫的领和前胸绣花，或在领口、袖口、胸前装饰花边。18 世纪末，英国人穿硬高领衬衫。维多利亚女王时期（1837—1901 年），高领衬衫被淘汰，出现了现代的立翻领西式衬衫。19 世纪 40 年代，西式衬衫被传入中国。衬衫最初多为男用，20 世纪 50 年代后逐渐被女子采用，现成为常用服装之一。

衬衫在表层穿着和拥有多种穿法之前，常常只被作为配角穿着。衬衫的角色，从贴身内衣到中衣的演化，要追溯到男性服装中出现上衣和马甲的 15 世纪后期。那时就出现了衬衫在马甲下面、上衣中间的穿法，这在现代套装风格中很常见。也可以说，穿着上衣时露出衬衫领子和袖口的风格，就是在这个时候确立的。

一、女衬衫结构线名称和作用（图 3-1）

（1）胸围线。过胸高点水平一周即为胸围线。它是确定上衣放松量的重要依据。

（2）腰围线。过后中腰点（后颈点沿后中心线向下 38cm 处）水平一周即为腰围线，是确定衬衫围度的重要依据。

（3）臀围线。臀围线是在人体臀部最丰满的位置，是确定上衣围度的重要依据。

（4）前、后中心线。在前颈点下面吊一重物以确定前中心线，在后颈点下面吊一重物以确定后中心线。

（5）叠门线。锁眼钉扣的位置。前中装拉链的地方不用做叠门线。

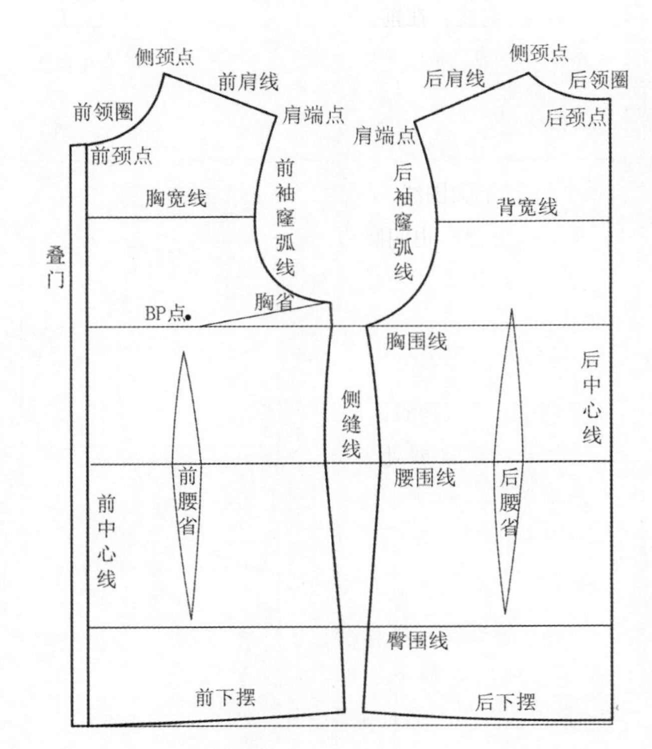

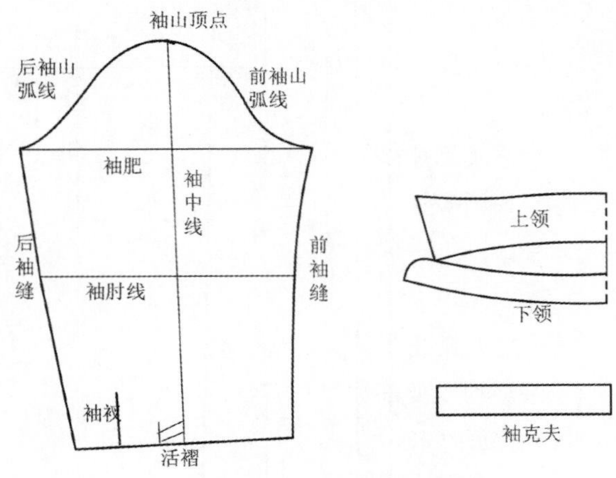

图 3-1 衬衫结构线名称

（6）前、后肩线。自侧颈点向肩端点取线段，也叫肩斜线。

（7）前、后领围线。自后颈点沿颈根，经侧颈点、前颈点，围取一周，即为领围线。

（8）前、后袖窿弧线。过肩端点向下沿前胸宽取弯弧线，经腋下位置时以胸围线向上 2 ～ 3cm 处为最低点，即为前袖窿弧线。过肩端点向下沿后背宽取弯弧线，经腋下位置时最低点在胸围线上，即为后袖窿弧线。注意袖窿底弧线的前弧度一般较圆，而后弧度较倾斜。

（9）胸宽线。在前袖窿弧线上，距离前中心线最近的一点，即过前胸宽最窄的位置，平行于胸围线，即为前胸宽线。

（10）背宽线。在后中线上，后领点至胸围线的 1/2 处，平行于胸围线，即为后背宽线。

（11）BP 点。也叫胸点、乳点，是英文 Bust Point 的缩写。女装裁剪时它作为胸高、胸距、胸围和胸省量参考的点。凡是比较有型或贴体的女装，打板时都把 BP 点作为很重要的参考点。

（12）前、后腰省。胸围和腰围有一个差量，因此衣服剪裁合体所需要处理掉的多余量即为腰省量。前腰省尖点一般处理在 BP 点下方 2.5cm 处。腰省的线条决定服装的腰部轮廓。

（13）侧缝线。取距中心线的胸围 /4 处，且在腋下处向外偏移 0.5cm 定点，从这个点向下取顺直线就可以作为侧缝线。但在具体的款式当中，侧缝线的位置可以根据需要来调整。

（14）下摆。衬衫下摆主要有平下摆和圆下摆两种。

（15）袖山。袖山是决定袖子款式的关键。

（16）袖山弧线。袖山弧线是决定袖子造型的主要部位，一般袖山弧线比袖窿弧线长，两者的差值称为吃势量。这个吃势量的数值，一要考虑服装的款式，二要考虑对不同的面料用工艺所能处理的最大量值。

（17）袖肘。袖时是衡量袖子长度的位置，是决定袖子造型的重要依据。

（18）前、后袖缝。袖子的合缝。

（19）袖肥。袖肥是决定袖管大小的主要部位，在袖山弧线尺寸不变的前提下：袖山越高，袖肥越小，袖子越合体；袖山越低，袖肥越大，袖子越宽松。

（20）袖中线。袖中线是袖子造型的重要部位。

（21）袖克夫。如衬衣袖口上有扣子可以扣的那部分，叫袖克夫。

（22）领子。衣领是衣服的构成部分。有有领、无领、圆领、方领、一字领等领型。

二、女衬衫的分类

女衬衫根据不同的分类标准可以有不同的分类形式。

1. 按领型分类（图 3-2）

可分为立领衬衫、关门领衬衫、男式衬衫领衬衫、西服领衬衫。

2. 按衣摆分类（图 3-3）

可分为平下摆衬衫、圆下摆衬衫。

图 3-2　衬衫按领型分类

图 3-3　衬衫按衣摆分类

3. 按门襟分类（图 3-4）

可分为开襟衬衫、半开襟衬衫。

4. 衬衫按合体程度分类（图 3-5）

可分为合体型和宽松型。合体衬衫上多具有功能性的省道或分割线，使衣服的立体结构与人体曲线相吻合。宽松衬衫的结构则比较简单。

三、女衬衫各部位尺寸设计原理

衬衫的主要控制部位包括围度、宽度、长度，如衣长、肩宽、袖长、胸围、腰围、臀围等。一般可以通过人体测量、实物测量、查表计算三种方法来获取衬衫各部位的尺寸。

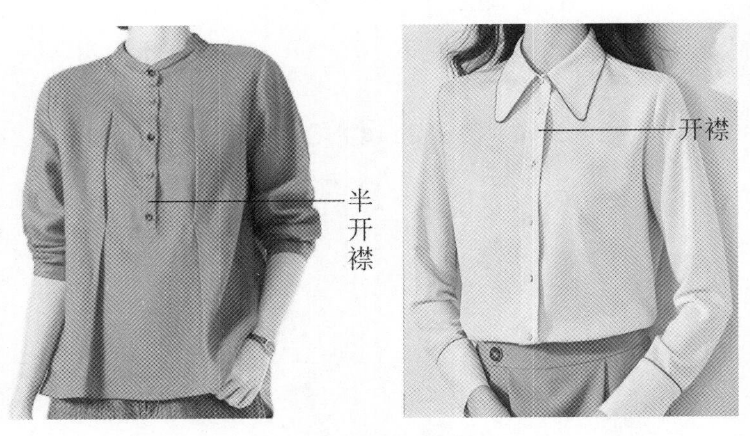

图 3-4　衬衫按门襟分类

宽松型

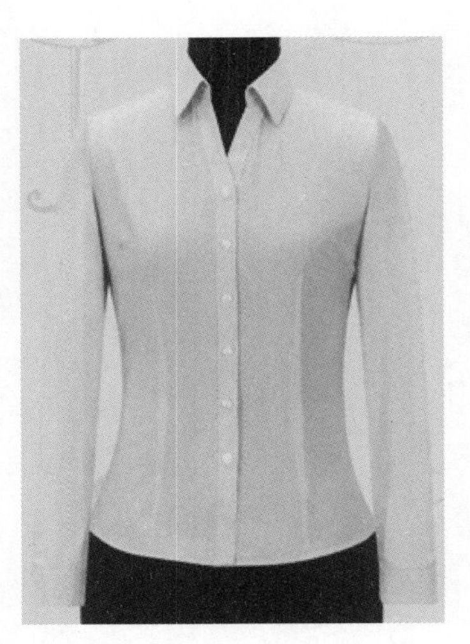

合体型

图 3-5　衬衫按合体程度分类

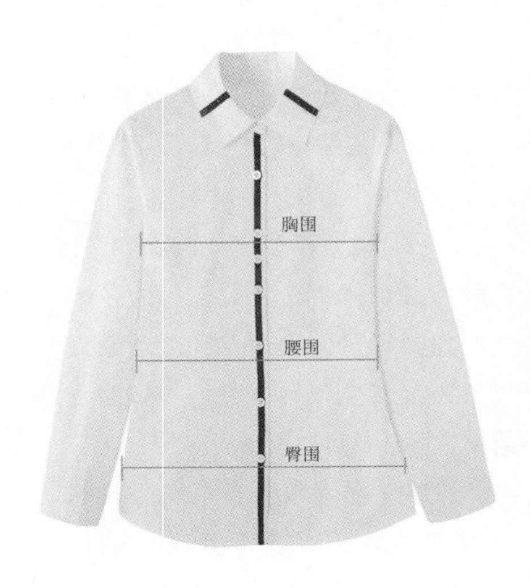

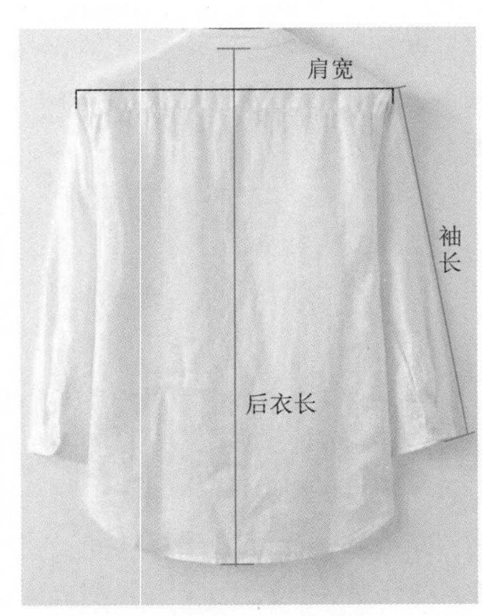

图 3-6　实物测量

1. 实物测量尺寸（图 3-6）

（1）后衣长：从衬衫后领中量至衣服下摆；

（2）肩宽：从衬衫后背量两肩点之间的尺寸。皮尺绷直就可以，无需弯曲；

（3）袖长：把袖子放平，从肩点开始量至袖口，皮尺绷直量；

（4）胸围：量胸围时，把袖子往上翻，使胸围能放平；

（5）腰围：腰围量衬衫最窄处；

（6）臀围：臀围量衬衫近下摆处。

2. 人体测量尺寸（图 3-7）

（1）量领围：皮尺在脖子稍靠下绕一圈（约脖子 2/3 处），并且以 1 个食指头的空间作为松量，得出的结果为领围尺寸。

（2）量肩宽：在后背从左肩与手臂的交接点量至右肩与手臂的交接点。这里要注意，皮尺是经过颈背且紧贴身体呈弧形地量。

（3）量袖长：量完肩宽后，接着量袖长，从肩点开始，沿着手臂略呈弧形量至虎口与手腕间（注意皮尺不要绷直）。

（4）量胸围：过胸点从腋下水平围绕一圈得出的尺寸。

（5）量腰围：在腰部最细处水平围绕一圈，或者是肚脐眼处水平绕一圈。

（6）量臀围：臀部最丰满的地方水平围绕一圈。

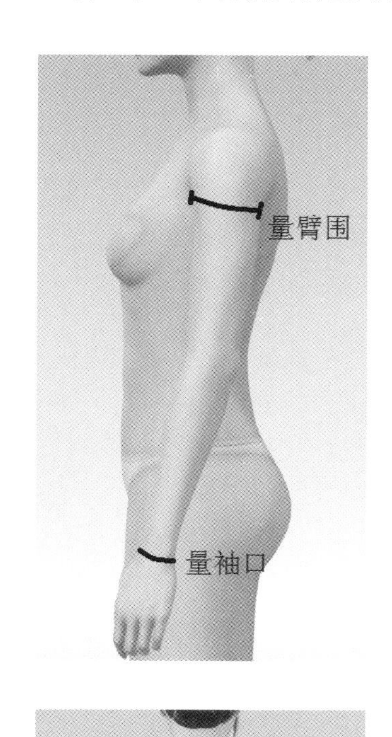

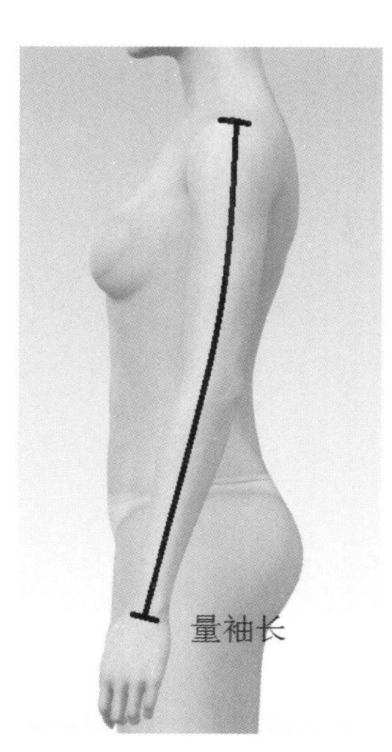

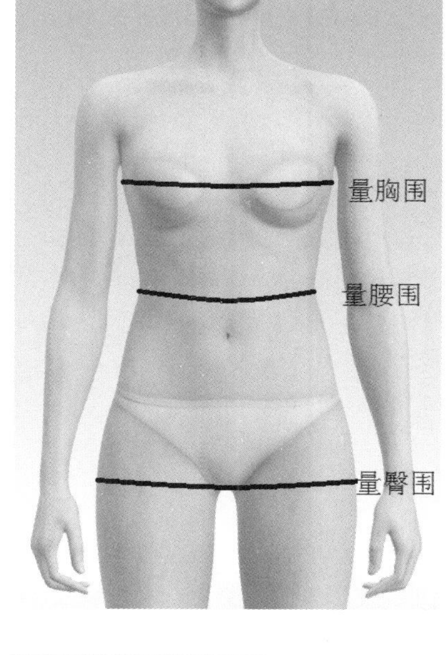

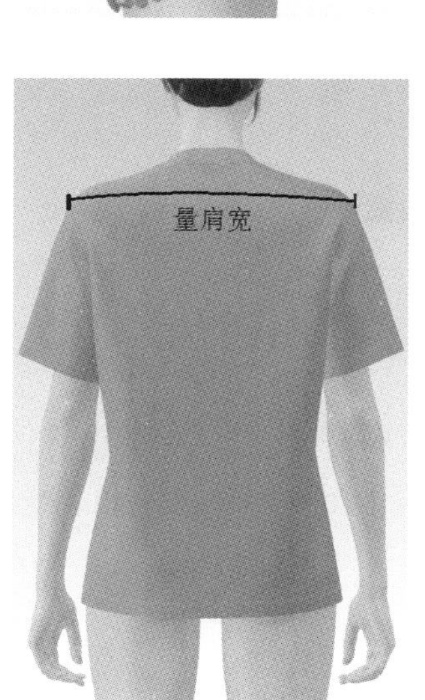

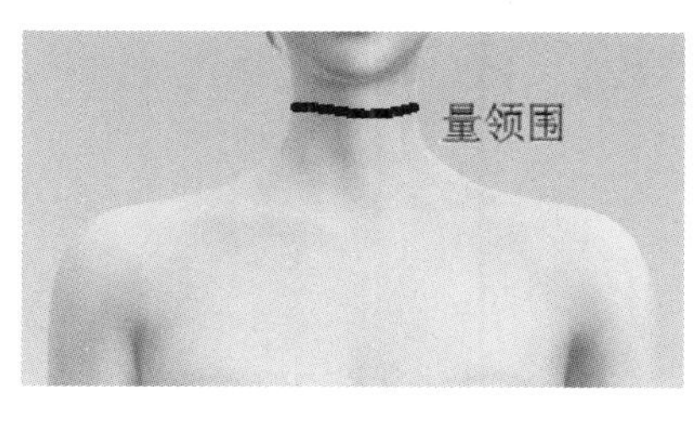

后衣长

图 3-7　人体测量尺寸

（7）量后衣长：从后中领围处开始量（若不穿衬衫的话，则从后颈部突起的骨头处开始量），一直量到与手部虎口穴平齐。

（8）量臂围：绕臂根水平一圈测量。

（9）量袖口：沿着手腕最细处绕一圈测量。如果戴了手表，则在戴了手表的手腕外圈绕一圈测量。

3. 衬衫放松量设计（表 3-1）

表 3-1 衬衫放松量设计

部位	合体型放松量	宽松型放松量
衣长（后中）	0 ~ 0.5cm（工艺损耗量）	0 ~ 0.5cm（工艺损耗量）
胸围	4 ~ 10cm	10 ~ 20cm
腰围	比放量后胸围小 12 ~ 16cm	比放量后胸围小 0 ~ 4cm
臀围	比放量后胸围小 3 ~ 5cm	比放量后胸围大 0 ~ 2cm
肩宽	-1 ~ 1cm	1 ~ 4cm
袖长	0.5cm（工艺损耗量）	0.5cm（工艺损耗量）
后腰节长	0 ~ 0.5cm	0.5 ~ 1cm

注：实际生产中服装的加放量要根据款式、面料的厚薄、性能等来合理选择放松量。袖子的加放量还要考虑袖子的造型。

4. 女衬衫袖窿、袖山高、袖肥和吃势的参考尺寸（表 3-2）

表 3-2 女衬衫袖窿、袖山高、袖肥和吃势的参考尺寸（单位：cm）

款式	袖窿	袖山高	袖肥	吃势量
合体型衬衫	41 ~ 43	14 ~ 16	31 ~ 33	1 ~ 2
宽松型衬衫	45 ~ 46	12 ~ 14	33 ~ 36	0 ~ 1

注：实际生产中服装的加放量要根据款式、面料的厚薄、性能等来合理选择放松量。袖子的加放量还要考虑袖子的造型。

5. 女衬衫袖窿与袖山高的关系

（1）合体型女衬衫袖窿与袖山高的关系（图 3-8）。

（2）宽松型女衬衫袖窿与袖山高的关系（图 3-9）。

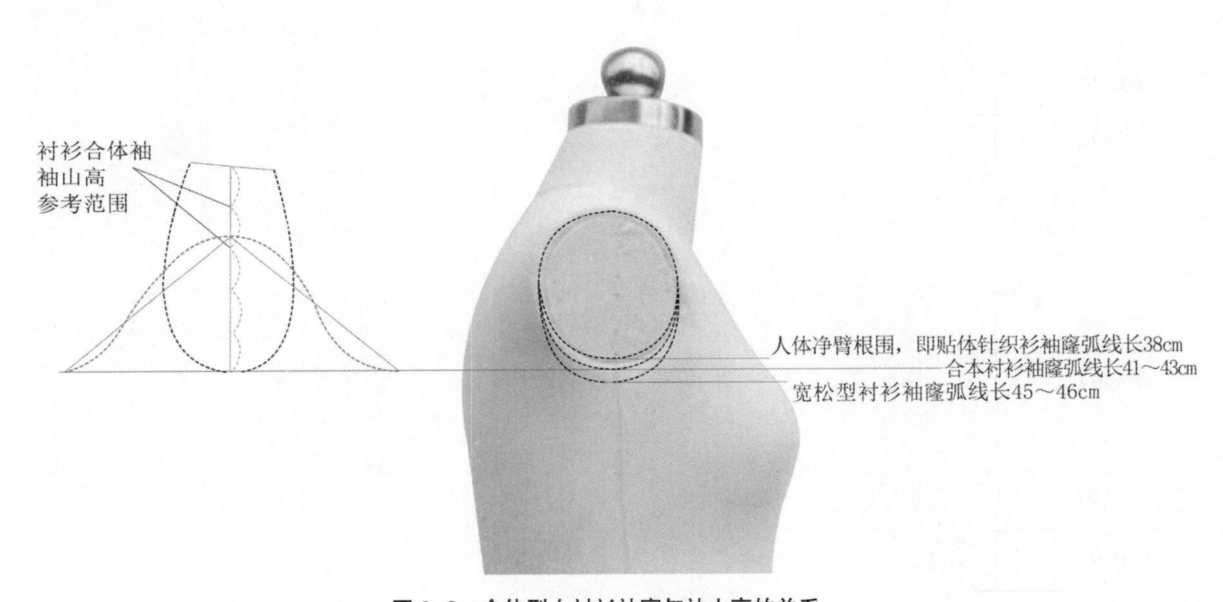

图 3-8 合体型女衬衫袖窿与袖山高的关系

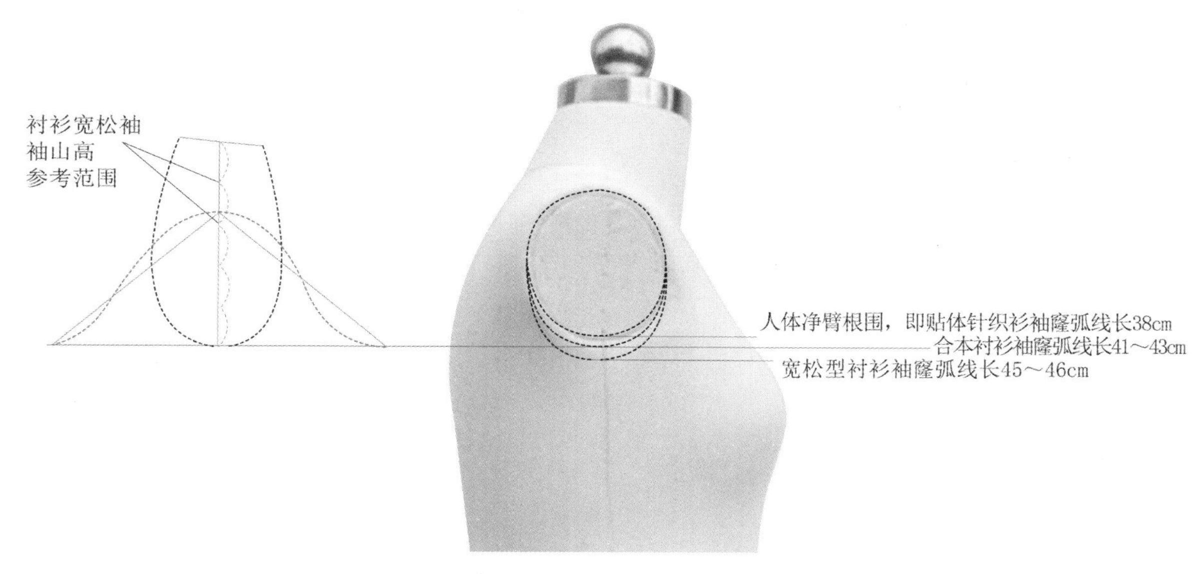

图 3-9　宽松型女衬衫袖窿与袖山高的关系

6. 衬衫的标准尺码参照表（表 3-3）

表 3-3 女长袖 / 短袖衬衫标准尺码参照表（通用）（单位：cm）

号型	领围	肩宽	胸围	腰围	下摆	前衣长	袖长	
							长袖	短袖
155/78A	34	36.5	86	74	88	59	56	17.5
160/81A	35	37.3	89	77	91	61	57.5	18
160/84A	36	38.1	92	80	94	61	57.5	18.5
165/87A	37	38.9	95	83	97	63	59	19
165/90A	38	39.7	98	86	100	63	59	19.5
165/93A	39	40.5	101	89	103	63	59	20
170/96A	40	41.3	104	92	106	65	60.5	20.5
170/99A	41	42.1	107	95	109	65	60.5	21
170/102A	42	42.9	110	98	112	65	60.5	21.5
175/105A	43	43.7	113	101	115	67	62	22
175/108A	44	44.5	116	104	118	67	62	22.5

过程二　衬衫基础款样板设计与制作

一、衬衫款式与规格

1. 衬衫样衣生产单设计（表 3-4）

表 3-4 样衣生产单

<table>
<tr><td colspan="8">样衣生产单</td></tr>
<tr><td colspan="4">款式编号：NK-20200003</td><td colspan="4">名称：女衬衫</td></tr>
<tr><td colspan="3">下单日期：2020.03.05</td><td colspan="3">完成日期：2020.06.10</td><td colspan="2">规格表（单位：cm）</td></tr>
<tr><td colspan="8">款式图
正面　　背面
款式说明：此款为男式衬衫领女衬衫，前片左右各收一个腋下省和腰省，前门襟做门襟贴，后片左右各收一个腰省，平装袖，一字袖衩，装袖克夫。</td></tr>
<tr><td>号型</td><td>后衣长</td><td>胸围</td><td>腰围</td><td>臀围</td><td>肩宽</td><td>袖长</td><td>袖口围</td></tr>
<tr><td>160/84A</td><td>64</td><td>92</td><td>76</td><td>94</td><td>38.4</td><td>58</td><td>21</td></tr>
<tr><td colspan="4">面辅料：
直径为 10mm 的纽扣 9 个；
配色涤纶线</td><td colspan="4" rowspan="3">工艺要求：
1. 平针车针距为 15 针 /3cm；
2. 各部位缝制线路顺直、整齐、牢固；
3. 上下线松紧适宜，无跳线、断线、脱线、连根线头，底线不得外露；
4. 领子伏贴、有窝势，上领各边缉 0.5cm 宽的明线；
5. 一片平装袖，正面缉 0.6cm 宽的明线；
6. 锁眼定位准确，大小适宜，扣与眼对位，整齐、牢固</td></tr>
<tr><td colspan="4">粘衬部位：
门襟、领子、袖克夫</td></tr>
<tr><td colspan="4">裁剪要求：
1. 注意裁片色差、色条、破损；
2. 经向顺直，不允许有偏差；
3. 裁片准确，二层相符</td></tr>
<tr><td colspan="4">印、绣花：无</td><td colspan="4">后整理要求：普洗</td></tr>
<tr><td colspan="2">设计：*****</td><td colspan="2">制板：*****</td><td colspan="2">样衣：</td><td colspan="2">日期：</td></tr>
</table>

2. 款式特点分析

此款为简洁的合体女上装，整体造型呈X型，合体、收腰，各部位都松紧适度地附着于人体体表。这是最典型的女装款式，也是其他各种变化款式的基础。此款可采用普通薄型的全棉或者带有莱卡的弹性面料制作，适合春夏季穿着。

3. 选定面料与制定规格

（1）面料选用。根据样衣生产单款式的设计效果，该款女衬衫拟选用丝绸面料制作试样。

（2）样衣规格制定。以国家服装号型标准女子（160/84A）体型为样衣规格设计对象，结合款型特点及面料性能，样衣规格制定如下：

①后衣长：后领中至臀围线长+8cm（加长量）=38cm+18cm+8cm=64cm；

②胸围：净胸围+8cm（胸围放松量）=84cm+8cm=92cm；

③腰围：净腰围+8cm（腰围放松量）=68cm+8cm=76cm；

④臀围：净臀围+4cm（臀围放松量）=90cm+4cm=94cm；

⑤肩宽：净肩宽=38.4cm；

⑥袖长：全臂长+7.5cm（袖长宽松量）=50.5cm+7.5cm=58cm；

⑦袖口围：21cm；

⑧领围：颈围+3cm（颈围放松量）=34cm+3cm=37cm。

以上样衣规格归纳见表3-5。

表3-5 样衣规格表（单位：cm）

号型	后衣长（L）	胸围（B）	腰围（W）	臀围（H）	肩宽（S）
160/84A	64	92	76	94	38
允许偏差	1.0	1.5	1.5	1.5	0.6
号型	袖长（SL）	袖口围（CW）	领围（N）	背长	—
160/84A	58	21	37	37.5	—
允许偏差	0.6	0.5	0.6	0.6	—

4. 制板规格制定

在女衬衫的缝制工艺中，拟定的样衣规格会受到缝制、粘衬及后道整烫等环节的影响，因此为了保证样衣规格符合要求，制定制板规格时应充分考虑这些影响因素。假设丝绸面料的经向缩率为1.5%，纬向缩率为1%，初板结构制图规格如下：

（1）后衣长＝64×（1+1.5%）≈65cm；

（2）胸围＝92×（1+1.0%）≈93cm；

（3）腰围＝76×（1+1.0%）≈77cm，腰部一般在工艺制作中容易做大1～2cm，因此打板尺寸要减1～2cm，即打板尺寸定为76cm；

（4）臀围＝94×（1+1.0%）≈95cm；

（5）肩宽＝38×（1+1.0%）≈38.4cm，取38.5cm；

（6）袖长＝58×（1+1.5%）≈59cm；

（7）袖口围＝21×（1+1.5%）≈21.3cm，取21.5cm；

（8）领围＝37×（1+1.5%）≈37.6cm，取37.5cm；

（9）背长＝37.5×（1+1.5%）≈38cm；

以上初板规格归纳见表3-6。

表3-6 制板规格表（单位：cm）

号型	后衣长（L）	胸围（B）	腰围（W）	臀围（H）	肩宽（S）
160/84A	65	93	76	95	38.5
允许偏差	1.0	1.5	1.5	1.5	0.6
号型	袖长（SL）	袖口围（CW）	领围（N）	背长	—
160/84A	59	21.5	37.5	38	—
允许偏差	0.6	0.5	0.6	0.6	—

二、初板设计

1. 男式衬衫领女衬衫的结构设计（图3-10）

结构设计要点：

（1）先做出女装基本型结构，注意女装衣身平衡；

（2）在基本型上据设计稿的款式及规格，做出相应的结构和细部轮廓；

（3）衬衫的第三粒纽扣应设置在BP点水平的位置或者接近于BP点水平的位置，这样就避免了穿着后门襟受力发生撑开的现象。

（4）以“93cm（胸围）+1cm（省去量）=94cm”作为胸围的打板尺寸，保证胸围尺寸不变小。

（5）通过精确的测量，人体的肩斜度为20°左右，考虑到人体体型肩部呈弓型，所以前肩斜度比后肩斜度大点。

2. 放缝（图3-11）

通常情况下，衬衫后中为对折线（不放缝），如果衣摆为圆下摆，所有缝边都放1cm，因为圆下摆做法为三折光缉0.5cm宽的明线；如果衣摆为平下摆，除下摆放2.5cm，其他所有缝边都放1cm，因为平下摆做法为三折光缉1.5cm宽的明线。完成初板毛样板的制作。

3. 粘衬样板制作（图3-12）

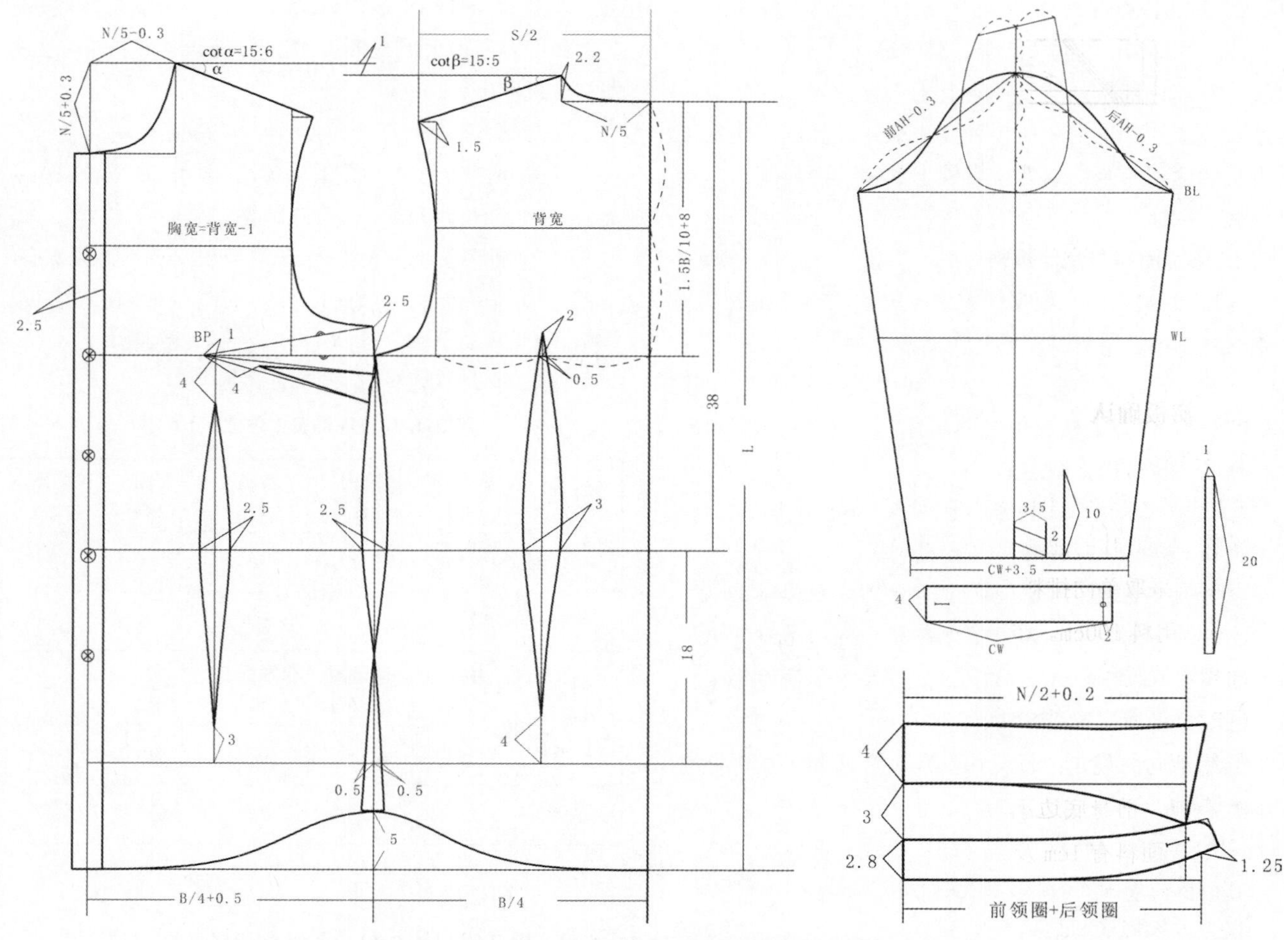

图 3-10　男式衬衫领女衬衫的结构制图（单位：cm）

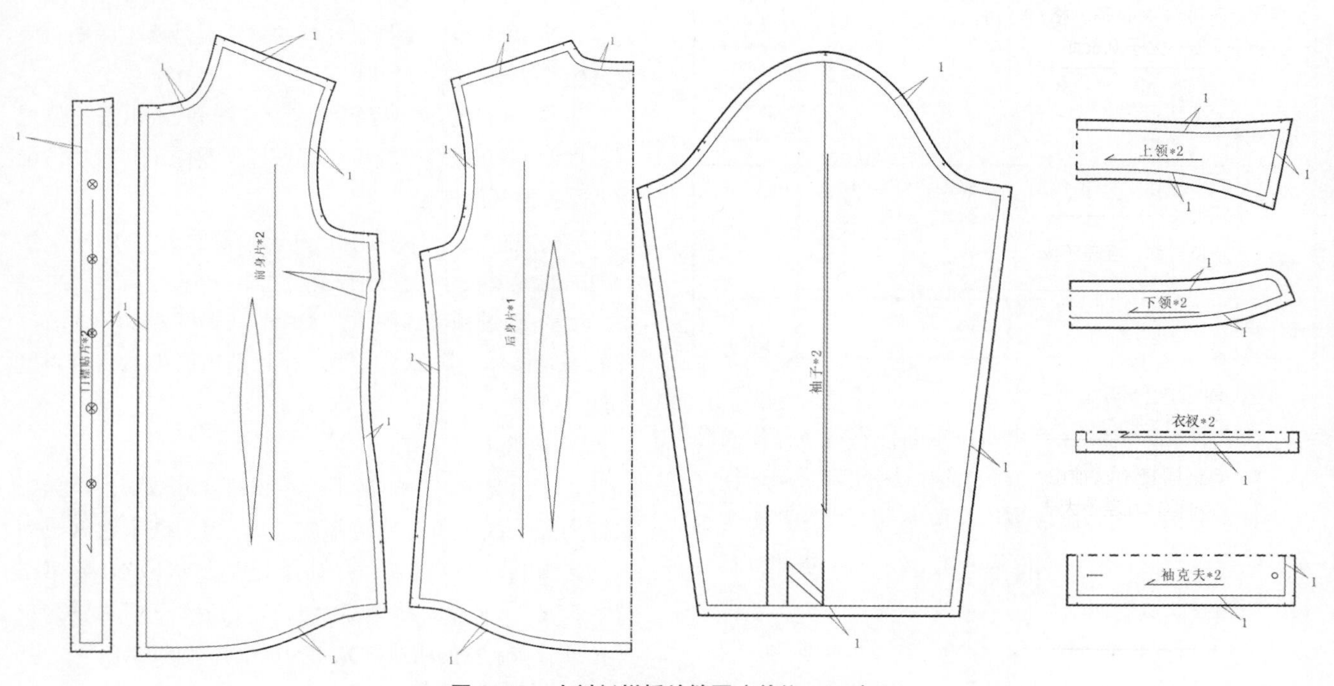

图 3-11　女衬衫样板放缝图（单位：cm）

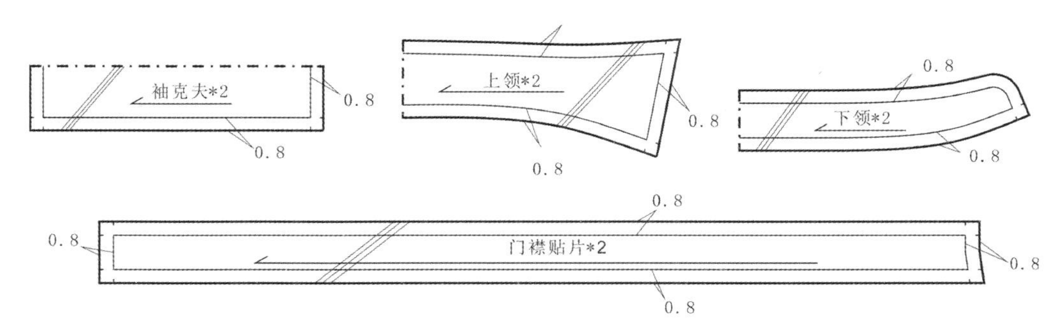

图 3-12　女衬衫粘衬样板（单位：cm）

三、初板确认

1. 坯样试制

1）排料、裁剪（图 3-13）

排料、裁剪时的注意点同模块一项目一中的女裙。此款女衬衫采取单向排料方式，如图 3-13 所示，其幅宽为 144cm、用料 100cm。裁剪时应下剪准确，剪好的衣片应正面相合放置。

同时参照国家标准 GB/T 18132—2016 里服装标准中关于经纬纱向的规定：领面、后身、袖子的纱线歪斜程度不大于 3%，前身底边不倒翘；条格花型歪斜程度不大于 3%；对于面料有 1cm 及以上明显条格的也作了明确规定，具体见表 3-7。

表 3-7 面料有 1cm 及以上明显条格的对条对格规定

部位	名称对条对格规定	备注
左右前身	条料对中心条、格料对格，互差不大于 0.3cm	格子大小不一致时，以前身三分之一上部为准
袋与前身	条料对条、格料对格，互差不大于 0.2cm	格子大小不一致时，以袋前部的中心为准
斜料双袋	左右对称，互差不大于 0.3cm	以明显条为主（阴阳条不考核）
左右领尖	条格对称，互差不大于 0.2cm	阴阳条格以明显条格为主
袖头	左右袖头条格顺直，以直条对称，互差不大于 0.2cm	以明显条为主
后过肩	条料顺直，两头对比互差不大于 0.4cm	—
长袖	条格顺直，以袖山为准，两袖对称，互差不大于 1cm	3cm 以下格料不对横，1.5cm 以下条料不对条
短袖	条格顺直，以袖口为准，两袖对称，互差不大于 0.5cm	2cm 以下格料不对横，1.5cm 以下条料不对条

2）坯样缝制

坯样的缝制应参照样板要求和设计意愿，特别是在缝制过程中缝份大小应严格按照样板操作。同时，还应参照国家标准 GB/T 2660—2017 里衬衫的质量标准。标准中关于服装缝制的技术规定有以下几项：

（1）缝制质量要求：

①针距密度规定见表 3-8；

表 3-8 针距密度表

项目	针距密度	备注
明暗线	不少于 12 针 /3cm	—
绗缝线	不少于 9 针 /3cm	—
包缝线	不少于 12 针 /3cm	包括锁缝（链式线）
锁眼	不少于 12 针 /1cm	—

②各部位缝制伏贴，线路顺直、整齐、牢固，针迹均匀，上、下线松紧要适宜，起止针处应回针缉牢。

③商标和耐久性标签位置端正、伏贴。

④领子伏贴，领尖不反翘。

⑤绱袖圆顺，吃势均匀，两袖前后基本一致。

⑥锁眼定位准确，大小适宜，两头封口。开眼无绽线。钉扣与眼位相对位，整齐牢固，缠脚线线结不外露，钉扣线不脱散。

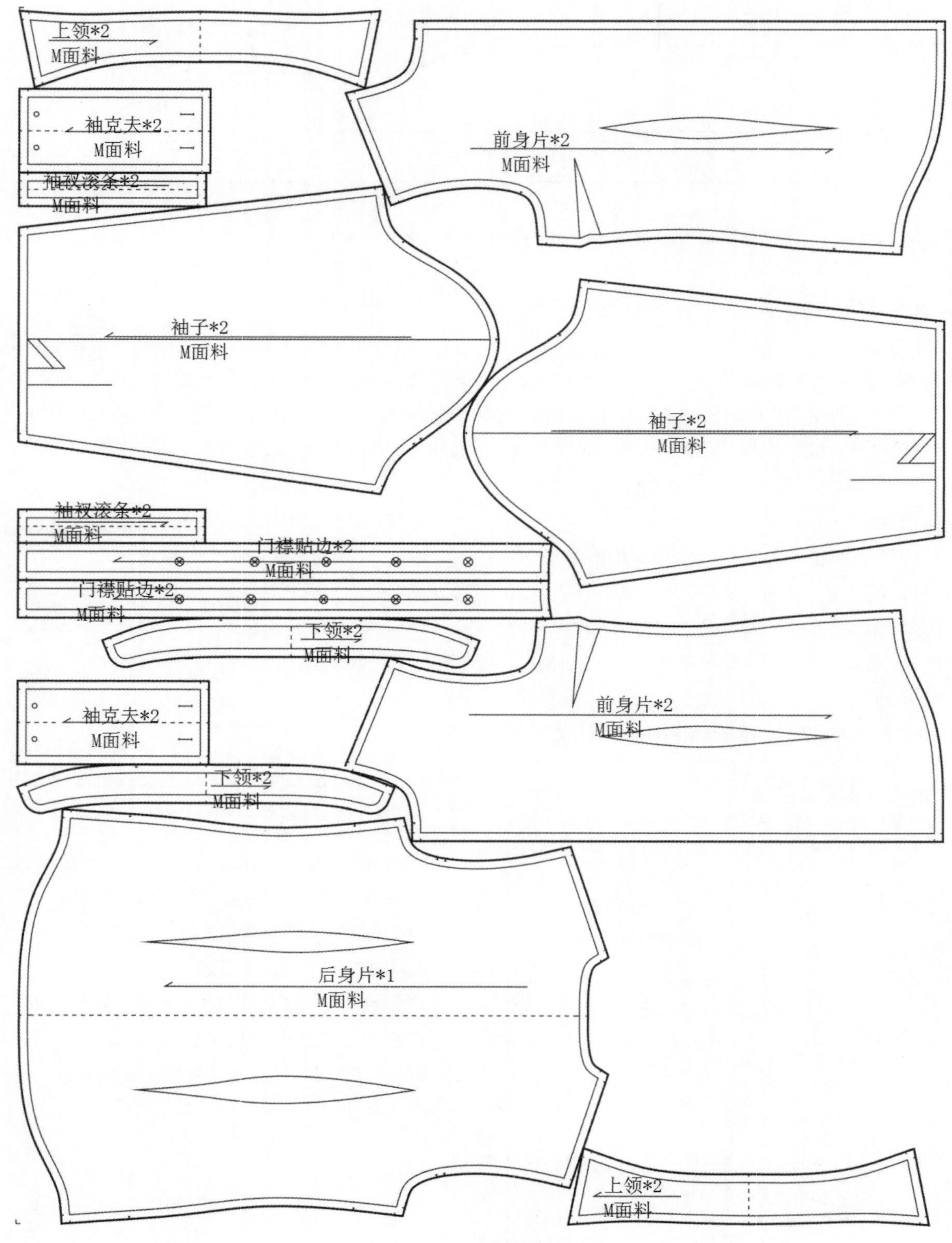
上领*2
M面料
袖克夫*2
M面料
袖衩滚条*2
M面料
前身片*2
M面料
袖子*2
M面料
袖子*2
M面料
袖衩滚条*2
M面料
门襟贴边*2
M面料
门襟贴边*2
M面料
下领*2
M面料
袖克夫*2
M面料
前身片*2
M面料
下领*2
M面料
后身片*1
M面料
上领*2
M面料

图 3-13 女衬衫排料图

（2）外观质量规定见表 3-9。

表 3-9 外观质量规定

部位名称	外观质量规定
领子	面、里松紧适宜，表面伏贴， 领尖长短互差不大于 0.3cm
止口	止口伏贴、顺直，门襟不短于里襟
肩缝	顺直、伏贴，两肩宽窄一致，互差不大于 0.5cm
袖子	袖缝顺直，绱袖圆顺，两袖长短互差不大于 0.8cm，袖口大小互差不大于 0.4cm
拼缝	伏贴、顺直，长短互差不大于 0.5cm
前身	褶量均匀，拼缝长短互差不大于 0.3cm

（3）缝制工艺流程：

检查裁片—粘衬—画样—收省做门里襟—做袖衩—装袖—合侧缝—装袖克夫—做装领—卷下摆—锁眼钉扣—整烫。

2. 坯样确认与样板修正

坯样确认与样板修正的方法与步骤同项目一中的女裙，在此不再赘述。

过程三　时尚女衬衫样板设计与制作

一、时尚设计款一

1. 款式说明（图 3-14）

图 3-14　时尚设计款一的款式图

这是一款立领女衬衫。前身胸部有弧线分割，前中装门襟贴 6 粒扣，收胸腰省；后身弧线分割，分割线腰部横向延伸蝴蝶结飘带，并在后中腰扎结装饰；泡泡袖，宝剑头袖衩，装袖克夫；平下摆。此款可采用手感滑爽，色泽鲜艳，光泽柔和的真丝、丝绸等面料制作。适合春秋季穿着。

2. 规格设计（表 3-10）

表 3-10 规格设计（单位：cm）

号型	后衣长（L）	胸围（B）	腰围（W）	臀围（H）	肩宽（S）	袖长（SL）	袖口围（CW）
160/84A	59	94	80	98	37	57	21

3. 结构分析

（1）先做出衬衫基本型。

（2）前片胸围 =B/4+ 后片分割的空余量，确定前片弧线分割线的位置，将胸凸量转移到肩省。

（3）后片胸围 =B/4，确定后片弧线分割线的位置，腰围处做出横向飘带，将后片腰部的省量直接合并。

（4）泡泡袖。根据款式特征做出袖子的泡泡量，一般在基础袖山高的基础上抬高 5 ～ 6cm，做出新的袖山弧线，并将袖山弧线多余的量作为褶裥量。

（5）立领。领座高 3cm，前中起翘 2cm。

4. 结构设计（图 3-15）

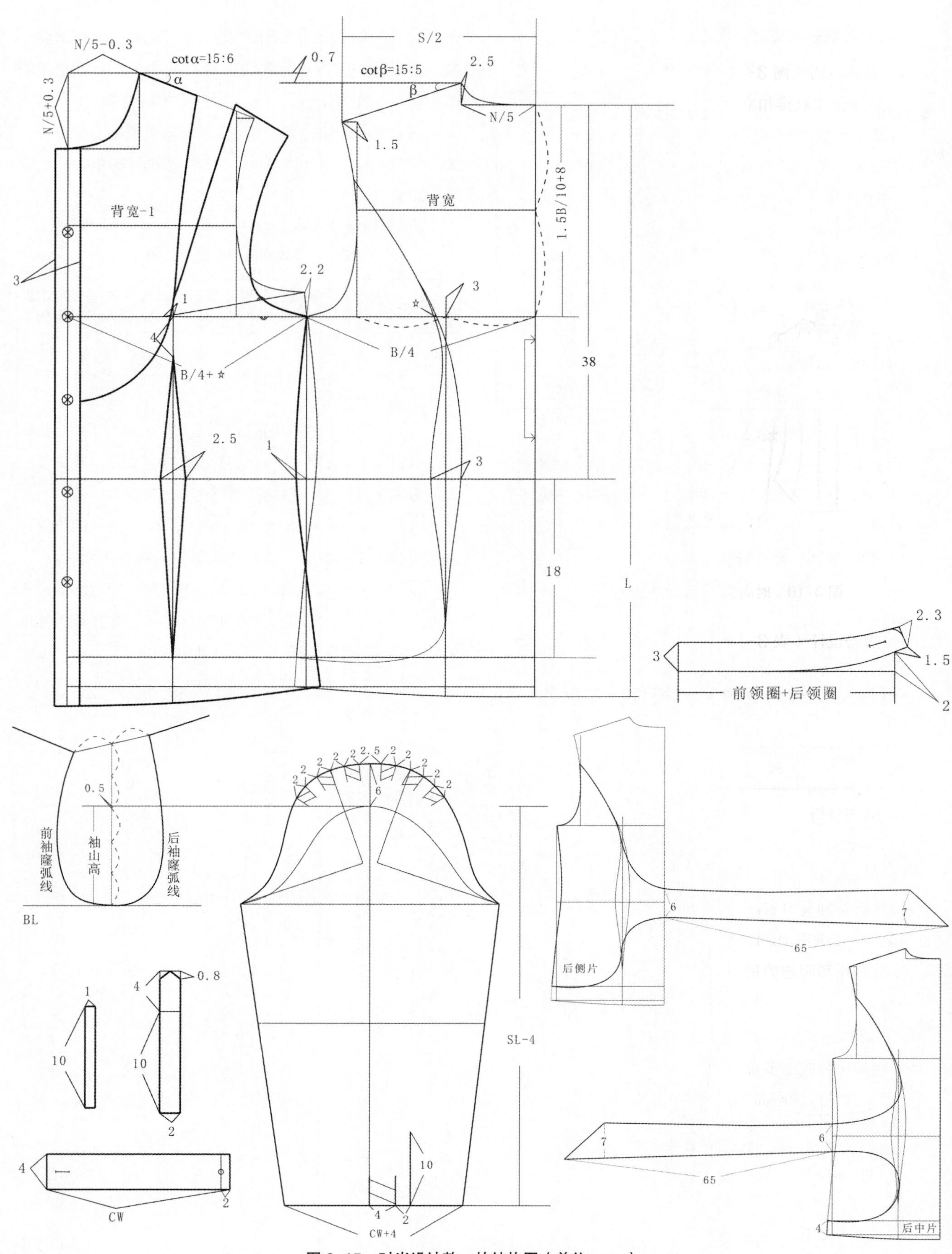

图 3-15 时尚设计款一的结构图（单位：cm）

二、时尚设计款二

1. 款式说明（图 3-16）

此款为合体双排扣立领女衬衫。立领装花边；前身育克有横向分割，做搭缝，抽细褶，前中装门襟贴12粒扣，收胸腰省至下摆；后身育克为弧线分割，做搭缝，抽细褶，收胸腰省至下摆，后中做阴褶；泡泡袖，袖底缝袖衩，袖克夫装花边；圆下摆。可采用真丝或丝绸等面料制作，适合春秋季穿着。

图 3-16　时尚设计款二的款式图

2. 规格设计（表 3-11）

表 3-11 规格设计（单位：cm）

号型	后衣长（L）	胸围（B）	腰围（W）	臀围（H）	肩宽（S）	袖长（SL）	袖口围（CW）
160/84A	56	90	78	96	36	57	20

3. 结构分析

（1）先做出衬衫基本型。

（2）前片胸围 =B/4，确定前片弧线分割线的位置，将胸凸量转移到领口省。

（3）后片胸围 =B/4，确定后片的弧线分割线的位置，后中加抽细褶和阴褶的量。

（4）泡泡袖。根据款式特征做出袖子的泡泡量，一般在基础袖山高的基础上抬高 5 ～ 6cm，做出新的袖山弧线，将袖山弧线上多余的量作为细褶量。

（5）立领，领座高 5cm，前中起翘 2cm。

4. 结构设计（图 3-17）

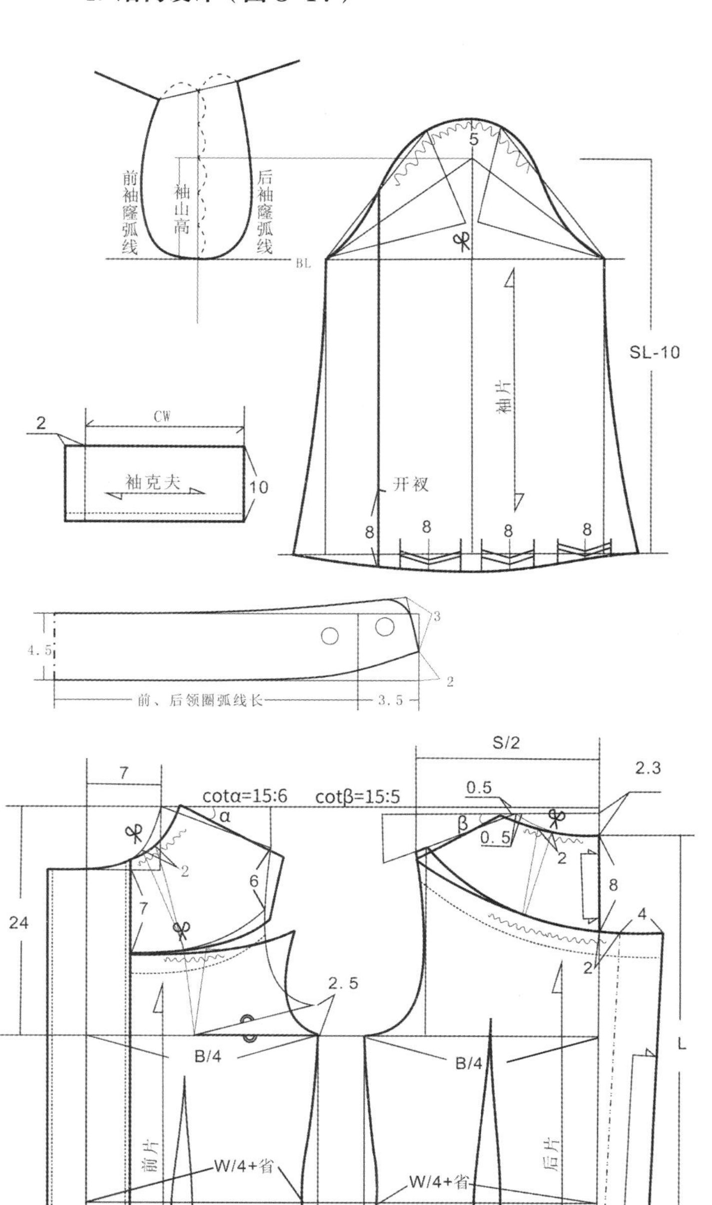

图 3-17　时尚设计款二的结构图（单位：cm）

三、时尚设计款三

1. 款式说明（图 3-18）

此款为合体圆领女衬衫。圆领上缉四道装饰线；前中破缝装饰花边；前身刀背分割，分割线左右各收一个胸腰省，并缉 0.1cm 宽的明线；后身育克为弧线分割，做搭缝，抽细褶，收腰省至下摆；后中破缝、后身刀背分割缝缉 0.1cm 和 0.6cm 宽的明线；后腰线横向分割，腰线以下设 5 个褶裥；袖山设 3 个褶裥，袖底缝开袖衩，装袖克夫；平下摆。此款可采用真丝或丝绸等面料制作，适合春秋季穿着。

2. 规格设计（表 3-12）

表 3-12 规格设计（单位：cm）

号型	后衣长（L）	胸围（B）	腰围（W）	臀围（H）	肩宽（S）	袖长（SL）	袖口围（CW）
160/84A	54	94	80	96	39	56	20

3. 结构分析

（1）先做出衬衫基本型。

（2）前片胸围 =B/4，确定刀背分割线的位置，将胸凸量转移到刀背分割线。

（3）后片胸围 =B/4，确定后片腰线分割和刀背分割线的位置。

（4）做出基础袖子，在基础袖的基础上袖肥加大 6.5cm 褶裥的量。

（5）圆领领口开到离肩端点 3cm 处，领子直接在裁片中画出。

4. 结构设计（图 3-19）

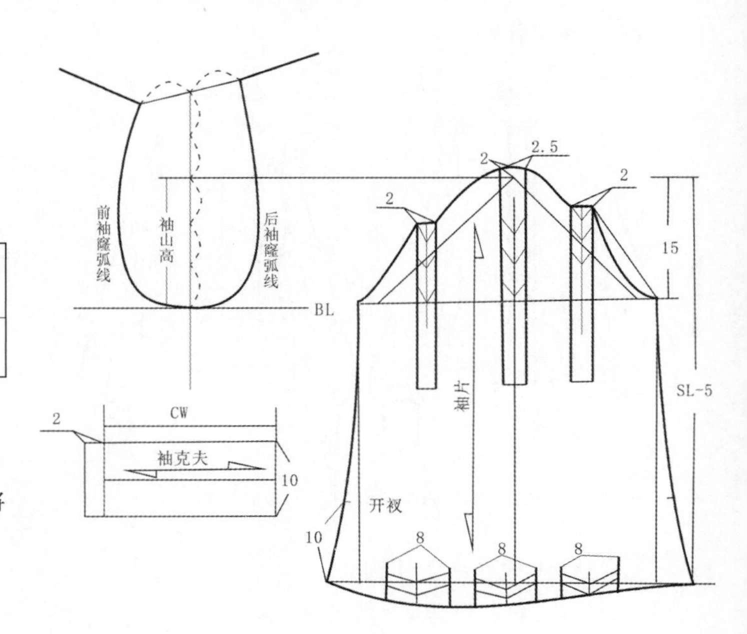

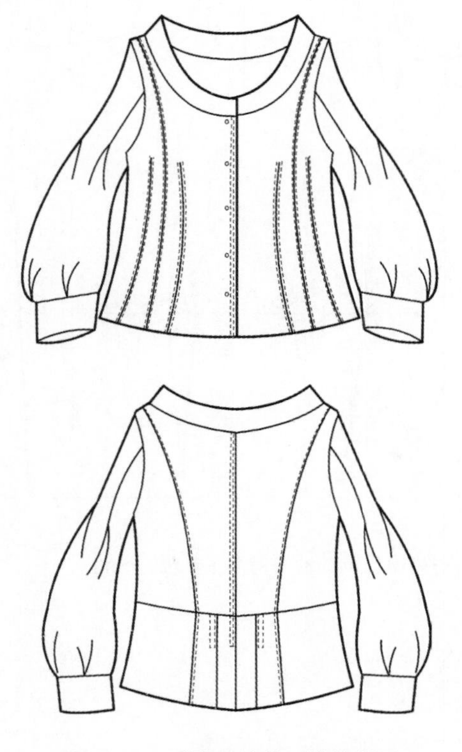

图 3-18　时尚设计款三的款式图

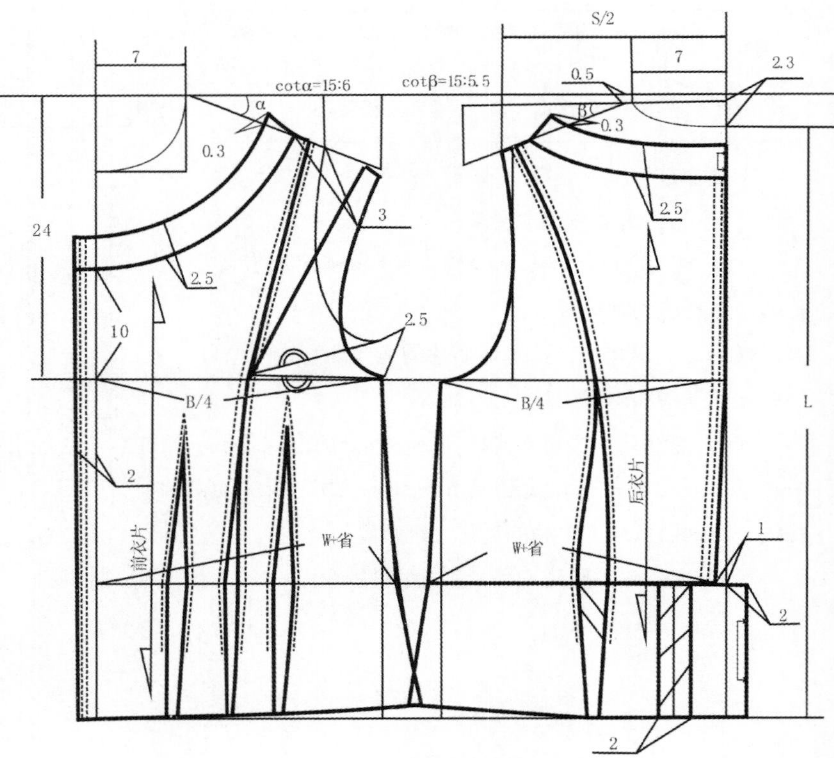

图 3-19　时尚设计款三的结构图（单位：cm）

四、时尚设计款四

1. 款式说明（图 3-20）

这是一款合体半开襟袒领女衬衫。袒领；前中半开襟；过肩；胸部有横向弧线分割，左右各收一个胸腰省，并缉 0.1cm 宽的明线；后身收胸腰省至下摆；短袖；平下摆。此款可采用真丝或丝绸等面料制作，适合春秋季穿着。

2. 规格设计

表 3-13 规格设计（单位：cm）

号型	后衣长（L）	胸围（B）	腰围（W）	臀围（H）	肩宽（S）	袖长（SL）	袖口围（CW）
160/84A	58	94	78	96	39	20	30

3. 结构分析

（1）先做出衬衫基本型。

（2）前片胸围为 B/4，确定胸部横向弧线分割线的位置，将胸凸量转移到侧缝，做出胸腰省的位置。

（3）后片胸围为 B/4，确定后片胸腰省的位置。

（4）做出基础袖子，确定袖子的长度与袖口围的尺寸。

（5）袒领，先将前后肩线重叠 3cm 左右，所产生的领座在重叠量的 1/4 左右，为使前领稍微立起，将前领装领止点下落 0.5cm。

4. 结构设计（图 3-21）

图 3-20　时尚设计款四的款式图

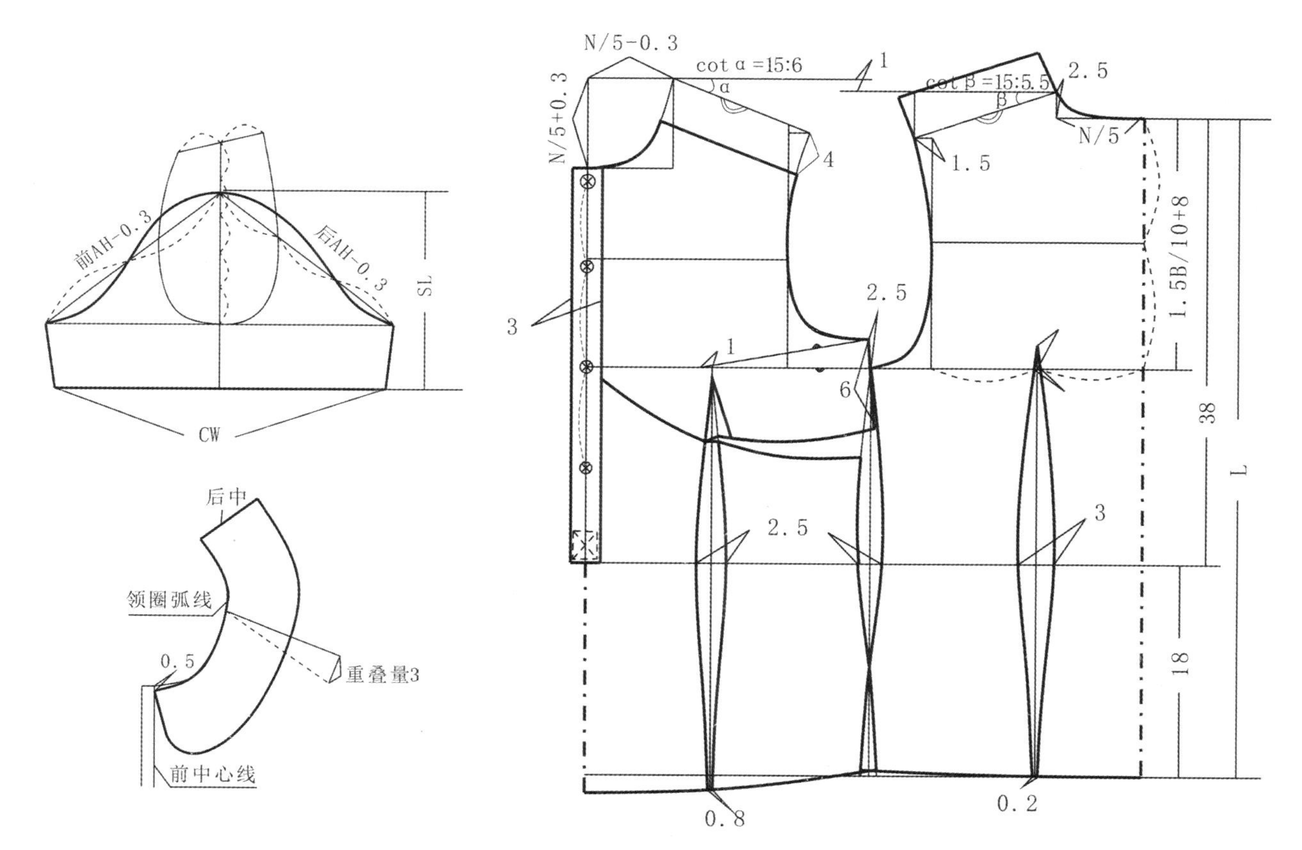

图 3-21　时尚设计款四的结构图（单位：cm）

项目二　女夹克样板设计与制作

过程一　女夹克基础知识

夹克（英文 jacket 的音译），是一种短上衣，翻领、对襟，多用按扣（子母扣）或拉链。夹克衫是现代生活中最常见的一种，风行始于 20 世纪 80 年代。夹克多为拉链开襟的外套，但也有人把一些衣长较短、款式较厚的可当作外套来穿的纽扣开襟的衬衫称作夹克。

自形成以来，夹克款式演变可以说是千姿百态的。目前夹克已发展形成了一个非常庞大的家族。从其使用功能上来分，夹克大致可归纳为三类：一是作为工作服的夹克；二是作为便装的夹克；三是作为礼服的夹克。夹克按下摆的款式可分为收腰和散腰夹克，按肩部接口款式可分为平接肩和插接肩夹克，按领子款式可分为翻领和立领夹克，按袖口款式可分为紧袖口和散袖口夹克等。

当今，一种全新的夹克衫理念已经进入中国。各大展会中的宣传人员已不再满足于仅仅只有 T 恤衫这种宣传服装，于是展会夹克衫应运而生。以前那种死板的款式与暗淡颜色的夹克衫已不再受欢迎，取而代之的是有着新颖的款式、出挑的颜色、厚薄适宜的面料的夹克衫。

夹克是短小类服装，底边比较宽松，夹在腰部位置以下、臀部以上，适合日常生活穿着。

一、女夹克相关部位的名称和构成（图 4-1）

夹克主要包括衣身、袖子、下摆和领子四个部分，它们相互之间按一定比例关系和不同的形态可以设计出不同的夹克款式。

（1）衣身：夹克的衣身廓形变化非常丰富，根据其造型可分为 O 型、T 型、H 型、X 型这几类。夹克的整体造型风格以半合体型和宽松型为主。衣身上常设计有育克、口袋等。夹克的衣长一般在腰部至大腿中部之间，具体根据流行趋势来进行变化。

（2）袖子：夹克的袖型结构比较丰富，可分为一片袖、两片袖、插肩袖等。袖口装有袖克夫。袖型与夹克的整体造型风格一样，也是以半合体型和宽松型为主。

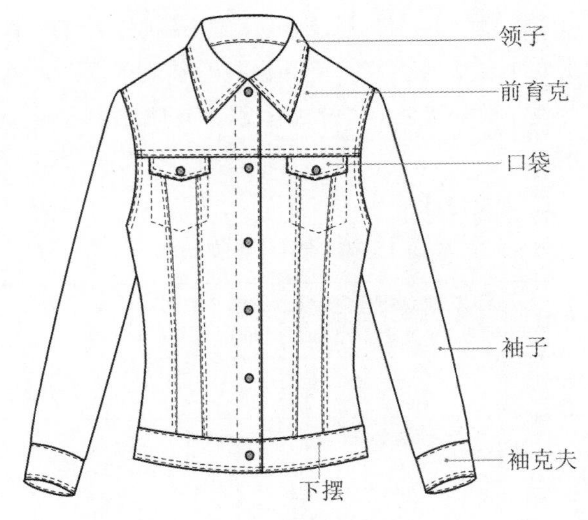

图 4-1　夹克部位名称

（3）领子：夹克的领型一般以立领、翻领、罗纹领居多。

（4）下摆：夹克的下摆一般都设计有下摆克夫。

（5）口袋：夹克口袋多采用较大的插袋、贴袋及各种装饰袋。口袋的设计变化是夹克衫的最大特点。

（6）装饰物：装饰物为各种金属或塑胶拉链、金属圆扣，金属卡子和各式塑料配件的相互搭配运用较多。

（7）门襟：根据门襟的宽度和门襟扣子的排列特征，门襟可分为单排扣和双排扣；根据门襟的位置特征，门襟又可以分为正开襟、偏开襟和插肩开襟。

二、女夹克的分类

在现代生活中，由于具有轻便、舒适的特点，因此夹克衫将同其他类型的服装款式一样，以新颖的姿态活跃在世界各民族的服饰生活中。

1. 按衣服长度分类（图 4-2）

可分为短夹克、标准夹克、长夹克。

（1）短夹克：长度一般至人体腰围线上下的位置。

（2）标准夹克：长度一般至人体臀围线上下的位置。

（3）长夹克：长度一般与衬衫衣长一样长，至手臂虎口的位置。

图 4-2　夹克按衣服长度分类

2. 按合体程度分类（图 4-3）

可分为半合体夹克、宽松型夹克。

（1）半合体夹克：主要体现女性曲线美，强调收腰效果，一般以 X 造型为多。

（2）宽松型夹克：一般都以落肩为主，廓形宽大，造型以 O 型、T 型等居多。

3. 按门襟分类（图 4-4）

可分为纽扣式门襟夹克、拉链式门襟夹克。

图 4-3　夹克按合体程度分类

图 4-4　夹克按门襟分类

图 4-5　夹克按领子分类

4. 按领子分类（图 4-5）

可分为罗纹领夹克、翻领夹克、西服领夹克、带帽夹克等。

5. 夹克按款式分类

可以分为绗缝夹克、休闲夹克、骑士夹克、猎装夹克、飞行员夹克、羽绒夹克等。

（1）绗缝夹克：简洁又时髦，薄棉通过绗缝的设计丝毫不显厚重，可搭配格子长裤，打造出英伦风范的味道。

（2）休闲夹克：休闲尼龙夹克是出差旅行的必备单品，穿着柔软舒适、便于携带。

（3）骑士夹克（图 4-6）：强调宽肩、收腰线条的赛车夹克，采用立领，多以亮色为主，拉链和肩膀处的绗缝的装饰性十足。与豪气的军装风相比，其在形象塑造上更加多变。

（4）猎装夹克（图 4-7）：比起常见的皮质和水洗布猎装夹克，尼龙面料更显斯文。下摆的两个贴袋设计显得别致，兼具装饰与实用性。

（5）飞行员夹克（图 4-8）：自从汤姆·克鲁斯在《壮志凌云》中穿着美国空军 A-2 飞行皮夹克从而让飞行员夹克大肆风靡后，飞行员夹克一直是各大品牌秋冬的重点设计对象。

图 4-6　骑士夹克

图 4-7　猎装夹克

图 4-8　飞行员夹克

图 4-9　羽绒夹克

（6）羽绒夹克（图 4-9）：夹克的衍生品，款式设计选用宽松胸围、紧袖口、紧下摆等，是结合羽绒和夹克的保暖、修身特点的新型冬装款式。羽绒夹克将保暖与修身集为一体，一般为开襟、修身设计，并以保暖轻透的棉纶、羽绒等作为内胆或填充物，采用涤纶、锦纶等舒适防风材质面料，拥有“比羽绒更保暖，比夹克更有型”的特点。

三、女夹克各部位尺寸设计原理

女夹克的主要控制部位包括围度、宽度、长度，如衣长、肩宽、袖长、胸围、腰围、臀围、下摆等。一般可以通过人体测量、实物测量、查表计算三种方法来获取夹克各部位的尺寸。

1. 实物测量尺寸

同女衬衫，在此不再赘述。

2. 人体测量尺寸

同女衬衫，在此不再赘述。

3. 夹克放松量设计（表 4-1）

表 4-1 夹克放松量设计

量体部位	半合体型放松量	宽松型放松量
衣长（后中）	0 ~ 0.5cm（工艺损耗量）	0 ~ 0.5cm（工艺损耗量）
胸围	10 ~ 16cm	16 ~ 24cm
腰围	比放量后胸围小 10 ~ 14cm	比放量后胸围小 0 ~ 4cm
臀围	比放量后胸围大 3 ~ 5cm	比放量后胸围大 0 ~ 2cm
肩宽	2 ~ 4cm	5 ~ 8cm
袖长	0.5cm（工艺损耗量）	0.5cm（工艺损耗量）
后腰节长	0 ~ 0.5cm	0.5 ~ 1cm

注：实际生产中服装的加放量要根据款式、面料的厚薄、性能等来合理选择放松量。袖子的加放量还要考虑袖子的造型。

4. 女夹克袖窿、袖山高、袖肥和吃势的参考尺寸（表 4-2）

表 4-2 女夹克袖窿、袖山高、袖肥和吃势的参考尺寸（单位：cm）

款式	袖窿	袖山高	袖肥	吃势量
半合体夹克	45 ~ 46	14 ~ 16	33 ~ 35	1 ~ 2
宽松型夹克	47 ~ 49	12 ~ 14	37 ~ 40	0 ~ 1

注：实际生产中服装的加放量要根据款式、面料的厚薄、性能等来合理选择放松量。袖子的加放量还要考虑袖子的造型。

5. 女夹克袖窿与袖山高的关系

（1）半合体型女夹克袖窿与袖山高的关系（图 4-10）。

（2）宽松型女夹克袖窿与袖山高的关系（图 4-11）。

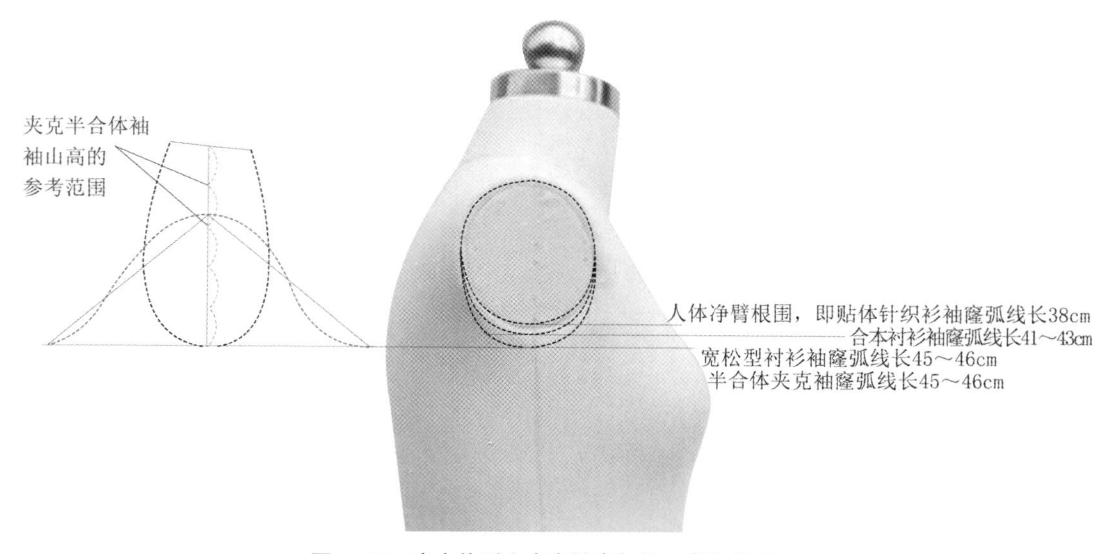

图 4-10 半合体型女夹克袖窿与袖山高的关系

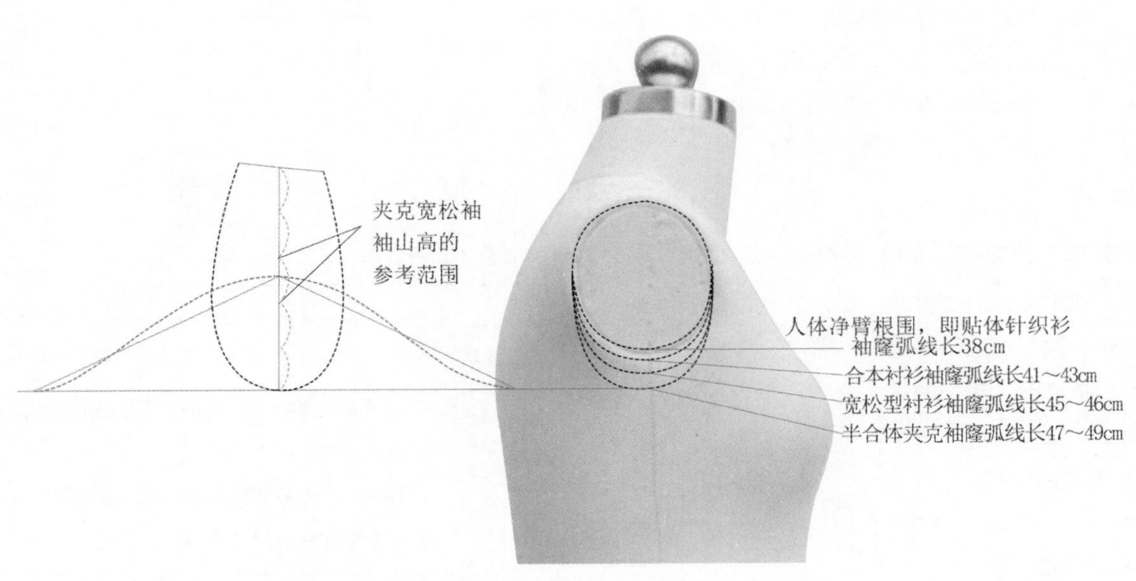

图 4-11　宽松型女夹克袖窿与袖山高的关系

6. 女夹克的标准尺码参照表（表 4-3）

表 4-3 女夹克标准尺码参照表（通用）（单位：cm）

号型	肩宽	胸围	腰围	下摆	后中长	长袖	袖肥 /2	袖口围 /2
155/76A	36.6	88	78	94	57.5	55.5	16.1	10.5
160/80A	37.8	92	82	98	59.5	57	16.8	11
160/84A	39	96	86	102	59.5	57	17.5	11.5
165/88A	40.2	100	90	106	61.5	58.5	18.2	12
165/92A	41.4	104	94	110	61.5	58.5	18.9	12.5
170/96A	42.6	108	98	114	63.5	60	19.6	13
170/100A	43.8	112	102	118	63.5	60	20.3	13.5
175/104A	45	116	106	122	65.5	61.5	21	14

表 4-4 样衣生产单

<table>
<tr><td colspan="8">样衣生产单</td></tr>
<tr><td colspan="4">款式编号：NK-20200003</td><td colspan="4">名称：翻领女夹克</td></tr>
<tr><td colspan="3">下单日期：2020.03.05</td><td colspan="2">完成日期：2020.06.10</td><td colspan="3">规格表（单位：cm）</td></tr>
<tr><td colspan="8">款式图

正面　背面
款式说明：此款为翻领女夹克，前门襟装 6 粒纽扣，左右胸部各贴一个内袋并装袋盖，平装两片袖，袖口开衩并装袖克夫，下摆装下摆克夫。</td></tr>
<tr><td>号型</td><td>后衣长</td><td>胸围</td><td>腰围</td><td>臀围</td><td>肩宽</td><td>袖长</td><td>袖口围</td></tr>
<tr><td>160/84A</td><td>54</td><td>96</td><td>82</td><td>98</td><td>40</td><td>57.5</td><td>24</td></tr>
<tr><td colspan="4">面辅料：
直径为 10mm 的纽扣 10 个；
配色涤纶线</td><td colspan="4" rowspan="3">工艺要求：
1. 平针车针距为 15 针 /3cm；
2. 各部位缝制线路顺直、整齐、牢固；
3. 上、下线松紧适宜，无跳线、断线、脱线、连根线头，底线不得外露；
4. 领子伏贴、有窝势，上领各边缉线 0.5cm；
5. 两片平装袖，正面缉线 0.1cm 和 0.6cm 宽的明线；
6. 锁眼定位准确，大小适宜，扣与眼对位，整齐、牢固</td></tr>
<tr><td colspan="4">粘衬部位：
裤子的腰带、门襟、前插袋袋口</td></tr>
<tr><td colspan="4">裁剪要求：
1. 注意裁片色差、色条、破损；
2. 经向顺直，不允许有偏差；
3. 裁片准确，二层相符</td></tr>
<tr><td colspan="4">印、绣花：无</td><td colspan="4">后整理要求：普洗</td></tr>
<tr><td colspan="2">设计：*****</td><td colspan="2">制板：*****</td><td colspan="2">样衣：</td><td colspan="2">日期：</td></tr>
</table>

过程二　夹克基础款样板设计与制作

一、款式分析

1. 样衣生产单设计（表 4-4）

2. 款式造型、结构、工艺特点分析

此款为半合体 X 型女夹克，四开身结构。前门襟装 6 粒纽扣，翻领，各边缉 0.1cm 和 0.6cm 宽的明线；前片左右各有一横向分割将前衣身分成前育克和前下衣身，缝份倒向育克，缉 0.1cm 和 0.6cm 宽的明线；前下衣身左右有两道纵向分割，将前下衣身分成三部分，前中片缝份倒向前中，缉 0.1cm 和 0.6cm 宽的明线，侧片缝份倒向侧片，缉 0.1cm 和 0.6cm 宽的明线，左右胸部各贴一个内袋并装袋盖，袋盖缉 0.1cm 和 0.6cm 宽的明线；后衣身有一横向分割将后衣身分成后育克和后下衣身，缝份倒向育克，缉 0.1cm 和 0.6cm 宽的明线；后下衣身有两道纵向分割，将后下衣身分成三部分，缝份倒向后育克，缉 0.1cm 和 0.6cm 宽的明线；平装两片袖，缝份倒向衣身，缉 0.1cm 和 0.6cm 宽的明线，袖口开衩并装袖克夫，袖克夫三边缉 0.1cm 和 0.6cm 宽的明线；下摆装下摆克夫，三边缉 0.1cm 和 0.6cm 宽的明线。

3. 选用面料与制定规格

1）面料选用

夹克衫面料选用范围很广，高档面料有天然的羊皮、牛皮、马皮等，还有毛涤混纺、毛棉混纺以及各种经处理过的高级化纤混纺或纯化纤织物；中高档面料有各种中长纤维花呢、涤棉防雨府绸、尼龙绸、TC 府绸、橡皮绸、仿羊皮等；中低档面料有黏棉混纺及纯棉等普通面料。不同款式的夹克衫可采用与其合适的面料相匹配，如：蝙蝠夹克衫采用华丽光亮的尼龙绸或 TC 府绸面料制作，再配上优质辅料和配件，女性穿着后风彩翩翩；猎装夹克衣料的质量要求较高，外观要紧密平挺、质地稍厚、抗皱性能好，男子穿着后更加健美挺拔。另外还有一些夹克装有内胆，其保暖性较好。

表 4-4 中样衣生产单中的女夹克可以选用牛仔、卡其、帆布等面料制作试样。

2）样衣规格制定

以国家服装号型标准女子 160/84A 体型为样衣规格设计对象，结合款型特点及面料性能，样衣规格制定如下：

（1）后衣长：后领中至臀围线 -2cm（衣长缩短量）=56cm-2cm=54cm；

（2）胸围：净胸围 +12cm（胸围放松量）=84cm+12cm=96cm；

（3）腰围：净腰围 +14cm（腰围放松量）=68cm+14cm=82cm；

（4）臀围：净臀围 +8cm（臀围放松量）=90cm+8cm=98cm；

（5）肩宽：净肩宽 +1.6cm（肩部宽松量）=38.4cm+1.6cm=40cm；

（6）袖长：全臂长 +7cm（袖子宽松量）=50.5cm+7cm=57.5cm；

（7）袖口围：24cm；

（8）领围：颈围 +5.5cm（颈围放松量）=34cm+5.5cm=39.5cm。

以上样衣规格归纳见表 4-5。

表 4-5 样衣规格表（单位：cm）

号型	后衣长（L）	胸围（B）	腰围（W）	臀围（H）	肩宽（S）	袖长（SL）	袖口围（CW）	领围（N）	背长
160/84A	54	96	82	98	40	57.5	24	39.5	38
允许偏差	1.0	1.5	1.5	1.5	0.6	0.6	0.5	0.6	0.6

4. 制板规格制定

在女衬衫的缝制工艺中，拟定的样衣规格会受到缝制、粘衬及后道整烫等环节的影响，为了保证样衣规格符合要求，制板规格的制定应考虑这些影响因素。假设丝绸面料的经向缩率为 1.5%，纬向缩率为 1.0%，160/84A 的初板结构制图规格如下：

（1）后衣长＝54×（1+1.5%）≈ 55cm；

（2）胸围＝96×（1+1.0%）≈ 97cm；

（3）腰围＝82×（1+1.0%）≈ 83cm（腰部一般在工艺制作中容易做大 1 ～ 2cm，因此打板时尺寸要减 1 ～ 2cm，即打板尺寸定为 82cm）；

（4）臀围＝98×（1+1.0%）≈ 99cm；

（5）肩宽＝40×（1+1.0%）≈ 40.4cm，取 40.5cm；

（6）袖长＝57.5×（1+1.5%）≈ 58cm；

（7）袖口围＝24×（1+1.5%）≈ 24.4cm，取 24.5cm；

（8）领围＝39.5×（1+1.5%）≈ 40cm；

（9）背长＝37.5×（1+1.5%）≈ 38cm。

以上初板规格归纳如表 4-6。

表 4-6 制板规格表（单位：cm）

号型	后衣长（L）	胸围（B）	腰围（W）	臀围（H）	肩宽（S）	袖长（SL）	袖口围（CW）	领围（N）	背长
160/84A	55	97	82	99	40.5	58	24.5	40	38
允许偏差	1.0	1.5	1.5	1.5	0.6	0.6	0.5	0.6	0.6

二、初板设计

1. 翻领女夹克的结构设计（图 4-12）

结构设计要点：

（1）先做出女装基本型，注意衣身平衡。

（2）在基本型上根据设计款式及规格，做出相应的结构和细部轮廓。

（3）由于这款服装为半合体型，胸凸量的设计应该符合人体，胸省量设定为 2.5cm。

（4）腰省的确定并非固定数值，应该根据胸腰之间的差数做适当的调整。

（5）人体的肩斜度为 20° 左右，考虑到人体体型肩部呈弓型，所以前肩斜度比后肩斜度大点儿。若装垫肩，则肩线要根据垫肩的厚度进行抬高。

（6）半合体型的夹克，袖山的吃势量设定在 1.5～2cm，要调节好袖山弧线和袖窿弧线的刀口位置。

（7）袖克夫要放出 2cm 的重叠量，作为钉扣位。

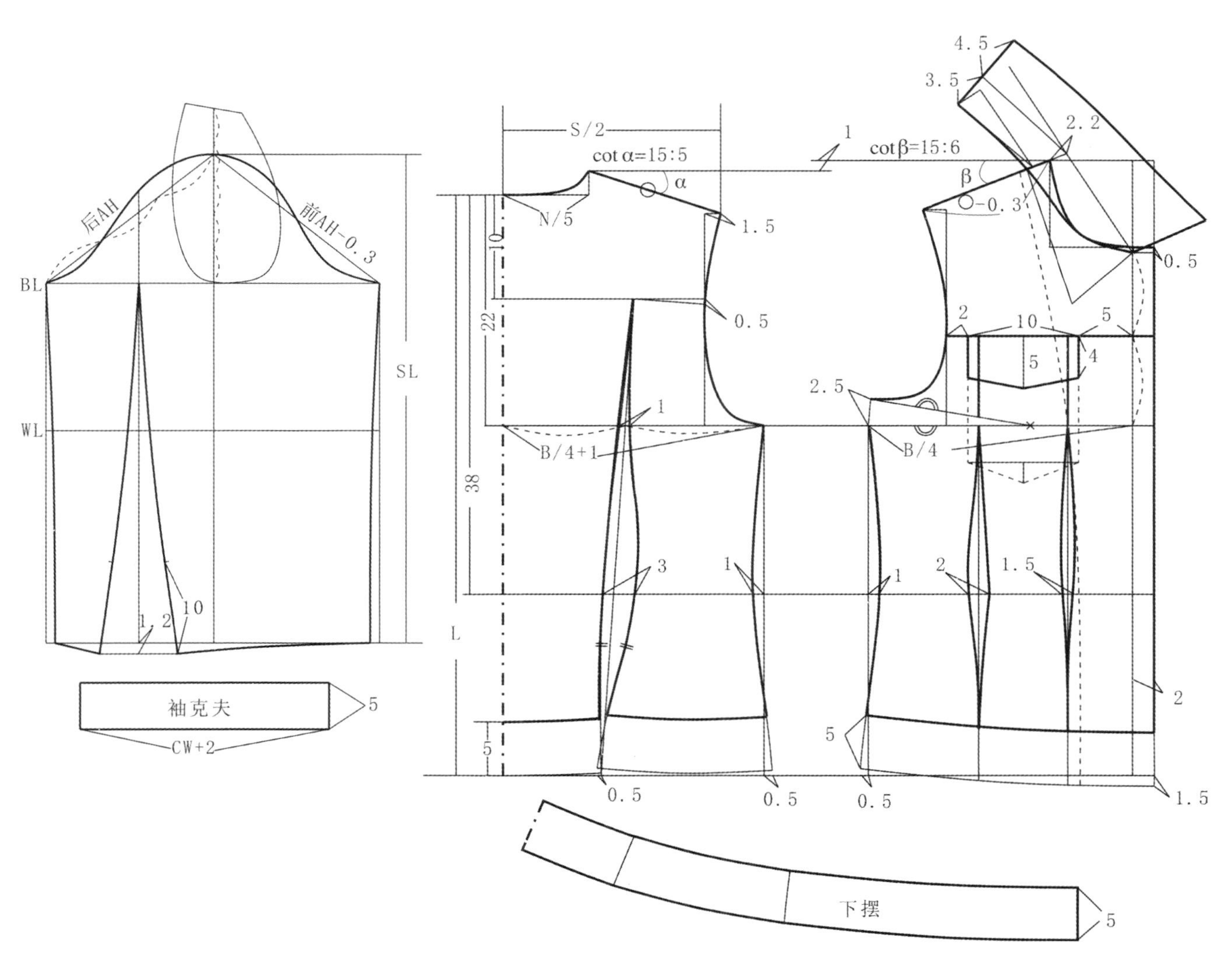

图 4-12 女夹克结构制图（单位：cm）

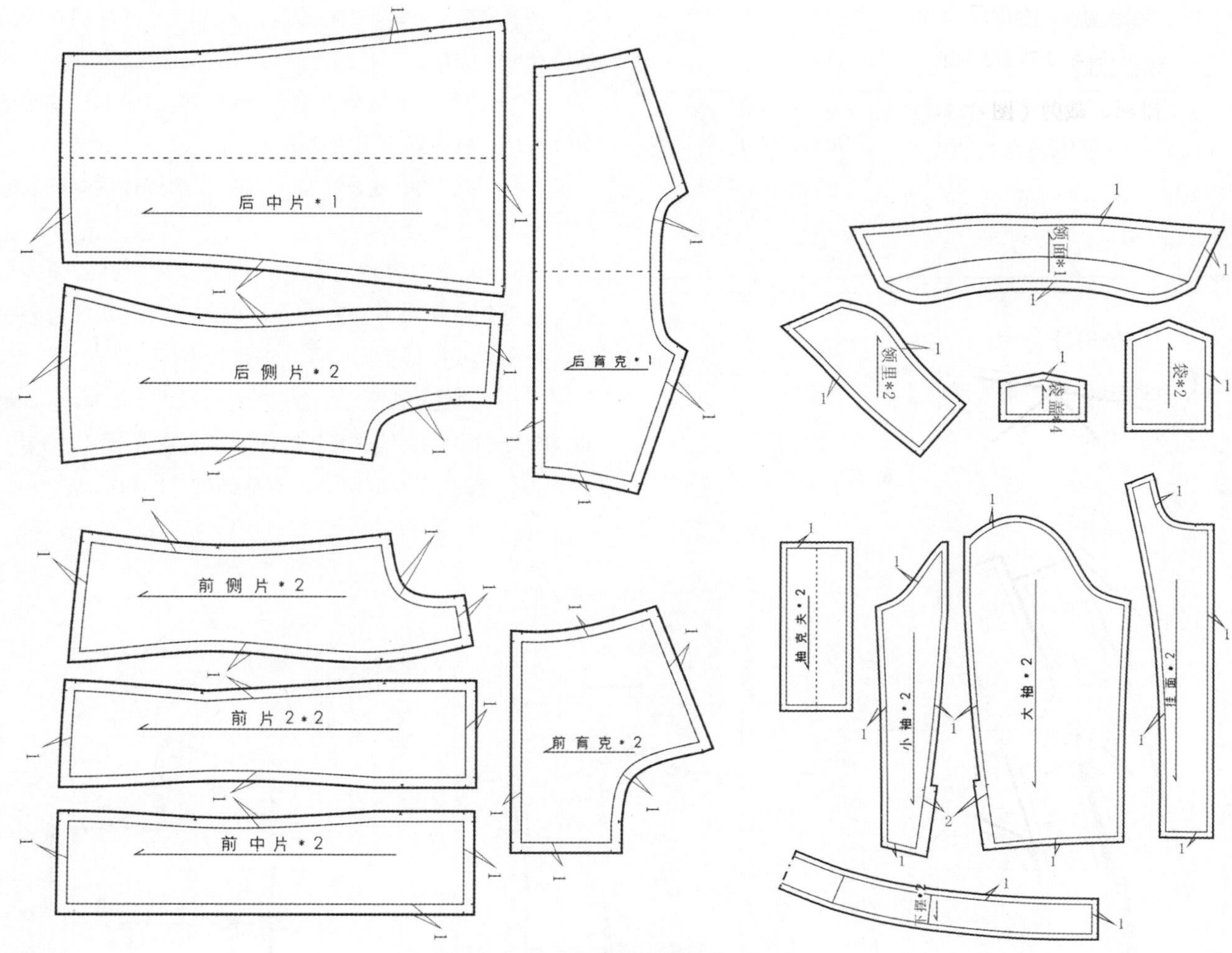

图 4-13 女夹克样板放缝图（单位：cm）

2. 放缝（图 4-13）

（1）衣身根据净样板放出毛缝，各裁片均放 1cm 缝份。

（2）袖子装袖克夫，根据净样板放出毛缝，各裁片均放 1cm 缝份，袖克夫四边都放 1cm 缝份。

（3）挂面一般在肩缝处，净宽 3 ～ 4cm，各缝边均缝 1cm 缝份。如果门襟处装拉链，止口线放 1.5cm 缝份。

（4）领子、领里四周放 1cm 缝份，领面由于要做翻折量和里外匀，各缝边均放 1.2cm 缝份。

（5）袋盖、袋布四周均放 1cm 缝份。

（6）下摆四周放 1cm 缝份。

3. 粘衬样板制作（图 4-14）

配置要点：

（1）粘衬样板在面样毛样的基础上制作；

（2）常规情况下，这款女夹克领面、领里、挂面、袋盖、下摆、袖克夫等部位需要粘衬；

（3）粘衬样板的丝缕一般同面样丝缕，在某些部位起加固作用的，则采用直丝。

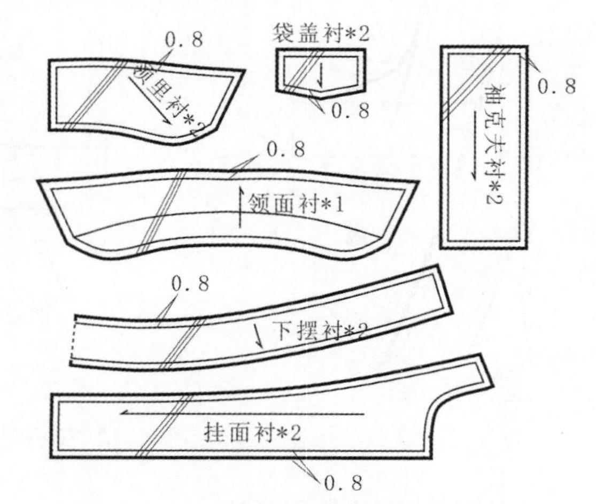

图 4-14 女夹克粘衬样板（单位：cm）

三、初板确认

1. 坯样试制

1）排料、裁剪（图 4-15）

排料、裁剪时的注意点同模块一项目一中的女裙。此款女夹克采取单向排料方式，如图 4-15 所示，其幅宽为 144cm、用料 100cm。裁剪时应下剪准确，剪好的衣片正面相合放置。同时参照国家标准 GB/T 18132—2016 里服装标准中关于经纬纱向的规定：领面、后身、袖子的纱线歪斜程度不大于 3%，前身底边不倒翘；条格花型歪斜程度不大于 3%；对于面料有 1cm 及以上明显条格的也作了明确规定，具体见表 4-7。

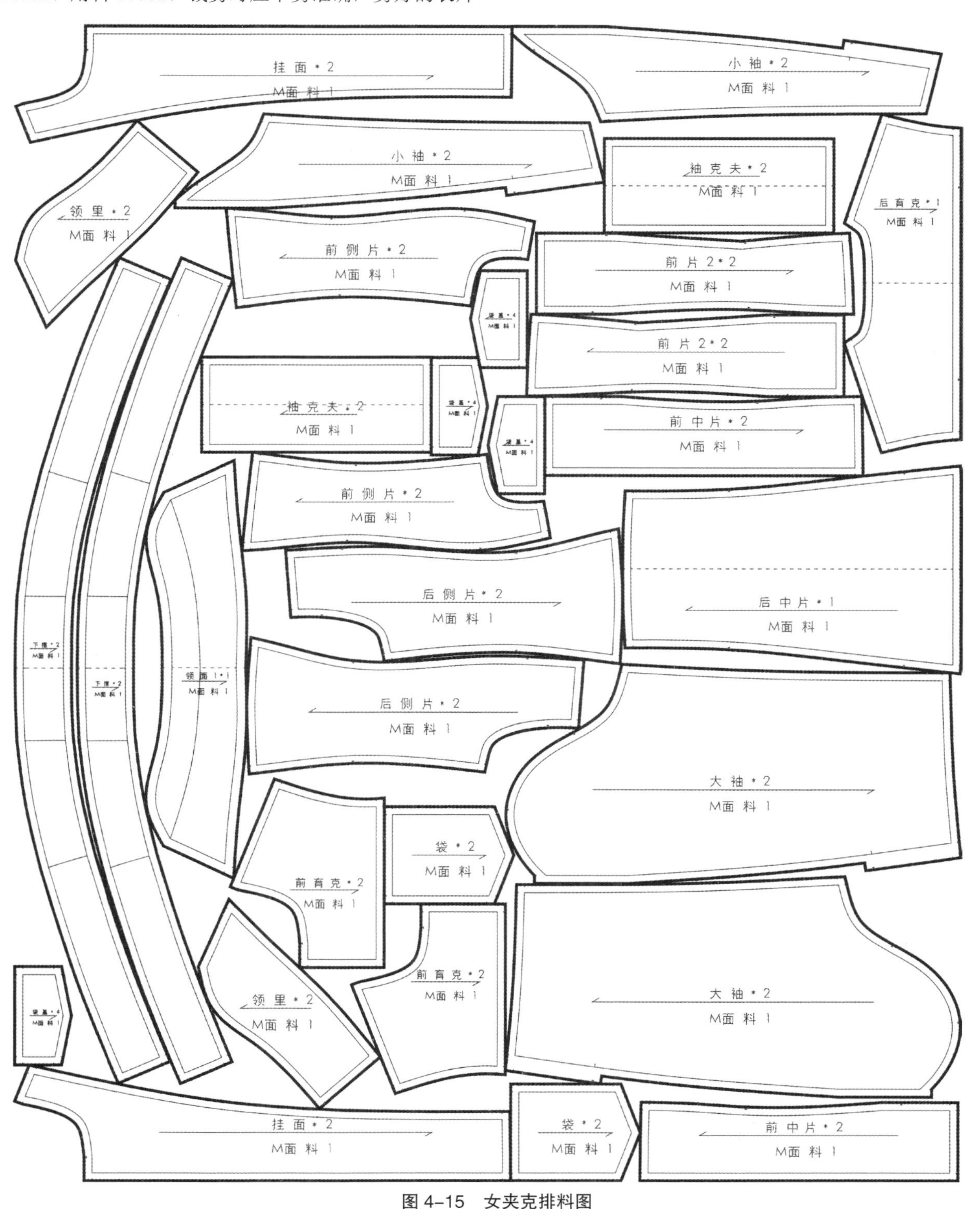

图 4-15 女夹克排料图

表 4-7 面料有 1cm 及以上明显条格的对条对格规定

部位名称	对条、对格要求	备注
左右前身	条格顺直、格料对横，互差不大于 0.4cm	遇格条大小不一时，以衣长二分之一处上部为主
袋与前身	条料对条，格料对格，互差不大于 0.4cm。斜料贴袋左右对称，互差不大于 0.5cm（阴阳条格除外）	遇格条大小不一时，以袋前部为主
领尖、驳头	条格对称，互差不大于 0.2cm	遇有阴阳条格时，以明显条格为主
袖子	条格顺直	—
背缝	条料对条，格料对格，互差不大于 0.3cm	—
摆缝	袖窿以下 10cm 处，格料对横，互差不大于 0.4cm	—

注：特殊设计除外。

2）坯样缝制

坯样的缝制应参照样板要求和设计意愿，特别是在缝制过程中缝份大小应严格按照样板操作。同时，还应参照国家标准 GB/T 2660—2017 里夹克的质量标准，标准中关于服装缝制的技术规定有以下几项：

（1）缝制质量要求：

①针距密度规定见表 4-8。

表 4-8 针距密度表

项目	针距密度	备注
明暗线	不少于 12 针 /3cm	—
绗缝线	不少于 9 针 /3cm	—
包缝线	不少于 12 针 /3cm	包括锁缝（链式线）
锁眼	不少于 12 针 /1cm	—

②各部位缝制伏贴，线路顺直、整齐、牢固，针迹均匀，上下线松紧要适宜，起止针处应回针缉牢。

③商标和耐久性标签位置端正、伏贴。

④领子伏贴，领尖不反翘。

⑤绱袖圆顺，吃势均匀，两袖前后基本一致。

⑥锁眼定位准确，大小适宜，两头封口。开眼无绽线。钉扣与眼位相对位，整齐、牢固，缠脚线高低适宜，线结不外露，钉扣线不脱散。

（2）外观质量规定见表 4-9。

表 4-9 外观质量规定

部位	序号	规定
前身	1	门襟平挺，左右两边下摆一致，无搅豁
	2	止口挺、薄、顺直，无起皱、反吐；宽窄相等，圆的应圆、方的应方、尖的应尖
	3	驳口伏贴、顺直，左右两边长短一致；串口要直，左右领缺嘴相同
	4	胸部挺满、无皱、无泡；省缝顺直，高低一致；省尖无泡形，省缝与袋口进出左右相等
	5	袋盖与袋口大小适宜，双袋大小、高低、进出须一致
领子	6	领子伏贴，不爬领、荡领
	7	前领丝缕正直，领面松度适宜
肩	8	肩头伏贴，无皱裂形；肩逢顺直，吃势均匀
	9	肩头宽窄、左右一致，垫肩两边进出一致，里外相宜
袖子	10	两袖垂直，前后一致，长短相同；左右袖口大小一致
	11	袖窿圆顺，吃势均匀，前后无吊紧曲皱
	12	袖口伏贴、齐整，装襻左右对称
后背	14	背部伏贴，背缝挺直，左右对称
	15	后背两边吃势要顺
摆缝	17	摆缝顺直、伏贴，松紧适宜，腋下不能有下沉
下摆	18	下摆伏贴，摆边宽窄一致

（3）缝制工艺流程见图 4-16。

2. 坯样确认与样板修正

坯样确认与样板修正的方法与步骤同项目一中的女裙，在此不再赘述。

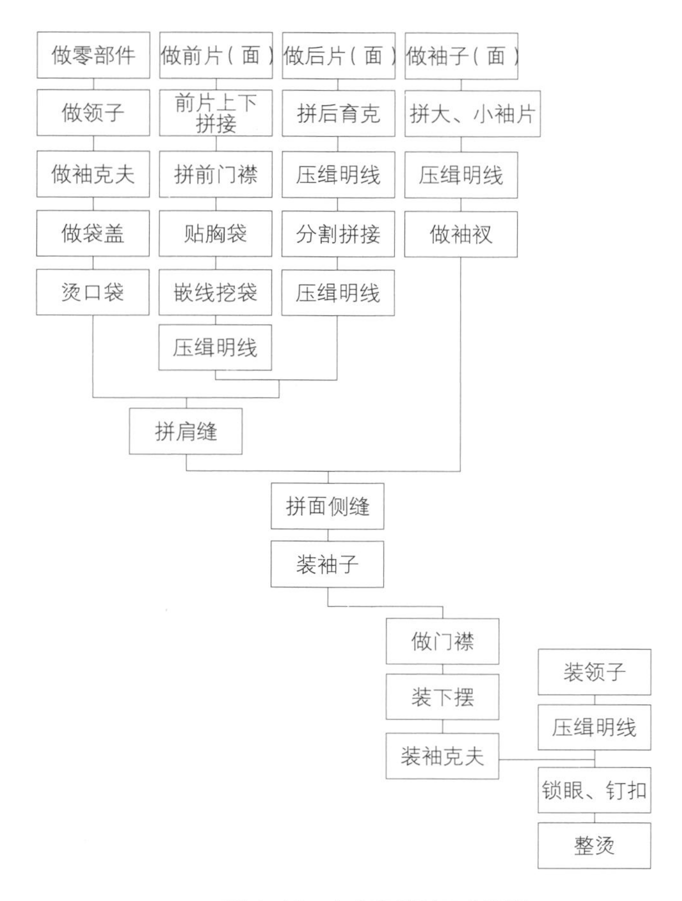

图 4-16　女夹克缝制工艺流程

过程三　时尚女夹克样板设计与制作

一、时尚设计款一

1. 款式说明（图 4-17）

这是一款插肩袖运动款夹克。前身门襟装 7 粒铸扣，左右各挖一个单嵌线挖袋，四周缉 0.1cm 宽的明线；插肩袖，袖窿缉 0.1cm 和 0.6cm 宽的明线；领子、袖口、下摆均装罗纹。此款可采用混纺类面料制作，适合春秋季穿着。

2. 规格设计（表 4-10）

表 4-10 规格设计（单位：cm）

号型	后衣长（L）	胸围（B）	肩宽（S）	袖长（SL）	袖口围（CW）
160/84A	55	108	42	56	18

3. 结构分析

（1）先做出夹克衫基本型。

（2）插肩袖结构分析：

插肩袖的应用是仅次于装袖的，它具有装袖所没有的合理性和有利点。从构造上说，插肩袖是带设计的。插肩袖穿着方便，形式多样，有多种结构形式：一片袖、两片袖和三片袖结构都有。虽形式多样，但其结构原理却都是相同的，都依据于基本袖型的制图规则。

①袖中线倾斜角的设计（图 4-18）。

②袖山高与袖宽的设计（图 4-19）。

③衣身与袖子分界线设计（图 4-20）。

（3）由于罗纹有弹性，因此罗纹领长度比领圈长度短 2cm。

（4）袖口、下摆均装罗纹，罗纹的长度都比袖口、下摆尺寸短，而且要根据面料、款式来确定。

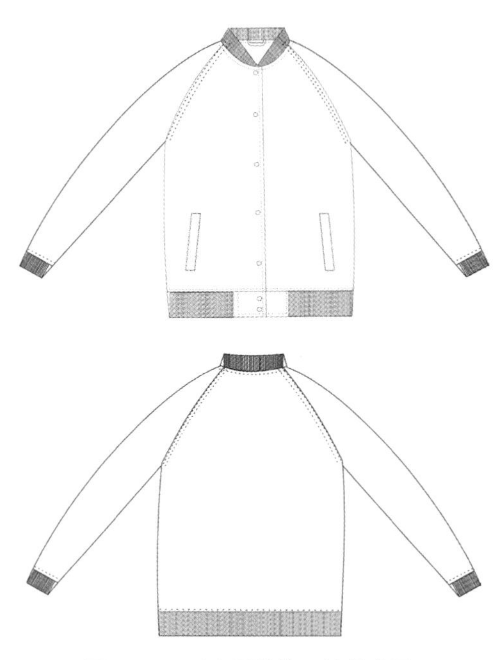

图 4-17　时尚设计款一的款式图

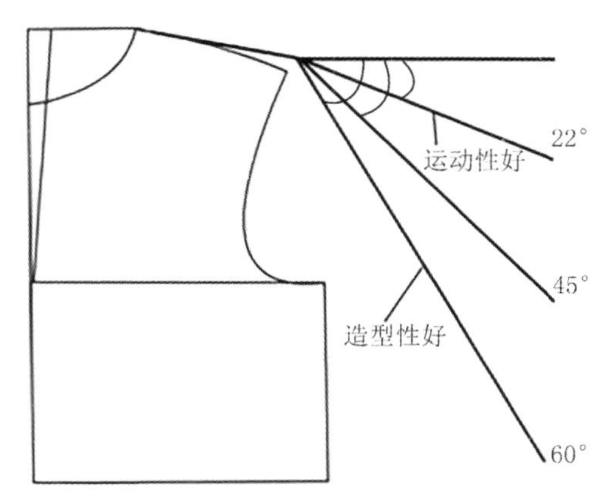

图 4-18　不同袖中线倾斜角

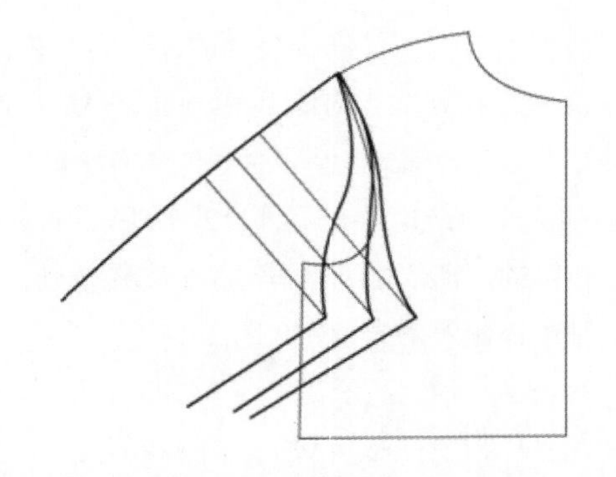

图 4-19　相同袖中线倾斜角，不同的袖山高与袖宽

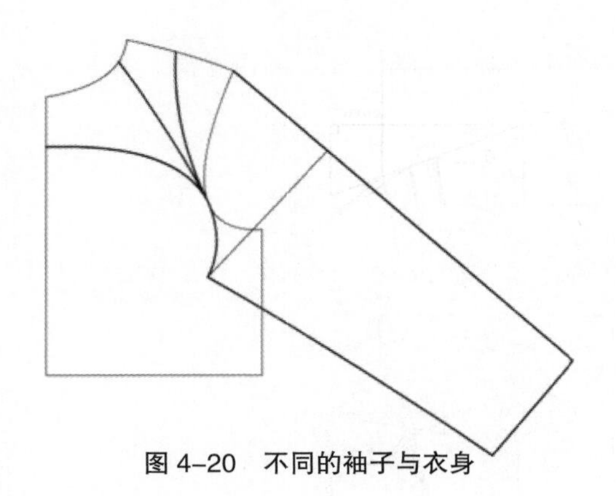

图 4-20　不同的袖子与衣身

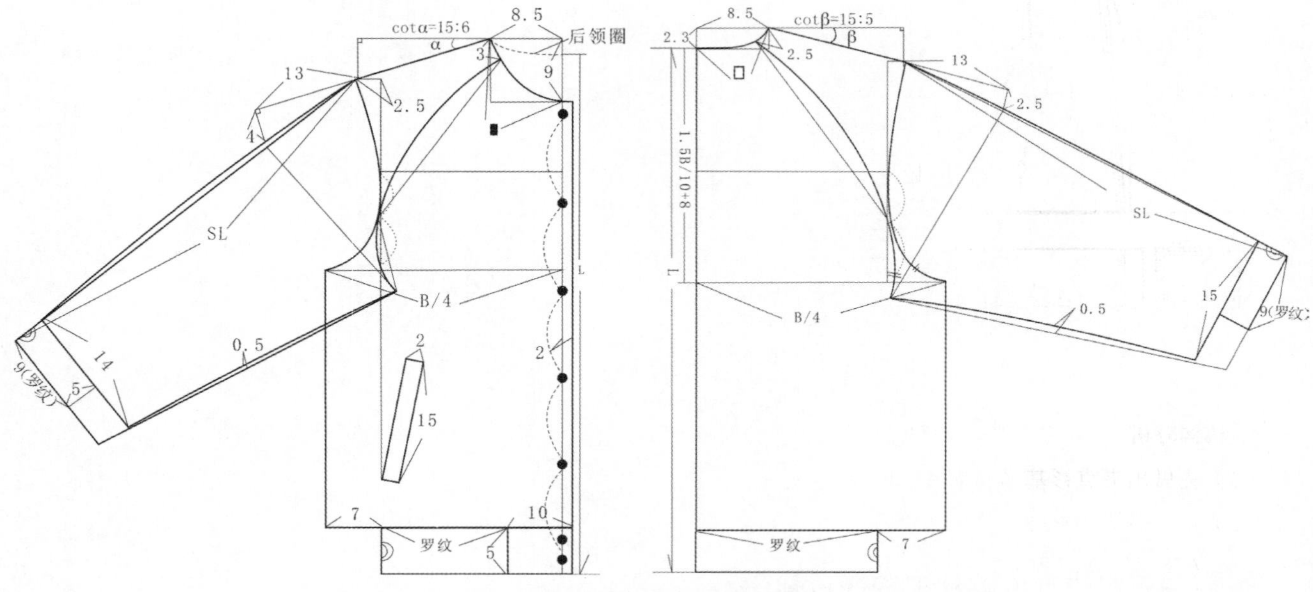

图 4-21　时尚设计款一的结构图（单位：cm）

4. 结构设计（图 4-21）

二、时尚设计款二

1. 款式说明（图 4-22）

此款为时尚休闲女夹克。前身门襟装拉链，拉链不露齿，前身公主分割线，袖窿处拼接罗纹布，腰围处左右各装一个松紧口袋；后中破缝，缉 0.1cm 和 0.6cm 宽的明线，公主分割线缉 0.1cm 和 0.6cm 宽的明线；泡泡袖，袖口装罗纹；深 U 领口，止口缉 0.1cm 和 0.6cm 宽的明线；下摆装罗纹。可采用混纺类面料制作，适合春秋季穿着。

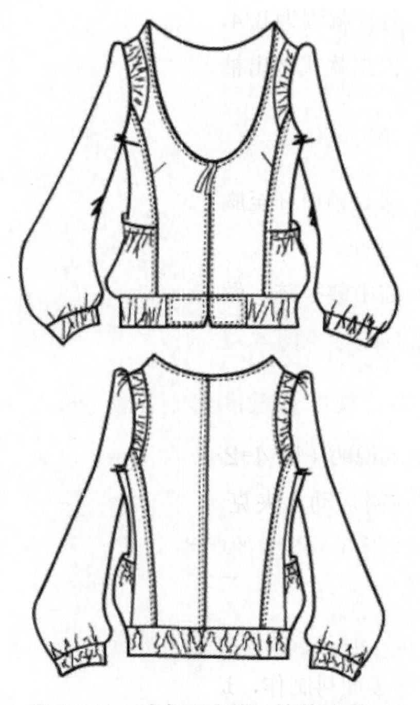

图 4-22　时尚设计款二的款式图

2. 规格设计（表 4-11）

表 4-11 规格设计（单位：cm）

号型	后衣长（L）	胸围（B）	肩宽（S）	袖长（SL）	袖口围（CW）
160/84A	54	96	39	57	18

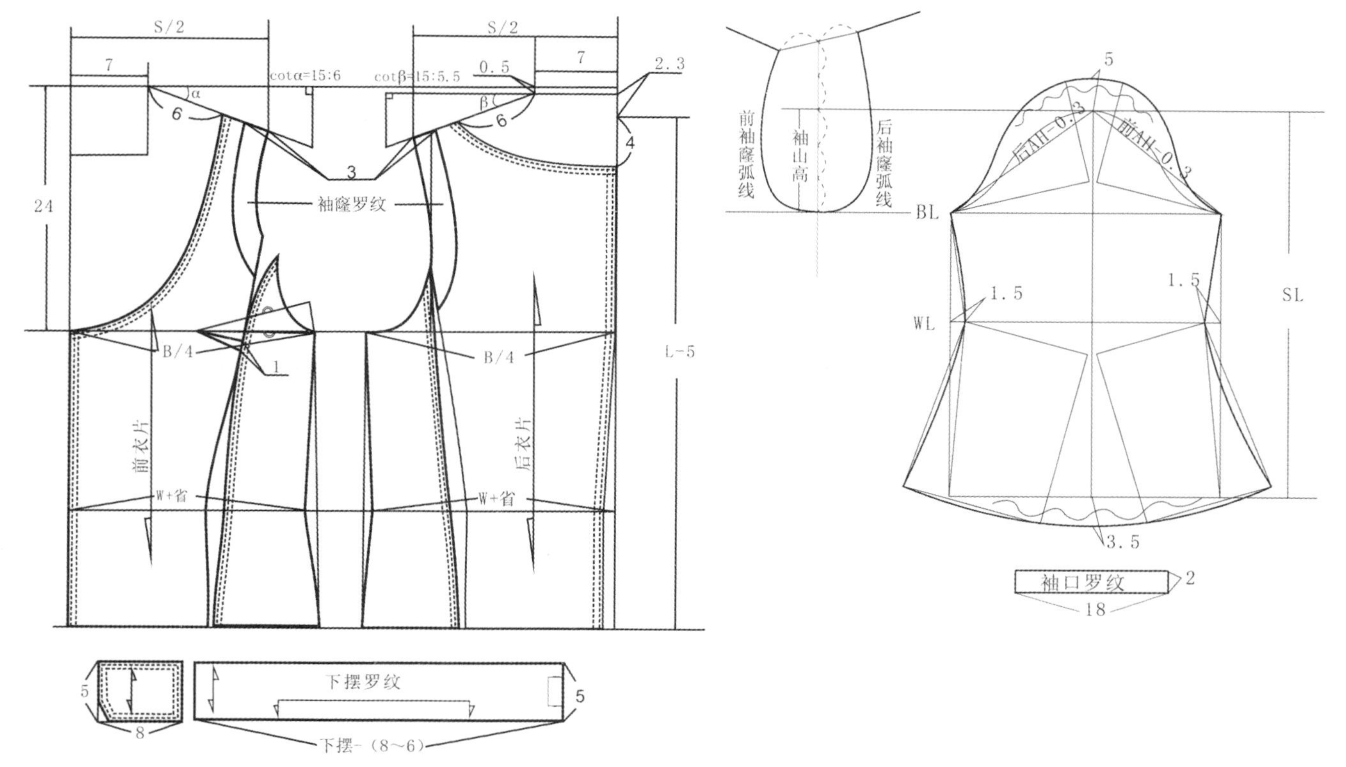

图 4-23　时尚设计款二的结构图（单位：cm）

3. 结构分析

（1）先做出夹克衫基本型。

（2）前片胸围为 B/4，确定前片公主分割线位置，将胸凸量转移到袖窿，剩余的量作为胸省。设计好袖窿罗纹的量。

（3）后片胸围为 B/4，确定后片公主分割线的位置。

（4）根据款式做出袖山的泡泡量，一般在基础袖山高上抬高 5 ～ 6cm，做出新的袖山弧线，将袖山弧线上多余的量作为褶裥量。根据款式做出袖口抽褶量。

（5）深 U 领口开至胸围线，横开领口在基础领口的前提下开大 6cm。

（6）前中装拉链，做暗拉链，不做叠门。

4. 结构设计（图 4-23）

三、时尚设计款三

1. 款式说明（图 4-24）

带帽休闲运动女夹克。门襟装明拉链至帽口，前身公主分割线缉 0.1cm 宽的明线，腰围处左右各装一个单嵌线袋；后身公主分割线缉 0.1cm 宽的明线，做过肩；普通一片袖，袖口装橡筋；装三片式帽子；下摆装橡筋。可采用混纺类面料制作，适合春秋季穿着。

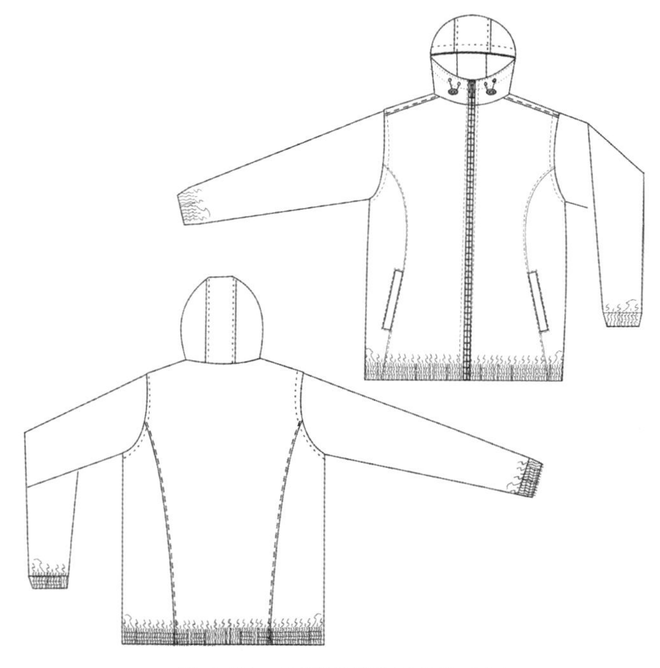

图 4-24　时尚设计款三的款式图

2. 规格设计（表 4-12）

表 4-12 规格设计（单位：cm）

号型	后衣长（L）	胸围（B）	肩宽（S）	袖长（SL）	袖口围（CW）
160/84A	60	104	41	57	18

3. 结构分析

（1）先做出夹克衫基本型。

（2）前片胸围为B/4，确定前片公主分割线的位置，由于是宽松的女夹克衫款式，胸凸量直接融入在前袖窿里。

（3）后片胸围为B/4，确定后片公主分割线的位置。

（4）普通一片袖，由于袖口装橡筋，袖身上袖口尺寸要加大10cm左右的量。

（5）装帽子，前、后横开领口各开大1.5cm，前直开领口开大2cm，后直开领口开大0.5cm。

（6）前中装明拉链，因此前中心线要收进1cm。

4. 结构设计（图4-25）

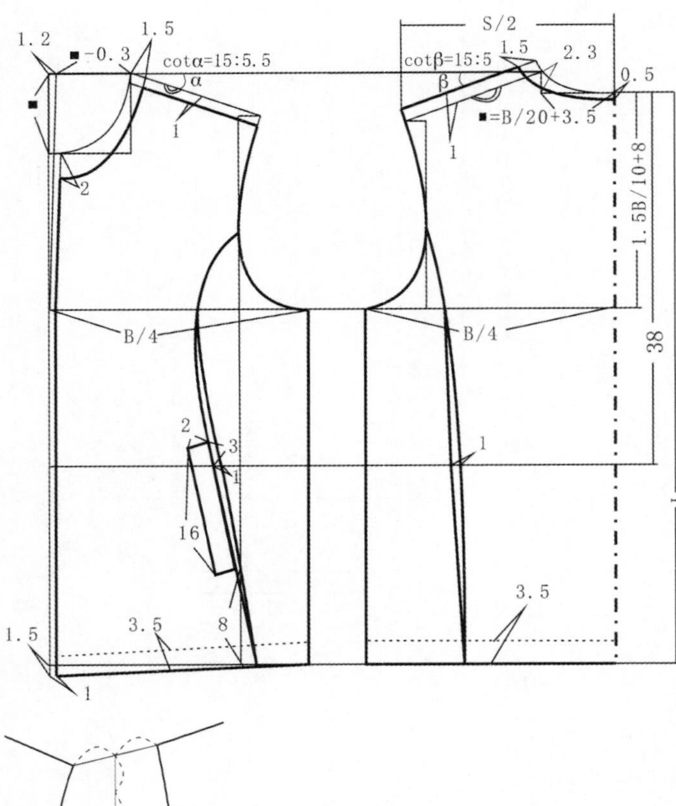

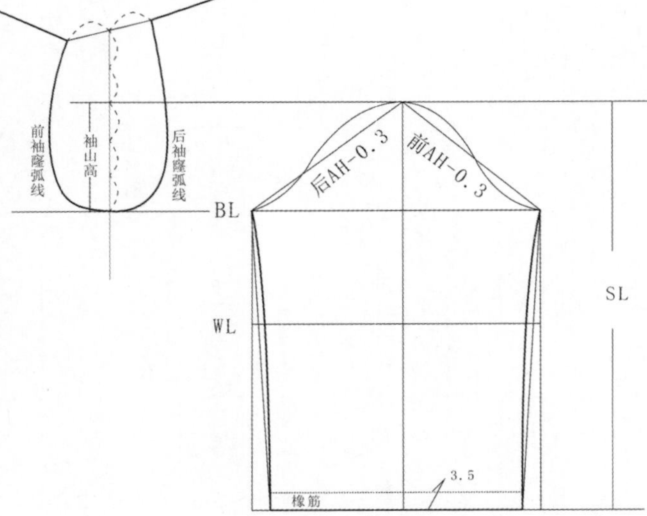

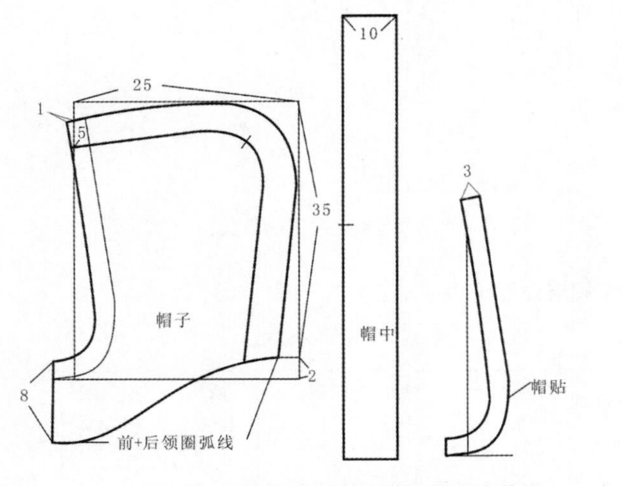

图 4-25　时尚设计款三的结构图（单位：cm）

四、时尚设计款四

1. 款式说明（图4-26）

女士工装棉服夹克。前门襟装拉链，门襟盖上钉3粒铜扣，翻领，前身腰围处有2个立体袋并装袋盖，袋盖上钉2粒铜扣；后身有V字育克，缉0.5cm宽的明线，育克以下后中破缝，缉0.5cm宽的明线；袖型为两片袖并加袖克夫，左袖上装1贴袋并加袋盖，袋盖上钉1粒铜扣，下摆装下摆克夫并装橡筋；里布用绗缝棉。可采用混纺类面料制作，适合春秋季穿着。

2. 规格设计

表 4-13 规格设计（单位：cm）

号型	后衣长（L）	胸围（B）	肩宽（S）	袖长（SL）	袖口围（CW）
160/84A	60	116	46	58	20

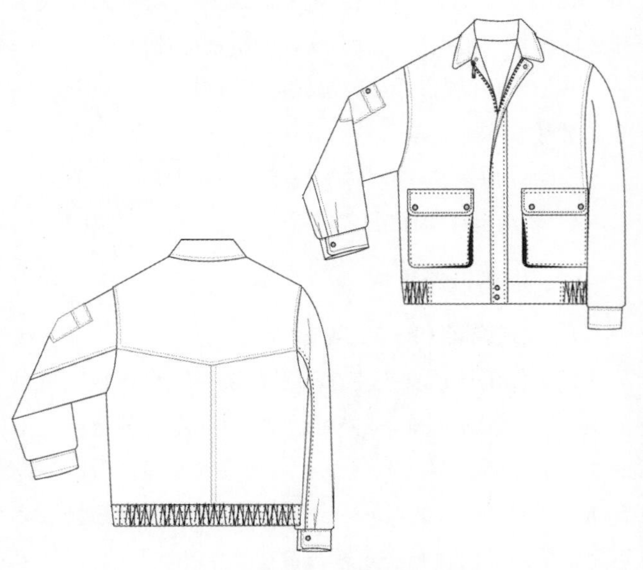

图 4-26　时尚设计款四的款式图

3. 结构分析

（1）先做出夹克衫基本型。

（2）前片胸围为B/4，由于是宽松的女夹克衫款式，所以胸凸量直接融入在前袖窿里。

（3）后片胸围为B/4，确定后育克的位置。

（4）普通平装二片袖，袖口开衩，后袖窿要与育克对位。

（5）前中装明拉链，因此前中心线要收进1cm，装门襟盖至前直开领口下0.5cm处。

4. 结构设计（图4-27）

棉服内胆样板设计：由于纤棉有一定的厚度，为防止多出余量，而影响服装效果，肩端点要收进1cm左右，袖窿抬高1.5cm左右，侧缝收进1cm左右，袖山高降低1.5cm左右，袖肥收进1.5cm左右，袖口收进0.5cm左右，袖长加长0.3cm左右（图4-28）。

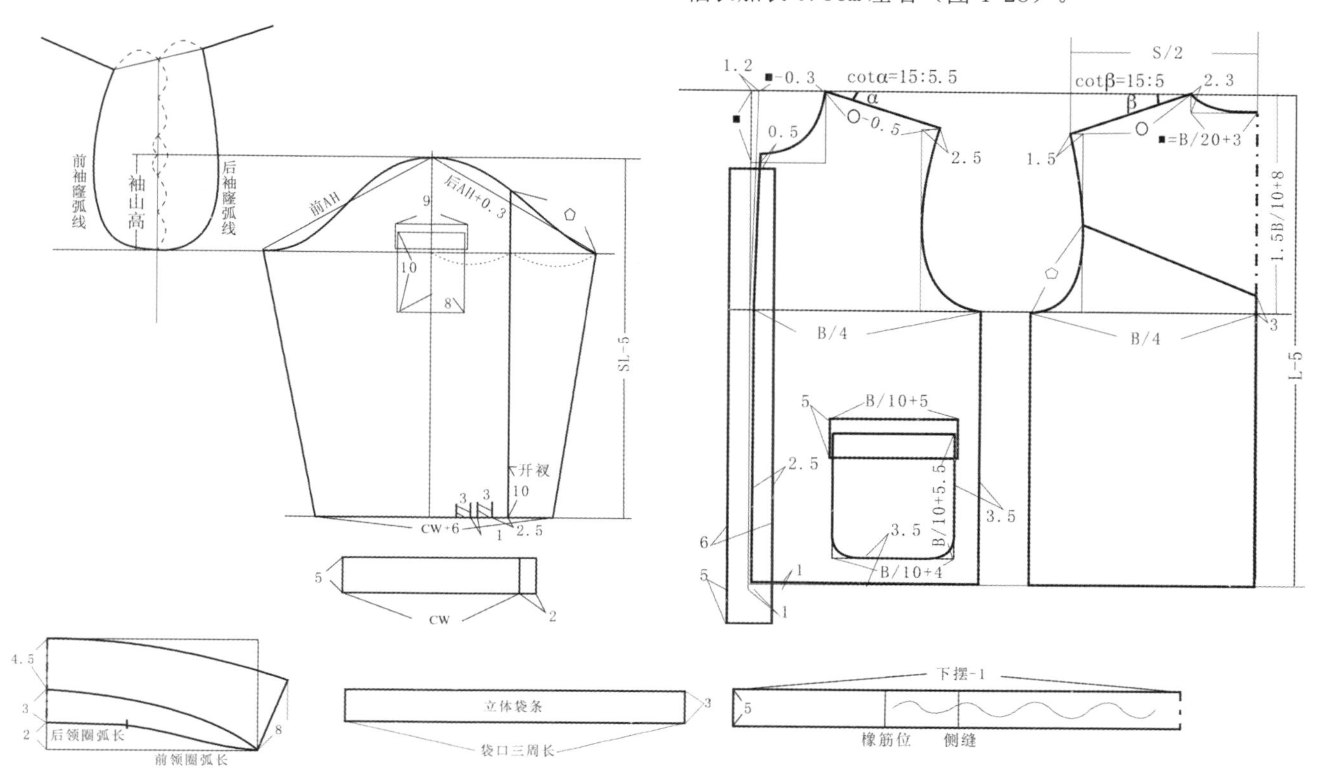

图4-27 时尚设计款四的结构图（单位：cm）

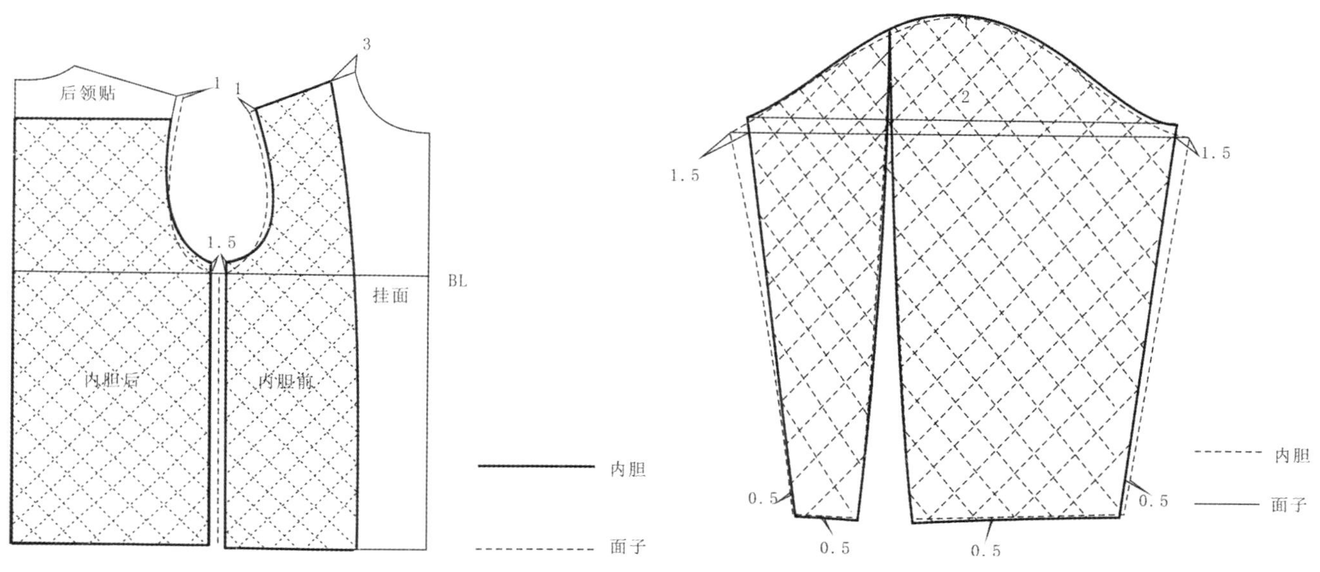

图4-28 棉服内胆的样板设计（单位：cm）

项目三　女西服样板设计与制作

过程一　女西服基础知识

20 世纪 50 年代的前中期，女外套变化较大，主要由原来的收腰变为宽松腰身，长度加长，下摆加宽，领子除翻领外还有关门领，袖口大多采用另镶袖且自中期开始流行连身袖。在 20 世纪 60 年代的中后期，女外套普遍采用斜肩、宽腰身和小下摆，女外套较大、直腰、长度至臀围线上，袖子流行连身袖及十字袖，西装裙下摆与臀围平行，长度至膝盖。裤子流行紧脚裤和中等长度的女西裤。此时期的男、女西装具有简洁而轻快的风格。到了 20 世纪 70 年代，女外套又恢复到 20 世纪 40 年代以前的基本形态，即平肩、收腰，裤子流行喇叭裤，前期流行短裙，后期裙长则有所加长，下摆也较大。随着时间的推移，在 20 世纪 70 年代末期至 80 年代初期，女西装又有了一些变化：流行小领和小驳头，腰身较宽，底边一般为圆角；下装大多配穿裙长较长、下摆较宽的裙子。这些服装的造型古朴、典雅并带有浪漫的色彩。

现代女性西服套装多限于商务场合穿着。出席宴会等正式场合时女性多会穿正式礼服，如宴会礼服等。女性套装比男性套装材质更轻柔，裁剪也较贴身，以突显女性曲线感。20 世纪初，由外套和裙子组成的套装成为西方女性日间的一般服饰，适合上班和日常穿着。20 世纪 60 年代开始出现配裤子的女性套装，但被接受为上班服饰的过程较慢。随着时代进步、社会开放，女套装中的裙子也有向短发展的趋势。到 20 世纪 90 年代，迷你裙再度成为流行服饰，西装短裙的长度也因此而受到影响。

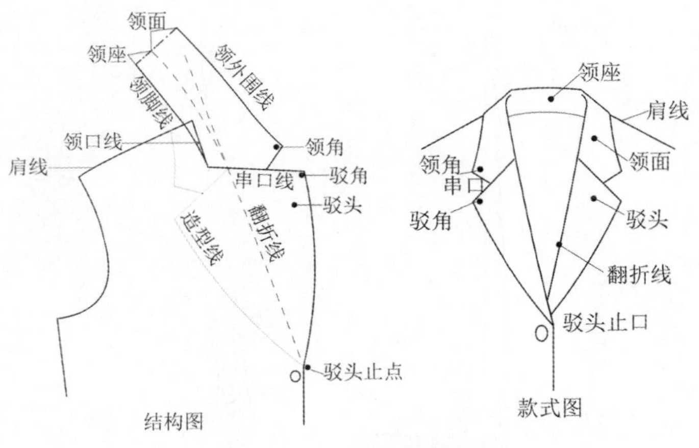

图 5-1　西服领结构线名称

女西服的总体形象严谨、大方、庄重，因此通常会选择一些高支纱、贡丝锦、驼丝锦、华达呢、哔叽、毛涤混纺、毛丝混纺及棉麻类等面料。

一、女西服领子结构线名称和作用（图 5-1）

（1）领座：领子的立领部分。一般西服领座都会进行挖领角的设计，领座的宽度一般设计为 2.5 ～ 5cm。

（2）领面：领子的翻领部分。领面的宽度一般跟领座的宽度有关，要比领座宽 1 ～ 1.2cm。

（3）领外围线：领子的外围线。领外围线在领子结构设计中至关重要，若太长则领子向外翻时会不伏贴，若太短则后衣身领口会产生褶皱，影响整体美观。领外围线长度跟领子的倒浮量、面料性能、款式有关。

（4）领脚线：领子的装领线，一般比领口线长 0 ～ 0.5cm，使领子装得更加伏贴。

（5）领口线：衣片领口的装领线。

（6）驳头：挂面外翻的部分，是驳角与驳头止点的连接弧线，是西服款式变化的主要部位。

（7）串口线：串口线位置的高低和倾斜度可以根据款式来设计，也是西服款式变化的主要部位。

（8）翻折线：驳头与领子的翻折分界线。一般一粒扣西服驳头止点在胸围线下 10cm 左右的位置；两粒扣西服驳头止点在胸围线下 2cm 左右的位置；三粒扣西服驳头止点在胸围线上 10cm 左右的位置。

（9）驳头止口：由叠门量来决定。一般单排扣叠门宽为 1.7 ～ 2cm，双排扣西服的叠门宽为 6 ～ 8cm。

二、女西服的分类

西服的廓形变化不多，但细部设计变化较多。根据不同的分类标准，可以有不同的分类形式。

1. 按领型分类（图 5-2）

可分为平驳领、戗驳领、青果领女西服。

平驳领：适合日常生活、商务、工作场合以及较年长者穿着，相对稳重。它是一个很受欢迎的领型。

戗驳领：比较时尚，多被年轻人选择。小驳领更加适合年轻人混搭风格。

青果领：又叫大刀领，没有驳头，领子和整个门襟都是连在一起的。青果领比较适合如婚礼、晚宴等场合，不太适合工作场合。

2. 按衣摆分类（图 5-3）

可分为方角下摆、圆角下摆女西服。圆角下摆一般显得更为正规一些。方角下摆一般显得更为年轻一些。

3. 按纽扣分类（图 5-4）

可分为单排扣、双排扣女西服。

单排扣女西服：常见的有一粒、两粒、三粒纽扣三种。一粒、三粒扣单排西装上衣较时髦，两粒扣单排西装上衣显得正规一些。常穿的单排扣西服款式以两粒扣、平驳领、高驳头、圆角下摆款为主。

双排扣女西服：常见的有两粒、四粒、六粒纽扣三种。两粒、六粒扣的双排西装上衣属于流行的款式，四粒纽扣的双排西装上衣具有传统风格。常穿的双排扣西装是六粒扣、戗驳领、方角下摆款。

4. 按长度分类（图 5-5）

可分为短款、中长款、加长款女西服。

短款女西服：后衣长至臀围线上 5cm 左右的位置。

中长款女西服：后衣长至臀围线左右的位置。

加长款女西服：后衣长至臀围线下 5cm 左右的位置。

5. 按日常穿着分类（图 5-6）

可分为职业类、休闲类、礼服类女西服。

三、女西服各部位尺寸设计原理

女西服的主要控制部位包括围度、宽度、长度，如衣长、肩宽、袖长、胸围、腰围、臀围、下摆等。一般可以通过人体测量、实物测量、查表计算三种方法来获取女西服各部位的尺寸。

1. 实物测量尺寸

方法同女衬衫。

2. 人体测量尺寸

方法同女衬衫。

图 5-2　女西服按领型分类

图 5-3　女西服按衣摆分类

图 5-4　女西服按纽扣分类

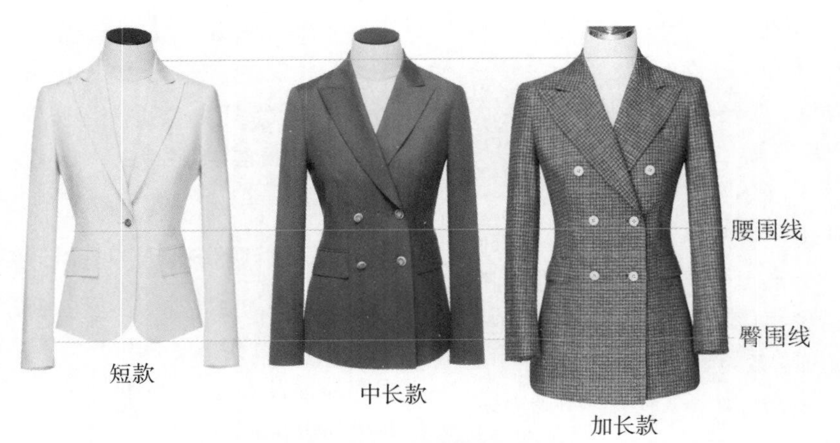

图 5-5　女西服按长度分类

3. 女西服放松量设计（表 5-1）

表 5-1 女西装放松量设计

<table>
<tr><th>部位</th><th>礼服类女西服放松量</th><th>职业类女西服放松量</th><th>休闲类女西服放松量</th></tr>
<tr><td>衣长（后中）</td><td>0.5 ~ 1cm（工艺损耗量）</td><td>0.5 ~ 1cm（工艺损耗量）</td><td>0.5 ~ 1cm（工艺损耗量）</td></tr>
<tr><td rowspan="2">胸围</td><td>6 ~ 10cm（春夏）</td><td>6 ~ 10cm（春夏）</td><td>12 ~ 14cm（春夏）</td></tr>
<tr><td>10 ~ 14 cm（秋冬）</td><td>10 ~ 14cm（秋冬）</td><td>14 ~ 18cm（秋冬）</td></tr>
<tr><td>腰围</td><td>比放量后胸围小 14 ~ 18cm</td><td>比放量后胸围小 12 ~ 16cm</td><td>比放量后胸围小 10 ~ 14cm</td></tr>
<tr><td>臀围</td><td>比放量后胸围大 3 ~ 5cm</td><td>比放量后胸围大 3 ~ 5cm</td><td>比放量后胸围大 0 ~ 2cm</td></tr>
<tr><td rowspan="2">肩宽</td><td>0cm（春夏）</td><td>0cm（春夏）</td><td>0.5 ~ 1cm（春夏）</td></tr>
<tr><td>1cm（秋冬）</td><td>1cm（秋冬）</td><td>1 ~ 2cm（秋冬）</td></tr>
<tr><td>袖长</td><td>0.5cm（工艺损耗量）</td><td>0.5cm（工艺损耗量）</td><td>0.5cm（工艺损耗量）</td></tr>
<tr><td>后腰节长</td><td colspan="2">0 ~ 0.5cm</td><td>0.5 ~ 1cm</td></tr>
</table>

注：实际生产中服装的加放量要根据款式、面料的厚薄、性能等来合理选择放松量。袖子的加放量还要考虑垫肩的厚度。

图 5-6　女西服按日常穿着分类

4. 女西服袖窿、袖山高、袖肥和吃势的参考尺寸（表 5-2）

表 5-2 西服袖窿、袖山高、袖肥和吃势的参考尺寸（单位：cm）

款式	袖窿	袖山高	袖肥	吃势量
礼服类女西服	46 ~ 47	15 ~ 17	34 ~ 36	2.5 ~ 3.5
职业类女西服	46 ~ 47	15 ~ 17	34 ~ 36	2.5 ~ 3.5
休闲类女西服	47 ~ 48	14 ~ 16	36 ~ 38	2 ~ 3

注：实际生产中服装的加放量要根据款式、面料的厚薄、性能等来合理选择放松量。袖子的加放量还要考虑袖子的造型。

5. 女西服袖窿与袖山高的关系

（1）礼服类、职业类女西服袖窿与袖山高的关系（图 5-7）。

（2）休闲类女西服袖窿与袖山高的关系（图 5-8）。

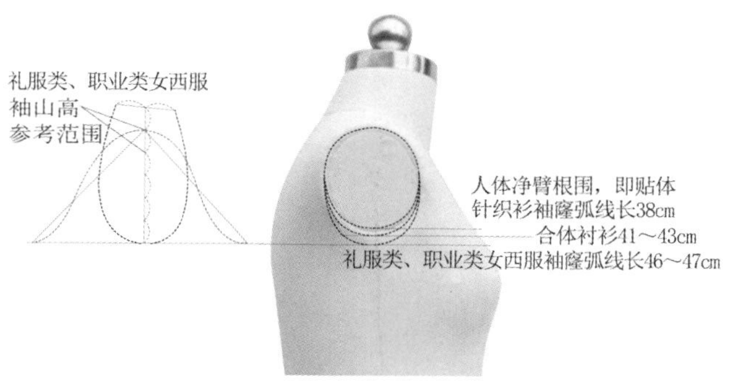

图 5-7　礼服类、职业类女西服袖窿与袖山高的关系

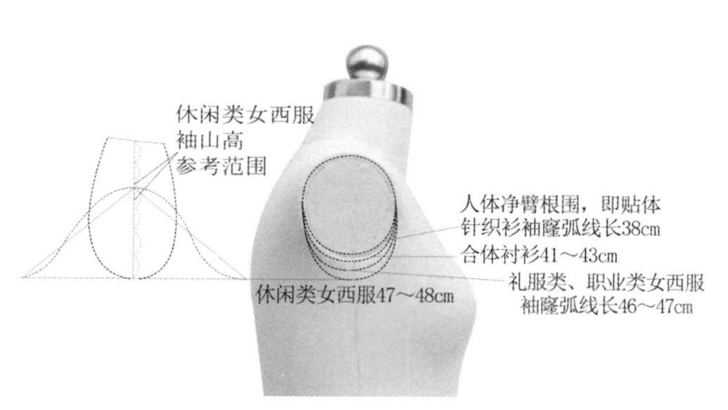

图 5-8　休闲类女西服袖窿与袖山高的关系

6. 女西服的标准尺码参照表（表 5-3、表 5-4）

表 5-3 二粒扣女西服标准尺码参照表（通用）（单位：cm）

号型	成品衣长	成品胸围	成品腰围	成品臀围	成品肩宽	成品袖长
155/78A	62	86	74	93	37	56
155/80A	62	88	76	95	37.5	56
155/82A	62	90	78	97	38	56
160/80A	64	88	76	95	37.5	57
160/82A	64	90	78	97	38	57
160/84A	64	92	80	99	38.5	57
160/86A	64	94	82	101	39	57
160/88A	64	96	84	103	39.5	57
160/90A	64	98	86	105	40	57
165/86A	66	94	82	101	39	58
165/88A	66	96	84	103	39.5	58
165/90A	66	98	86	105	40	58
165/92A	66	100	88	107	40.5	58
165/94A	66	102	90	109	41	58
165/96A	66	104	92	111	41.5	58
170/84A	68	92	80	99	38.5	59
170/86A	68	94	82	101	39	59
170/88A	68	96	84	103	39.5	59
170/98B	68	106	94	113	42	59
170/100B	68	108	96	115	42.5	59
175/104B	70	112	100	119	43.5	60
175/108B	70	116	104	123	44.5	60

表 5-4 一粒扣女西服标准尺码参照表（通用）（单位：cm）

号型	成品衣长	成品胸围	成品腰围	成品臀围	成品肩宽	成品袖长
155/78A	62	86	72	93	37	56
155/80A	62	88	74	95	37.5	56
155/82A	62	90	76	97	38	56
160/80A	64	88	74	95	37.5	57
160/82A	64	90	76	97	38	57
160/84A	64	92	78	99	38.5	57
160/86A	64	94	80	101	39	57
160/88A	64	96	82	103	39.5	57
160/90A	64	98	84	105	40	57
165/86A	66	94	80	101	39	58
165/88A	66	96	82	103	39.5	58
165/90A	66	98	84	105	40	58
165/92A	66	100	86	107	40.5	58
165/94A	66	102	88	109	41	58
165/96A	66	104	90	111	41.5	58
170/84A	68	92	78	99	38.5	59
170/86A	68	94	80	101	39	59
170/88A	68	96	82	103	39.5	59
170/98B	68	106	92	113	42	59
170/100B	68	108	94	115	42.5	59
175/104B	70	112	98	119	43.5	60
175/108B	70	116	102	123	44.5	60

过程二　女西服基础款样板设计与制作

一、款式分析

1. 样衣生产单设计（表 5-5）

表 5-5 样衣生产单

样衣生产单							
款式编号：NK-20200005				名称：戗驳头女西服			
下单日期：2020.03.05			完成日期：2020.06.10		规格表（单位：cm）		
款式图 正面　背面 款式说明：单排三粒扣戗驳头修身女西装，三开身结构；平下摆，前腰收省，前片左右各一双嵌线挖袋，装直角袋盖。							
号型	后衣长	胸围	腰围	臀围	肩宽	袖长	袖口围
160/84A	62	94	80	98	39.4	58	26
面辅料： 直径为 20mm 的纽扣 3 个； 配色涤纶线				工艺要求： 1. 平针车针距为 15 针 /3cm； 2. 各部位缝制线路顺直、整齐、牢固； 3. 上、下线松紧适宜，无跳线、断线、脱线、连根线头，底线不得外露； 4. 串口、驳口顺直，左、右驳头宽窄及领嘴大小对称，领翘适宜； 5. 绱袖圆顺，吃势均匀，两袖前后要长短一致； 6. 锁眼定位准确，大小适宜，扣与眼对位，整齐、牢固			
粘衬部位： 前片、挂面、领子、袖口、下摆、袋盖粘布衬； 嵌线粘纸衬							
裁剪要求： 1. 注意裁片色差、色条、破损； 2. 经向顺直，不允许有偏差； 3. 裁片准确，二层相符； 4. 注意对条对格							
印、绣花：无				后整理要求：普洗			
设计：*****		制板：*****		样衣：		日期：	

2. 款式造型、结构、工艺特点分析

此款女西服的整体造型呈 X 型。单排三粒扣，戗驳头，修身，三开身结构；平下摆，前片收腰省和领口省，前片左右各一双嵌线挖袋，装直角袋盖；合体两片袖；右门襟三粒圆头眼，左门襟钉三粒绕脚两孔扣；装全夹，敷黏合衬；面料用暗纹毛涤料。它适合春秋季穿着，也适合作为职业装。

3. 选定面料与制定规格

（1）面料选用：根据样衣生产单款式的设计效果，该款女西服拟选用毛涤混纺面料制作试样。

（2）样衣规格制定

以国家服装号型标准女子（160/84A）体型，为样衣规格设计对象，结合款型特点及面料性能，样衣规格制定如下：

①后衣长：后领中至臀围线长 +6cm（衣长加长量）=56cm+6cm=62cm；

②胸围：净胸围 +10cm（胸围放松量）=84cm+10cm=94cm；

③腰围：净腰围 +12cm（腰围放松量）=68cm+12cm=80cm；

④臀围：净臀围 +8cm（臀围放松量）=90cm+8cm=98cm；

⑤肩宽：净肩宽 +1cm（肩部宽松量）=38.4cm+1cm=39.4cm；

⑥袖长：全臂长 +7.5cm（袖长宽松量）=50.5cm+7.5cm=58cm；

⑦袖口围：26cm。

以上尺寸归纳见表 5-6。

表 5-6 样衣规格表（单位：cm）

号型	后衣长（L）	胸围（B）	腰围（W）	臀围（H）	肩宽（S）	袖长（SL）	袖口围（CW）	背长
160/84A	62	94	80	98	39.4	58	26	38
允许偏差	1.0	1.5	1.5	1.5	0.6	0.6	0.5	0.6

4. 制板规格制定

在女衬衫的缝制工艺中，拟定的样衣规格会受到缝制、粘衬及后道整烫等环节的影响，为了保证样衣规格符合要求，制板规格的制定应考虑以上影响因素。假设毛涤面料的经向缩率为 1.5%，纬向缩率为 1.0%，M 号的初板结构制图规格如下：

（1）后衣长＝ 62×（1+1.5%）≈ 63cm；

（2）胸围＝ 94×（1+1.0%）≈ 95cm；

（3）腰围＝ 80×（1+1.0%）≈ 81cm；腰部一般在工艺制作中容易做大 1 ～ 2cm，因此打板尺寸要减少 1 ～ 2cm，即打板尺寸定为 80cm；

（4）臀围＝ 98×（1+1.0%）≈ 99cm；

（5）肩宽＝ 39.4×（1+1.0%）≈ 40cm；

（6）袖长＝ 58×（1+1.5%）≈ 59cm；

（7）袖口围＝ 26×（1+1.5%）≈ 26.4cm，取 26.5cm；

（8）背长＝ 37.5×（1+1.5%）≈ 38cm。

以上初板规格归纳见表 5-7。

表 5-7 制板规格表（单位：cm）

号型	后衣长（L）	胸围（B）	腰围（W）	臀围（H）	肩宽（S）	袖长（SL）	袖口围（CW）	背长
160/84A	63	95	80	99	40	59	26.5	38
允许偏差	1.0	1.5	1.5	1.5	0.6	0.6	0.5	0.6

二、初板设计

1. 女西服结构设计（图 5-9）

结构设计要点：

（1）正常的女性体型的前腰节长应比后腰节长多 0.5 ～ 1cm，所以前片侧颈点应在后片的基础上抬高 0.5 ～ 1cm。

（2）女西服一般都为较合体，应突出女体的体型特点，制图时胸高点（BP）和胸省量的确定尤其重要。一般 160/84A 的 BP 距侧颈点 24.5 ～ 25cm，距前中心 9.5cm 左右；胸凸量一般为 2.5 ～ 3cm。

（3）由于后片为无肩省造型，肩省的一部分转移作为袖窿的松量，另一部分作为后肩线的吃势，以吻合肩胛骨的突起。

（4）腰省的确定并非固定的数值，应按照胸腰之间的差数做适当调整。制图时应重视各部位规格的进一步核对，特别是胸、腰、臀等关键部位的尺寸核对。

（5）在领子制图中，先在翻折线的右侧做出领子造型，然后以翻折线为对称轴对折，再做出领子的后半部分，计算出倒伏量，再绘制领子。

（6）扣眼大小一般比纽扣直径大 0.3cm，以前中心线为基准，扣眼位置比前中心线偏出 0.3cm。

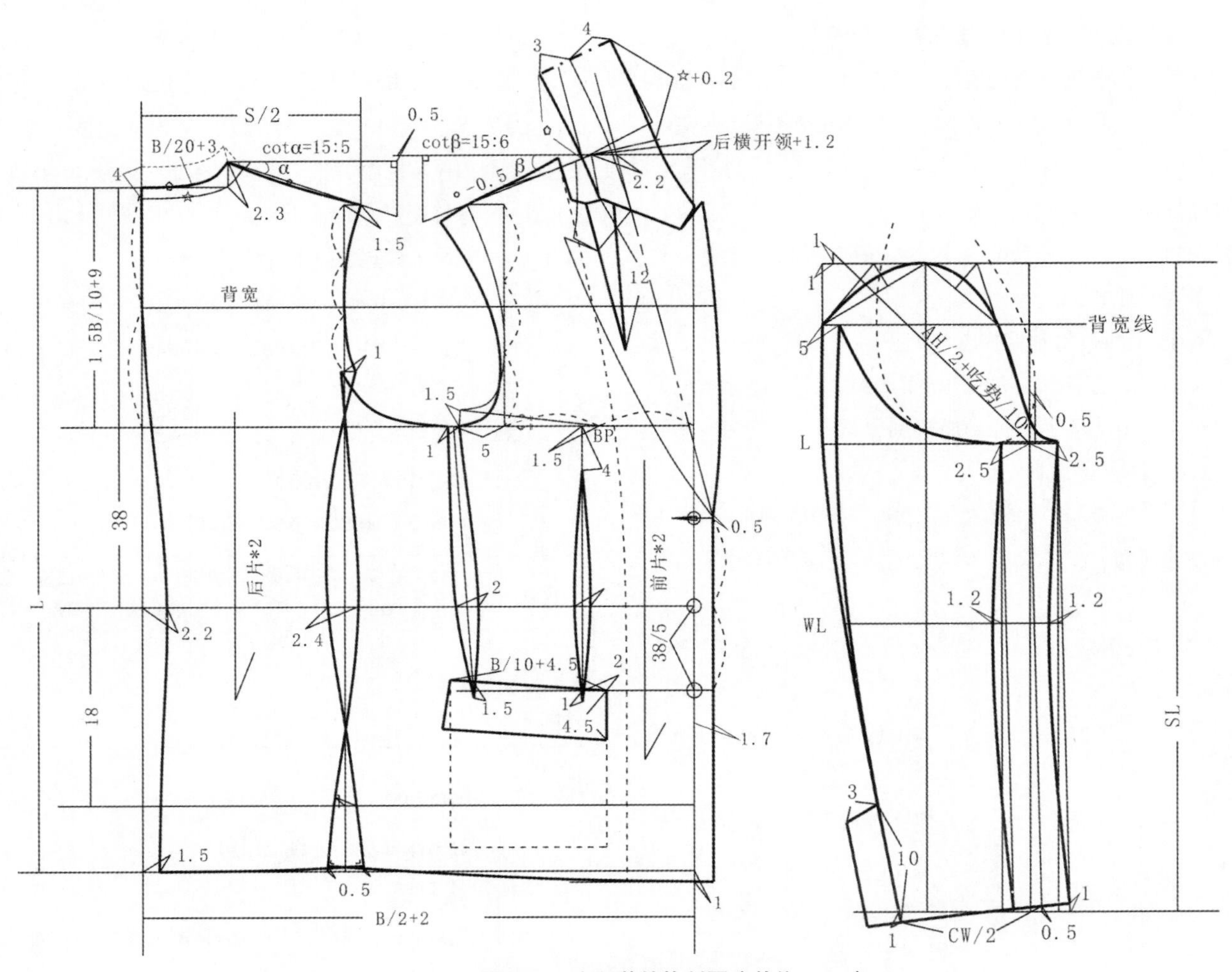

图 5-9　女西装结构制图（单位：cm）

（7）本款袖山与袖肥平衡的打板方法：袖子在衣身袖窿弧线上制图，袖山高取“AH/2+ 吃势/10 -1cm”，袖肥为确定袖山高后加 1cm。职业类女西服袖子的吃势量一般为 2.5 ～ 3.5cm（应根据面料厚薄、性能及服装的款式造型的变化而选择相应的吃势，前、后袖山斜线的取值也相应根据吃势的大小而做相应的增减）。袖子的前后偏移量也可根据款式特点作相应的调整。

2. 面料样板制作（图 5-10）

（1）放缝要点：

①常规情况下，衣身分割线、肩缝、侧缝、袖缝、止口、袖窿、袖山、领圈等部位缝份均为 1cm；后中背缝缝份为 1.5cm。

②下摆贴边和袖口贴边宽为 4cm。

③挂面一般在肩缝处宽 3cm，止口处宽 7 ～ 8cm；挂面要求在翻折线和驳头外围加放一定的量；挂面除底摆贴边宽为 4cm 外，其余各边放缝 1cm。

④领底在净样的基础上四周放缝 1cm，领面的后中线为对折线，在翻折线、止口线切入存量后四周放缝 1cm。

⑤袋盖的上口放缝 1.2cm，其余三周在切入存势后放缝 1cm。

⑥口袋嵌线长为袋口大小加上 4cm 的缝份量，双嵌线袋如一个口袋用两根嵌线的话，其宽度一般为 4cm。

⑦袋贴的长度和宽度同袋盖，其丝缕方向和斜度应同口袋相呼应；

⑧放缝时对合部位的缝份大小要求一致，弧线部分的端角要保持与净缝线垂直。

需要说明的是，女西服样板的放缝并不是一成不变的，其缝份的大小可以根据面料、工艺处理方法等的不同而发生相应的变化。如衣身的侧缝、分割缝、肩缝、袖子的拼缝等也可放缝 1.2cm 或 1.5cm，领口、止口、袖窿等部位也可放缝 0.6cm 或 0.8cm，下摆和袖口贴边量也可根据需要作调整，可以是 3 ～ 3.5cm，也可以是

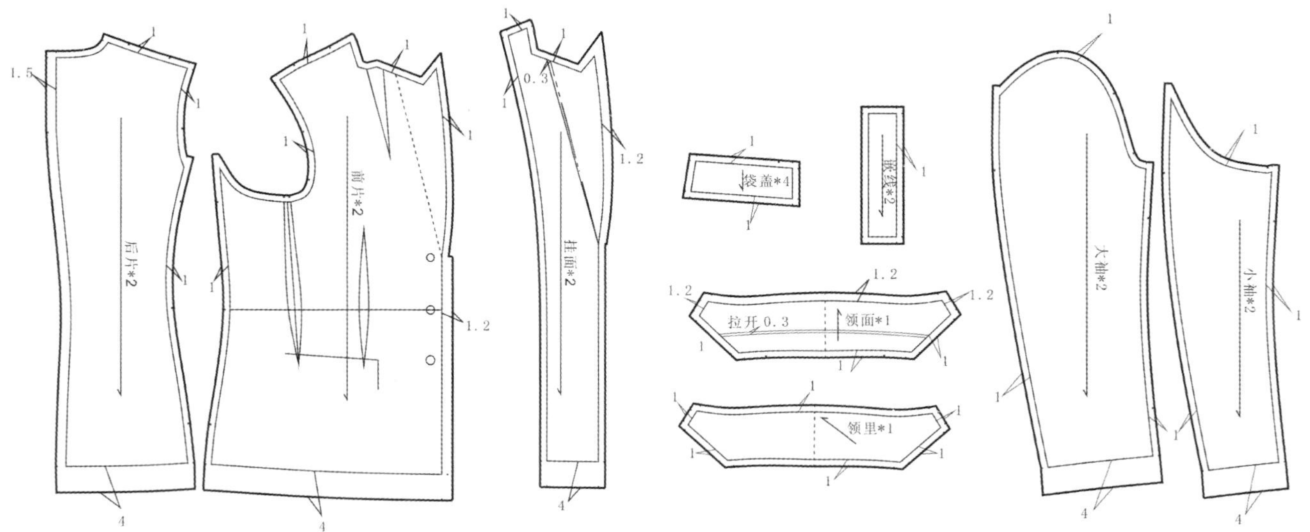

图 5-10　女西装面料样板放缝图（单位：cm）

4.5 ～ 5cm。总之，不同的生产企业可根据自己企业的生产特点结合款式和面料特点来确定样板的放缝量。需要注意的是，相关联部位的放缝量必须是一致的，例如衣身的领口和袖窿的缝份是 0.8cm，那么领子的领口线和袖子的袖山弧线缝份也必须是 0.8cm。

（2）样板标识。样板上应标明丝缕线及服装的成品规格或号型规格，写上裁片名称和裁片数量（不对称裁片应标明上下、左右、正反等信息），并在必要的部位打上剪口。如有款式编号、样板编号及货号的，也应在样片上标明。有些企业为了书写方便，会对不同的裁片使用不同的编号，如前片用“A”表示，后片用“B”表示等。在此不一一例举。

3. 里料样板制作（图 5-11）

里布样板在面料毛样的基础上缩放，在各个拼缝处应加放一定的坐势量，以适应人的因运动而产生的面料的舒展量。

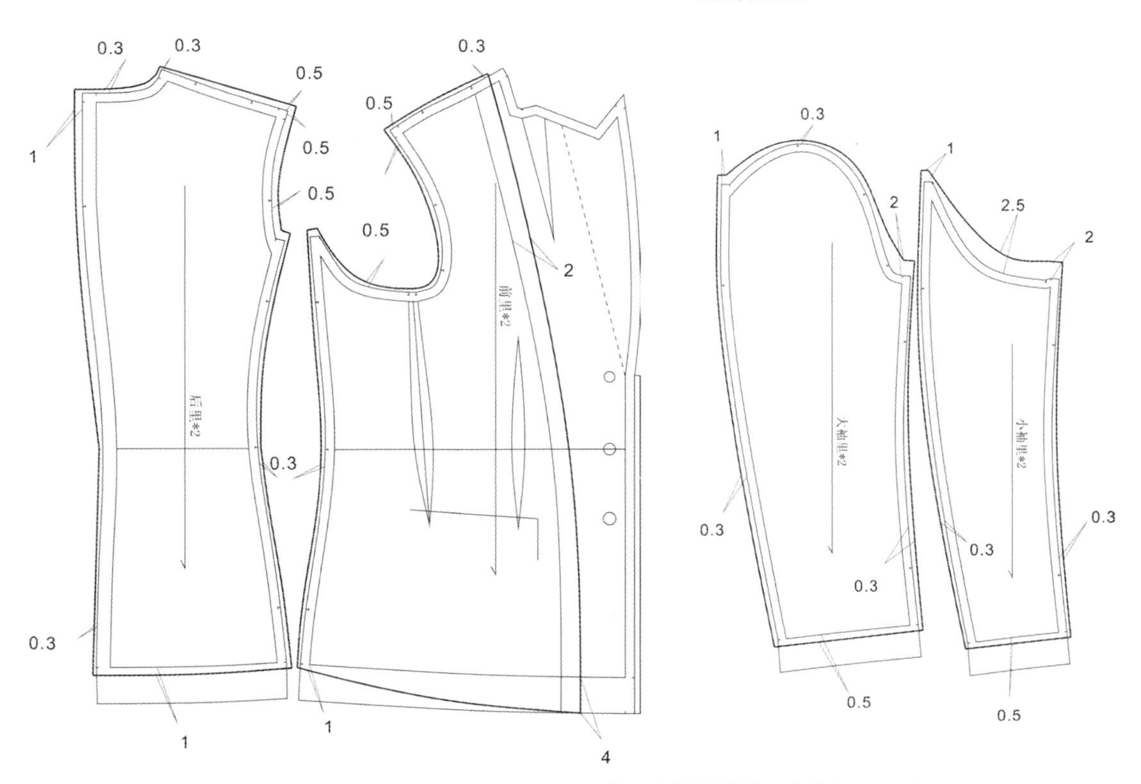

图 5-11　女西装里布样板放缝图（单位：cm）

（1）后片的后中线放 1cm 的缝份至腰围线，肩缝在肩点处放出 0.5cm 作为袖窿的松量，其余各边放 0.3cm 的缝份，下摆在面样下摆净缝线的基础上下落 1cm（即按毛板缩短 3cm）；后侧片除下摆在面样下摆净缝线的基础上下落 1cm 外，其余各边均放 0.3cm 的缝份。

（2）前片按挂面毛缝线放出 2cm，肩缝同后片在肩点处放出 0.5cm，其余各边放 0.3cm 的缝份。

下摆处理有两种：一种是下摆分割缝处在面样下摆净缝线的基础上下落 2cm，前侧同面样下摆平齐；另一种是前侧片下摆分割缝处在面样下摆净缝线的基础上下落量同前片，为 2cm；前片和前侧片里布的下摆也可同后片里布的下摆一样，在面样下摆净缝线的基础上下落 1cm。两种里布样板的处理方法不同，与面布缝合后的效果也不同（图 5-12）。在两种方法中侧缝处下落量同后侧片，均为 1cm，其余各边均放 0.3cm 的缝份。

（3）大袖片在袖山顶点加放 0.3cm，小袖片在袖底弧线处加放 2.5cm，大、小袖片在外侧袖缝线处抬高 1cm，在内侧袖缝线处抬高 2cm，内、外袖缝线均放 0.3cm 的缝份，袖口在面样袖口净缝线的基础上下落 0.5cm（即按毛板缩短 3.5cm）。

（4）袋盖里在袋口边放缝 1.5cm，其余放缝 1cm。

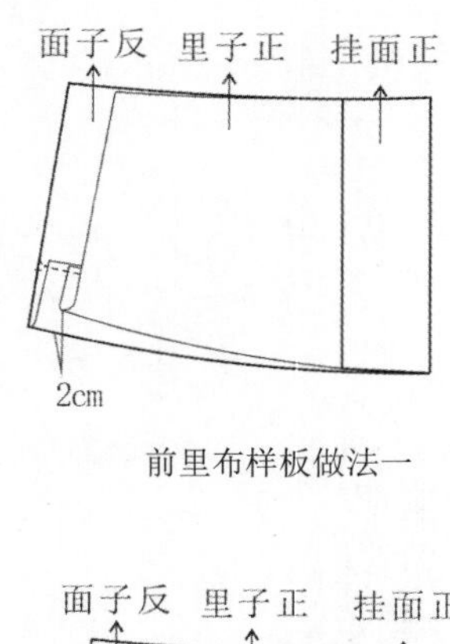

前里布样板做法一

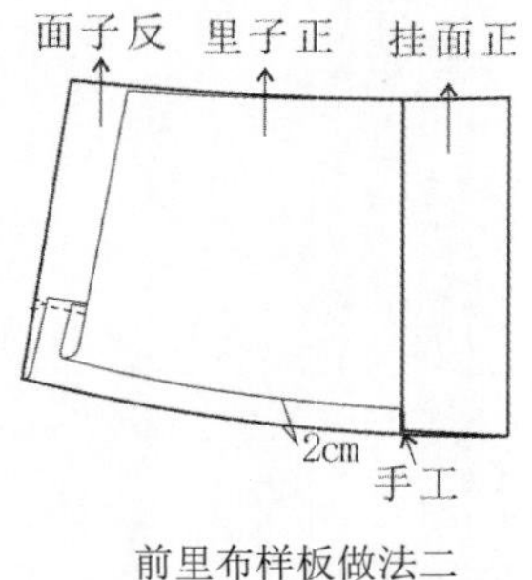

前里布样板做法二

图 5-12　前身里布样板成型效果示意图

（5）袋布样板宽度同嵌线、袋贴的宽度，长度一般要求袋布装好后比衣身下摆短 3 ～ 4cm。当衣服长度较长时，袋布的长度一般为 18 ～ 20cm 即可。

4. 粘衬样板制作（图 5-13）

配置要点：衬样在面料毛板的基础上配置，配置时为防止黏合衬外铺而在过黏合机时粘在机器上，以至损坏机器，所以衬样要比面料样板小 0.2 ～ 0.3cm。

（1）前片和前侧片，有时进行整片粘衬，有时为了使衣服成品轻薄、柔软一些，也可进行部分粘衬（一般粘至胸围线下 6 ～ 8cm），可选择质地轻薄、柔软的黏合衬。

（2）后片和后侧片下摆黏合衬宽 5cm，肩部和袖窿处黏合衬根据面料和款式特点来选择，有时可用牵条来代替黏合衫。

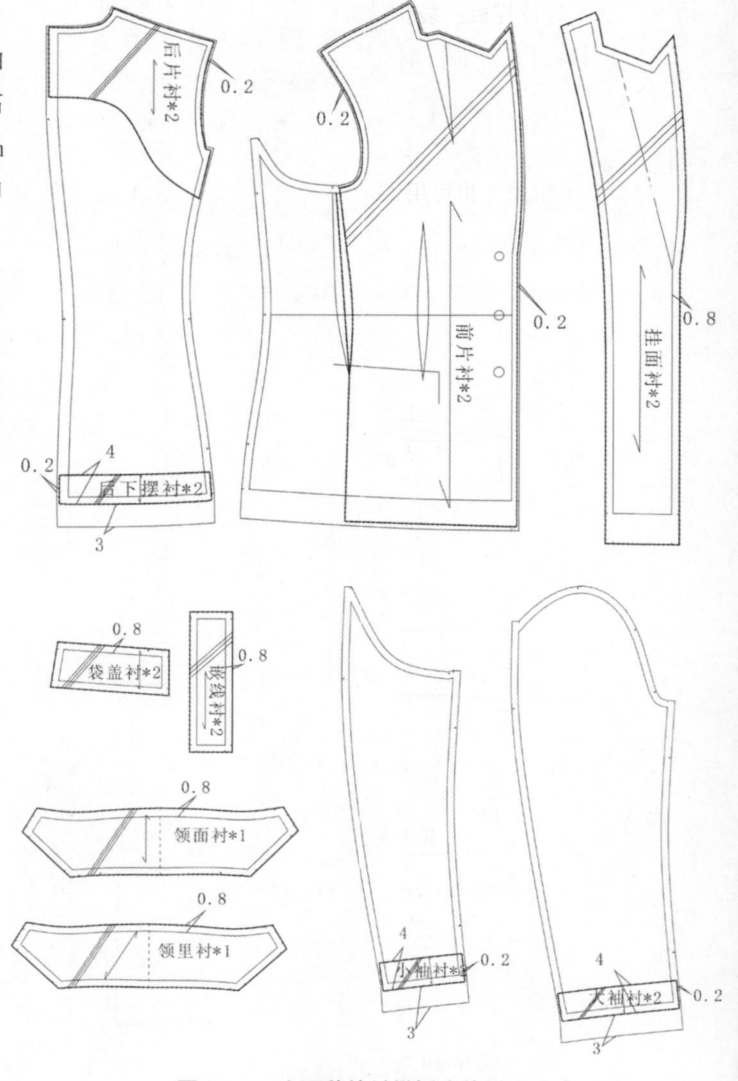

图 5-13　女西装粘衬样板（单位：cm）

（3）挂面、领面、领底及袋盖面、嵌线需整片粘衬。

（4）大、小袖片的袖口黏合衬同后片衣身下摆，宽度为5cm，大袖片的袖山黏合衬视具体情况而做选择，一般可不粘。

（5）衬样同面、里料样板一样，要做好丝缕线及文字标注。

5. 工艺样板制作（图 5-14）

服装的前后工序会影响工艺样板的制作。如前片有公主线分割的衣片，其袋位工艺样板的制作就必须将前片与前侧片拼合后才能制作。领子的工艺样板是用来画领外围的净缝线，因此领子工艺样板的外围为净缝，领口为毛缝。

配置要点：工艺小样板的选择和制作，要根据工艺生产的需要及流水线的编排情况决定。

（1）袋位样板：袋位涉及到前片和前侧片，工艺制作中挖口袋时前片和前侧片已经拼合，因此在做袋位样板时也应该将前片和前侧片拼合，下摆、侧缝和止口与衣片完全吻合，找出袋口位置与前片和前侧片的拼合缝，用剪口表示出来（也可用锥孔的方式）。

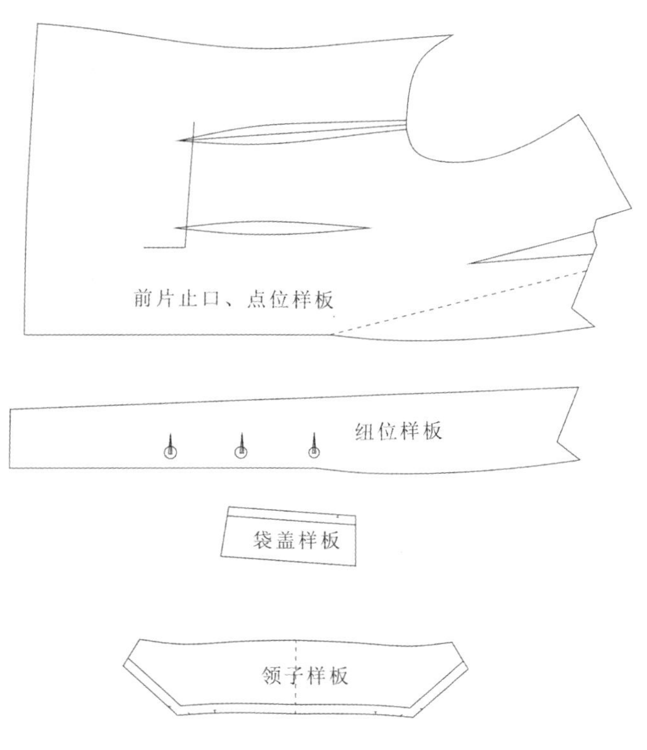

图 5-14　女西装工艺样板

（2）领净样：领净样在领子净样的基础上制作，在装领前领角和外止口已经夹好，因此净样的领角和外止口是净缝，领口和串口是毛缝。

（3）止口净样：止口净样是在夹止口之前画止口用的，因此止口边是净缝。

（4）袋盖净样：袋盖净样除袋口边为毛缝外，其余三边是净缝。

（5）扣眼位样板：扣眼位样板是在衣服做完后用来确定扣眼位置的，因此止口边应该是净缝。扣眼两边锥孔，锥孔时注意应在实际的扣眼边进 0.2cm。

6. 样板的校对

（1）缝合边的校对：在上装样板中前片、后片与侧片缝合时，除在胸围线上下的位置前片和后片要设置一定的缝缩量以符合体型需要外，通常两条对应的缝合边的长度应该相等。另外，还要校对装袖时袖山的吃势量、夹止口、合领时领子和挂面的吃势是否合理，领子的领弧线和衣身的领口弧线是否吻合。

（2）服装规格的校对：样板各部位的规格必须与预先设定的规格相等，在上衣样板中主要校对衣长、胸围、袖长、袖口等部位尺寸。另外还须核对一下口袋大小、袋盖宽度等小部位的规格设置是否合理。

（3）根据样衣或款式图检验：首先必须检验样板的制作是否符合款式要求；然后检验样板是否完整、齐全；最后，还要核对样板是否根据款式或样衣的要求来放缝及做一些细节的处理。

（4）里布、衬样、工艺样板的检验：检验里布样板、衬样的制作是否正确，是否符合要求。工艺样板一般要等试制样衣之后，由客户或设计师确认样板没有问题的情况下再制作，然后确认其是否正确、准备是否完整、是否符合流水生产的要求。

（5）样板标识的检验。检验样板的剪口是否做好，应有的标识如裁片名称、裁片数、丝缕线、款式编号、规格等是否已标注完整在样板上，是否做好样板清单。

（6）检查整套样板是否完整，是否有少片、漏片的情况。

（7）西服生产的工艺要求较高，且粘衬部位较多，为保证裁片的精确度，裁剪时很多时候都是先毛裁，然后再精割。如需要毛裁，则要检查毛裁样板是否准备好（毛裁板是在面样精割样板的基础上在四周加放一定的松量）。

三、初板确认

1. 步骤一：坯样试制

1）排料、裁剪（图 5-15）

排料、裁剪时的注意点同模块一项目一中女裙。国家标准 GB/T 2665—2017 里女西服、大衣标准中对于经纬纱向及对条对格的规定见表 5-8、表 5-9。

表 5-8 经纬纱向规定

部位	经纬纱向规定
前身	经纱以领口宽线为准，不允许歪斜；底不倒翘
后身	经纱以腰围下背中线为准，大衣歪斜不大于 1cm，色织条格料不许歪斜
袖子	经纱以前袖缝直线为准，大袖片歪斜不大于 1cm，小袖片歪斜不大于 1.5cm（特殊工艺除外）
领面	纬纱歪斜不大于 0.5cm，色织条格料不允许歪斜
袋盖	与大身纱向一致，斜料左右对称
挂面	经纱以止口直线为准，不允许歪斜

表 5-9 对条对格规定

部位	经纬纱向规定
左右前身	条料对条，格料对横， 互差不大于 0.3cm 左右对称
手巾袋与前身	条料对条，格料对格，互差不大于 0.2cm
大袋与前身	条料对条，格料对格，互差不大于 0.3cm
袖与前身	袖肘线以上与前身格料对横， 两袖互差不大于 0.5cm
袖缝	袖肘线以上，后袖缝格料对横， 互差不大于 0.3cm
背缝	以上部为准，条格对称，格料对横， 互差不大于 0.2cm
背缝与后领面	条料对条，互差不大于 0.2cm
领子、驳头	条格料左右对称，互差不大于 0.2cm
摆缝	袖窿以下 10cm 处，格料对横， 互差不大于 0.3cm
袖子	条格顺直，以袖山为准， 两袖互差不大于 0.5cm

注：特别设计不受此限。

图 5-15 为女西服面料排料图，里布排料方法相同。

2）坯样缝制

坯样的缝制应参照样板要求和设计意愿，特别是在缝制过程中缝份大小应严格按照样板操作。同时，还应参照国家标准 GB/T 2665—2017 里女西服、大衣的质量标准。标准中关于服装缝制的技术规定有以下几项：

（1）缝制质量要求：

①针距密度规定见表 5-10。

表 5-10 针距密度表

项目		针距密度	备注
明暗线		不少于 11 针 /3cm	—
包缝线		不少于 11 针 /3cm	—
手工针		不少于 7 针 /3cm	肩缝、袖窿、领子不低于 9 针 /3cm
手拱止口 / 机拱止口		不少于 5 针 /3cm	—
三角针		不少于 5 针 /3cm	以单面计算
锁眼	细线	不少于 12 针 /1cm	—
	粗线	不少于 9 针 /1cm	—

注：细线指 20tex 及以下缝纫线；粗线指 20tex 以上缝纫线。

②各部位缝制线迹顺直、整齐、牢固。主要表面部位缝制皱缩按男西服外观的起皱样照规定，不低于 4 级。

③缝份宽度不小于 0.8cm（开袋、领止口、门襟止口等缝份除外）；起落针处应有回针。

④上、下线松紧适宜，无跳线、断线、脱线、连根线头；底线不得外露。

⑤领面伏贴，松紧适宜。

⑥绱袖圆顺，吃势均匀，两袖前后要长短一致。

⑦袖窿、袖缝、底边、袖口、挂面里口、大衣摆缝等部位叠针牢固；

⑧锁眼定位准确，大小适宜，整齐、牢固。

（2）外观质量规定见表 5-11。

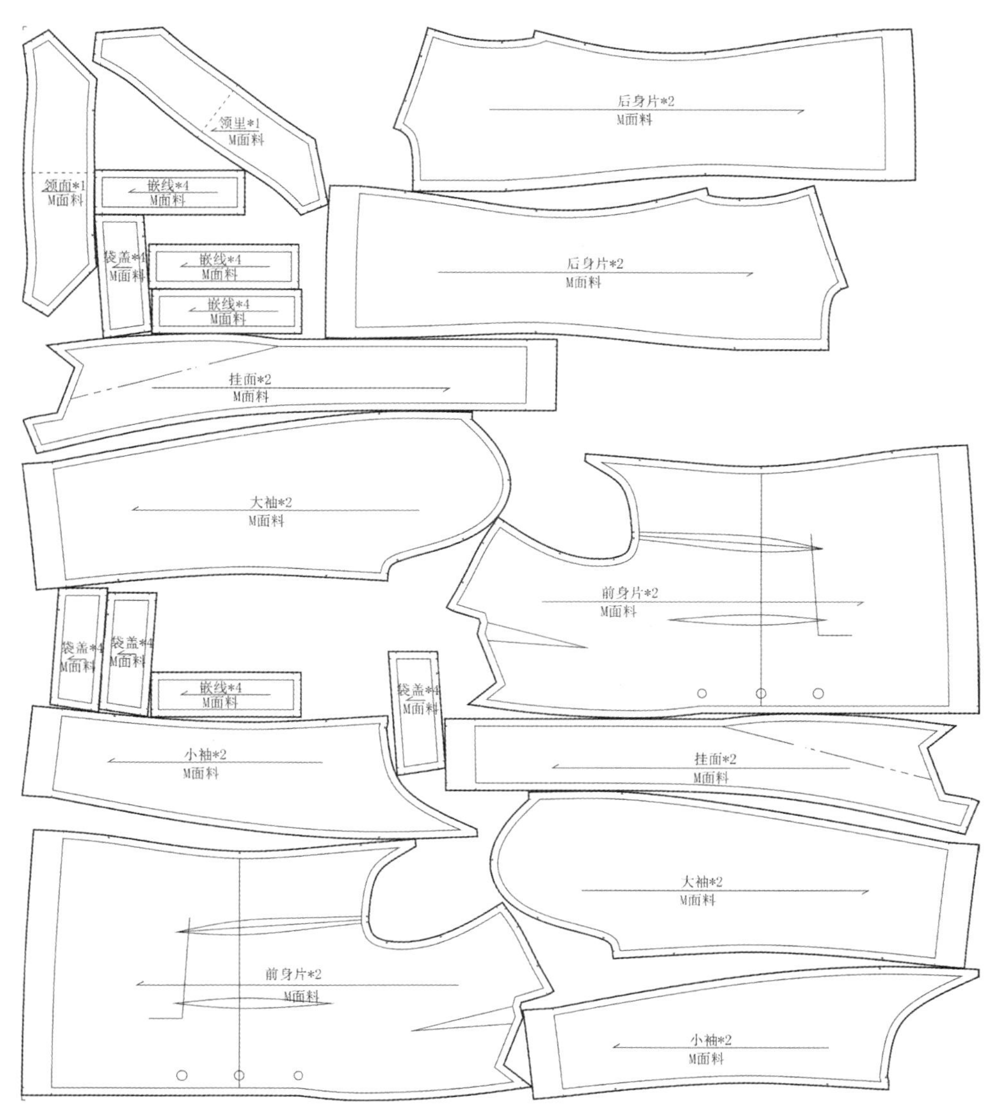

图 5-15　女西装排料图

表 5-11 外观质量规定

部位	外观质量规定
领子	领面伏贴，领窝圆顺，左右领尖不翘
驳头	串口、驳口顺直，左、右驳头宽窄与领嘴大小对称，领翘适宜
止口	顺直平挺，门襟不短于里襟，不搅不豁，两圆头大小一致
前身	胸部挺括、对称，面、里、衬伏贴，省道顺直
袋、袋盖	左右对称，袋盖与袋口宽相适应，袋盖与大身的花纹一致
后背	伏贴
肩	肩部伏贴，表面没有褶，肩缝顺直，左右对称
袖	绱袖圆顺，吃势均匀，两袖前后要长短一致

（3）缝制工艺流程：检查裁片—合缉前、后片分割缝，背中缝—做袋盖、挖口袋—合拼挂面—合拼肩缝、侧缝—做领、装领—做袖、装袖—拼合里布—整理、整烫。

按以上的工序和要求完成坯样缝制。

2. 步骤二：坯样确认与样板修正

坯样确认和样板修正的方法同衬衫。外套的样板核对与修正中应特别注意领型、袖型，同时注意袖山吃势量的控制及里布样板的合理配置。

过程三　时尚女西服样板设计与制作

一、时尚设计款一

1. 款式说明（图 5-16）

此款为立领女时装。四开身结构，单排一粒扣，前中开角圆摆；前身门襟为深 V 造型，开至腰围线，衣身两侧各两道分割线，靠近前中的分割线上端止于 V 字，腰线以下做一个工字褶造型；后身两侧各两道分割线，靠近后中的分割线上端止于领口线，分割线下端呈 L 形并止于后侧片纵向分割；合体一片袖；耸肩造型，垫肩厚 1cm。可采用毛纺类面料制作，适合春秋季穿着。

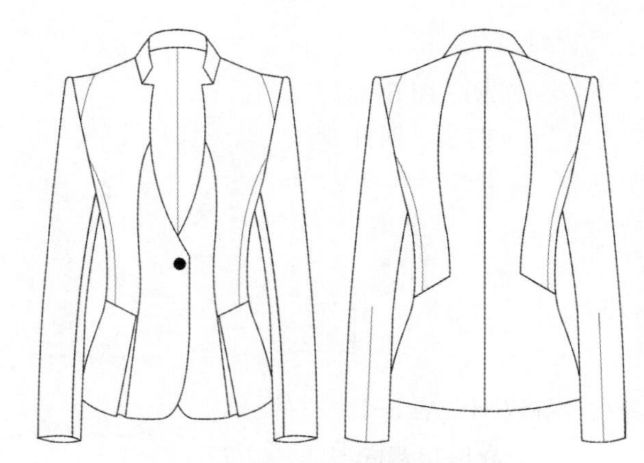

图 5-16　时尚设计款一的款式图

2. 规格设计（表 5-12）

表 5-12 规格设计（单位：cm）

号型	后衣长（L）	胸围（B）	腰围（W）	臀围（H）	肩宽（S）	袖长（SL）	袖口围（CW）
160/84A	54	92	76	96	38	59	26

3. 结构分析

（1）先做出四开身结构基本型。

（2）前片胸围为 B/4+X，X 为后身片后中与分割线的空余量，确定前片分割线的位置，将胸凸量转移到袖窿。

（3）后片胸围为 B/4，确定后片分割线的位置。

（4）由于肩部为耸肩造型，需在袖山高加 0.5 ～ 1cm 的耸肩量。先绘制普通一片合体袖，再根据袖子的造型来变化袖子结构，在袖口至袖肘的位置加一个省道。

（5）在前、后片肩端点确定耸肩造型，将其剪开拉开 1 ～ 1.5cm 的耸肩量。

（6）前、后片腰围线下有横向分割，横向分割线以下将衣摆合并，并设计前衣片阴褶量。

4. 结构设计（图 5-17）

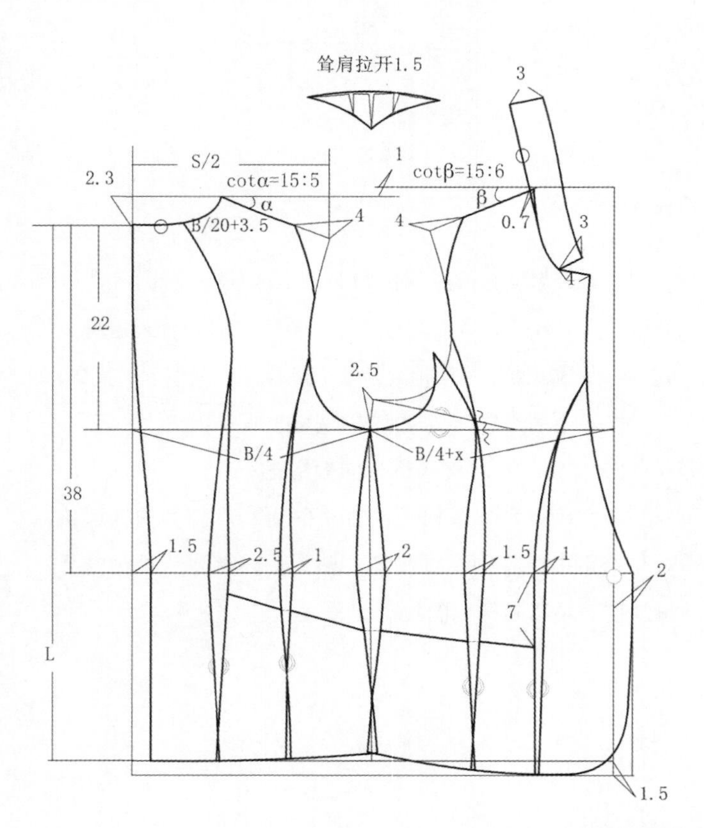

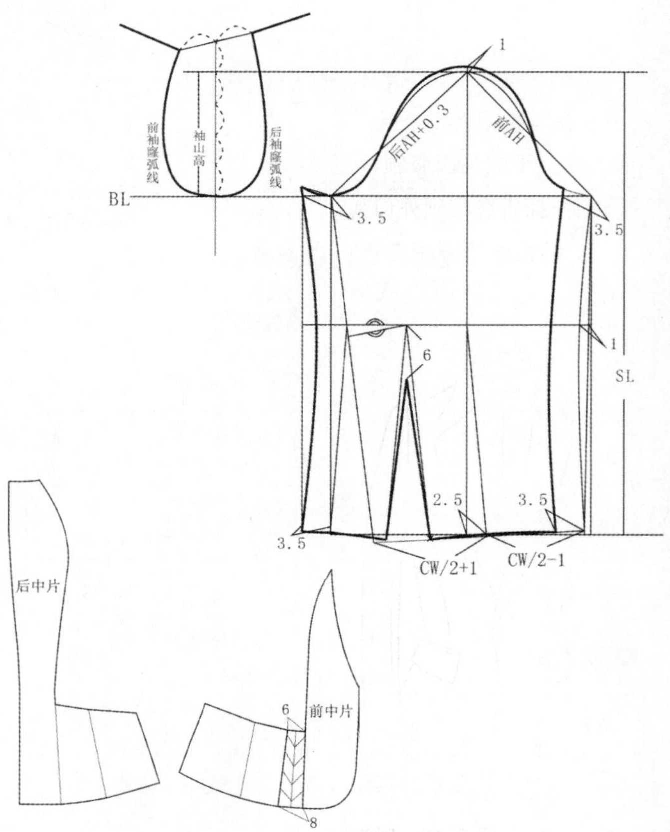

图 5-17　时尚设计款一的结构图（单位：cm）

二、时尚设计款二

1. 款式说明（图 5-18）

平驳头女时装。四开身结构，单排一粒扣，前中开角尖摆；前身的分割线上端止于领口线，下端呈L形止于前侧缝，前身腰围线下5cm处左右各挖一个有袋盖挖袋；后身分割线上端止于后袖窿弧线，下端止于后衣摆；合体两片袖，袖山顶做交叉褶，开假袖衩，垫肩厚1cm。可采用毛纺类面料制作，适合春秋季穿着。

2. 规格设计（表 5-13）

表 5-13 规格设计（单位：cm）

号型	后衣长（L）	胸围（B）	腰围（W）	臀围（H）	肩宽（S）	袖长（SL）	袖口围（CW）
160/84A	56	92	76	96	37	59	25

3. 结构分析

（1）先做出四开身结构基本型。

（2）前片胸围为B/4+X（X是后身片后中与分割线的空余量），确定前片分割线的位置，将胸凸量转移到袖窿。

（3）后片胸围为B/4，确定后片分割线的位置。

（4）先绘制普通两片合体袖，再根据袖子的造型来变化袖子结构。由于袖山顶做交叉褶，袖山需抬高3cm。

（5）前腰围下有横向分割，横向分割线以下将衣摆合并，确定最后的前衣片。

（6）平驳头西服领，领子的倒浮量设定在后领口，先绘制出翻折线与领外口弧线后，再来确定。

4. 结构设计（图 5-19）

图 5-18　时尚设计款二的款式图

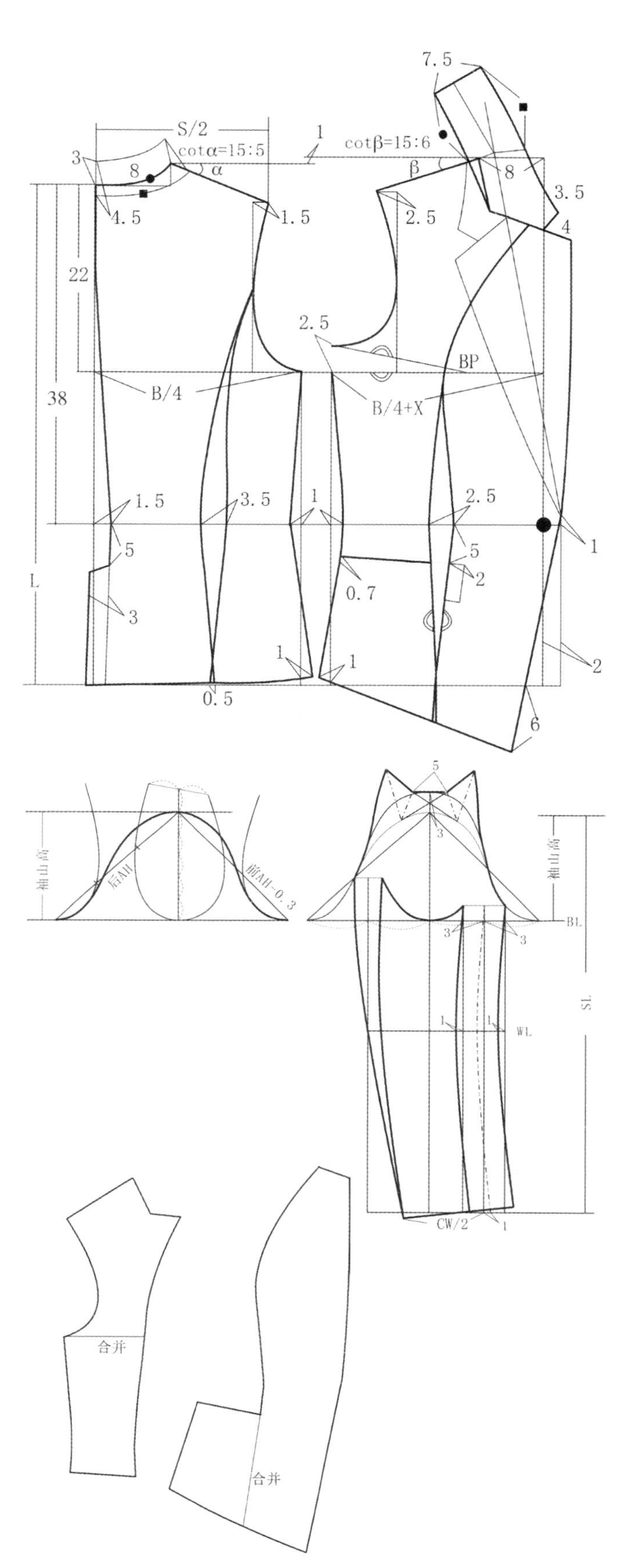

图 5-19　时尚设计款二的结构图（单位：cm）

三、时尚设计款三

1. 款式说明（图 5-20）

此款为弧形翻折线的戗驳头女时装。四开身结构，单排两粒扣，前中圆摆；前身刀背公主线分割，腰节下5cm左右贴一个圆角贴袋；后身刀背公主线分割；合体平肩两片袖，垫肩厚度1cm。此款可采用毛纺类面料制作，适合春秋季穿着。

图 5-20　时尚设计款三的款式图

2. 规格设计（表 5-14）

表 5-14 规格设计（单位：cm）

号型	后衣长（L）	胸围（B）	腰围（W）	臀围（H）	肩宽（S）	袖长（SL）	袖口围（CW）
160/84A	57	92	76	96	37	59	25

3. 结构分析

（1）先做出四开身结构基本型。

（2）前片胸围为B/4+X（X是后衣片后中与分割线的空余量），确定前片分割线的位置，将胸凸量转移到袖窿。

（3）后片胸围为B/4，确定后片分割线的位置。

（4）先绘制普通两片合体袖，再根据袖子的造型来变化袖子结构，重点是袖山的造型。袖山的宽度决定袖子的造型，一般袖山高设计在11cm左右，向后偏0.5cm左右。

（5）弧线形翻折线，驳头要与前衣身分开，制作时做夹缝，样板设计中翻折线的弧度要与款式呼应。

4. 结构设计（图 5-21）

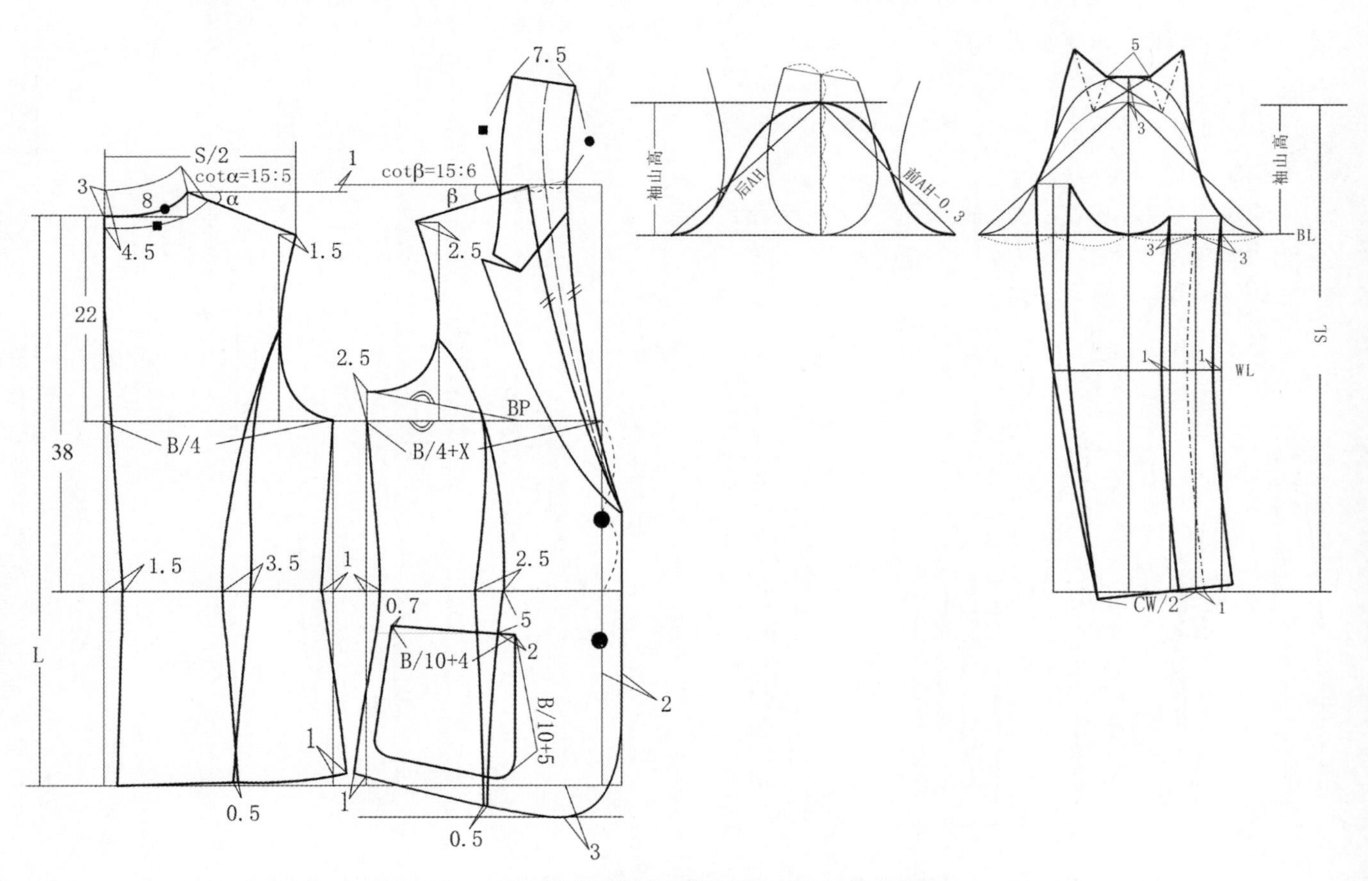

图 5-21　时尚设计款三的结构图（单位：cm）

四、时尚设计款四

1. 款式说明（图 5-22）

该款为时尚青果领女时装。整体造型呈 X 型，三开身结构；双排两粒扣，前中平下摆；前片收腰省，前片左右各一双嵌线挖袋，装圆角袋盖；合体两片袖，袖山前后各有一工字褶，袖口开衩，装三粒扣；右门襟锁两个圆头眼，并钉两粒绕脚两孔扣和一粒内扣，左门襟锁一个圆头眼，并钉两粒绕脚两孔扣；装全夹，敷黏合衬。此款可用暗纹毛涤面料制作，适合春秋季穿着，也适合作办公人员的职业装。

2. 规格设计（表 5-15）

表 5-15 规格设计（单位：cm）

号型	后衣长（L）	胸围（B）	腰围（W）	臀围（H）	肩宽（S）	袖长（SL）	袖口围（CW）
160/84A	62	94	78	98	38	58	25

3. 结构分析

（1）先做出三开身结构基本型。

（2）前、后片胸围都为 B/4+1cm（2cm 是后片后中与分割线的空余量），确定前侧片分割的位置，将胸凸量转移到胸腰省。

（3）先绘制普通两片合体袖，再根据袖子的造型来变化袖子结构。袖山的宽度决定袖子的造型，一般袖山高设计在 11cm 左右，向后偏 0.5cm 左右。将袖山头抬高 2.5cm，确定褶裥的位置，以袖山头为中心作 6.5cm 宽的量，做出工字褶，再重新绘制袖山弧线，使袖山弧线与袖窿弧线等长，最后调整褶裥的大小。

（4）青果领的挂面的驳头与领面相连，前片与领里要分开。

4. 结构设计（图 5-23）

图 5-22　时尚设计款四的款式图

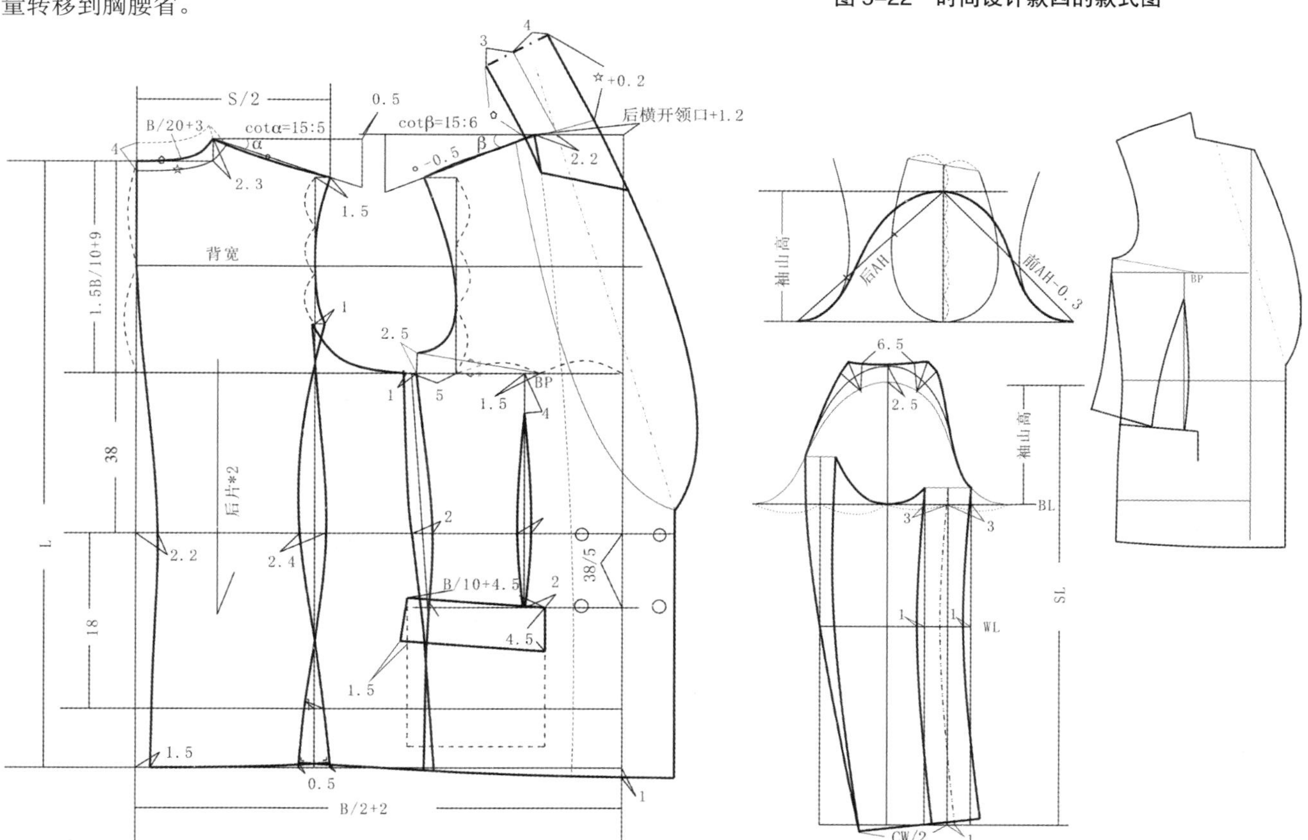

图 5-23　时尚设计款四的结构图（单位：cm）

项目四　女大衣样板设计与制作

过程一　女大衣基础知识

大衣是穿在一般衣服外面、具有防御风寒功能的外衣，衣长至腰部及以下，一般为长袖，前衣身可打开并以钮扣、拉链、魔鬼毡或腰带束起。在中国古代，大衣指女性的礼服，起于唐代，沿用至明代。现在所称的西式大衣约在 19 世纪中期与西装同时传入中国。

约 1730 年，欧洲上层社会出现男式大衣。其款式一般在腰部横向剪接，腰围合体，当时称礼服大衣或长大衣。19 世纪 20 年代，大衣成为日常生活服装，衣长至膝盖略下，大翻领，收腰式，襟式有单排纽、双排纽。约1860年，大衣长度又变为齐膝，腰部无接缝，翻领缩小，衣领缀以丝绒或毛皮，以贴袋为主，多用粗呢面料制作。约 19 世纪末出现女式大衣，它是在女式羊毛长外衣的基础上发展而成，衣身较长，大翻领，收腰式，大多以天鹅绒面料制作。

双排扣大衣第一次出现是在约 18 世纪初的英国皇家海军见习船员身上。双排扣呢绒大衣“peacoat”来自于荷兰语“Pijjekker”，意为“coarse wool”，即粗劣的毛衣。在英语发音中，它的读音逐渐变为“pea-jacket”，再后来演变为如今的“peacoat”。这些士兵从一个港口到达另一个港口，从而影响越来越多的欧洲舰队喜欢穿上这种功能性外套。它的法文名“caban”来自于阿拉伯语“gag”（斗篷，束腰外衣）所演变出来的西西里岛语“cabbanu”。从此双排扣大衣开始了它的纵横大西洋之旅，1881 年被美国海军所用。之后，它一直都是官方海军装备。到了 20 世纪 90 年代，一切都悄然改变了。双排扣大衣的使用也与用途初衷背道而驰。当军需用品的时代特征一旦被摆脱，双排扣大衣就立马出现在冬日的街头，成为一种全新的大衣风格。

一、女大衣的分类

女式大衣一般随流行趋势而不断变换式样，如有的采用多块衣片组合成衣身，有的下摆呈波浪形，有的还配以腰带等附件。根据不同的分类标准，女大衣可以有不同的分类形式。

1. 按衣身长度分类（图 6-1）

可分为长大衣、中大衣、短大衣三种。

短大衣：长度至臀围线或臀围线略下，约占人体总高度的 1/2；

中大衣：长度至膝盖或膝盖略上，约占人体总高度的 1/2 加 10cm；

长大衣：长度至膝盖以下，约占人体总高度的 5/8 加 7cm。

2. 按款式造型分类（图 6-2）

可分为合体（紧身）大衣、较宽松大衣、宽松大衣。

图 6-1　女大衣按长度分类

图 6-2　女大衣按款式造型分类

图 6-3　女大衣按领型分类

合体（紧身）大衣：以身体的自然曲线为造型的大衣。带公主线的大衣是利用公主线收腰、展摆的大衣。

较宽松（箱型）大衣：以有棱角的箱子为造型的大衣。

宽松大衣：从肩部扩展到下摆的大衣。

3. 按领型分类（图 6-3）

可分为风衣领、西服领、立领、翻领等。

二、女大衣各部位尺寸设计原理

女大衣的主要控制部位包括围度、宽度、长度，如衣长、肩宽、袖长、胸围、腰围、臀围、下摆等。一般可以通过人体测量、实物测量、查表计算三种方法来获取女大衣各部位的尺寸。

1. 实物测量尺寸

同女衬衫。

2. 人体测量尺寸

同女衬衫。

3. 女大衣放松量设计（表 6-1）

表 6-1 女大衣放松量设计

部位	放松量
衣长（后中）	0.5 ~ 1cm（工艺损耗量）
胸围	合体（紧身）大衣：10 ~ 14cm
	较宽松（箱型）大衣：14 ~ 20cm
	宽松型大衣：大于或等于 20cm
腰围	合体（紧身）大衣：比放量后胸围小 12 ~ 18cm
臀围	合体（紧身）大衣：比放量后胸围大 3 ~ 5cm
肩宽	1 ~ 2cm（春夏），3 ~ 5cm（秋冬）
袖长	0.5 ~ 1cm（工艺损耗量）
后腰节长（根据款式而定）	可加放 1cm 左右

注：大衣款式变化多端，以上的松量配比只适用于一些变化不大的大衣，实际操作中应根据具体款式作相应的调整。

4. 女大衣袖窿、袖山高、袖肥和吃势的参考尺寸（表 6-2）

表 6-2 大衣袖窿、袖山高、袖肥和吃势的参考尺寸（单位：cm）

款式	袖窿	袖山高	袖肥	吃势量
合体（紧身）大衣	47 ~ 48	15 ~ 17	34 ~ 36	2.5 ~ 3.5
较宽松（箱型）大衣	50 ~ 53	14 ~ 16	36 ~ 38	1 ~ 2
宽松型大衣	50 ~ 53	14 ~ 16	39 ~ 42	1 ~ 2

注：实际生产中服装的加放量要根据款式、面料的厚薄、性能等来合理选择放松量。袖子的加放量还要考虑袖子的造型。

5. 女大衣袖窿与袖山高的关系

（1）合体女大衣袖窿与袖山高的关系（图 6-4）。

（2）宽松大衣袖窿与袖山高的关系（图 6-5）。

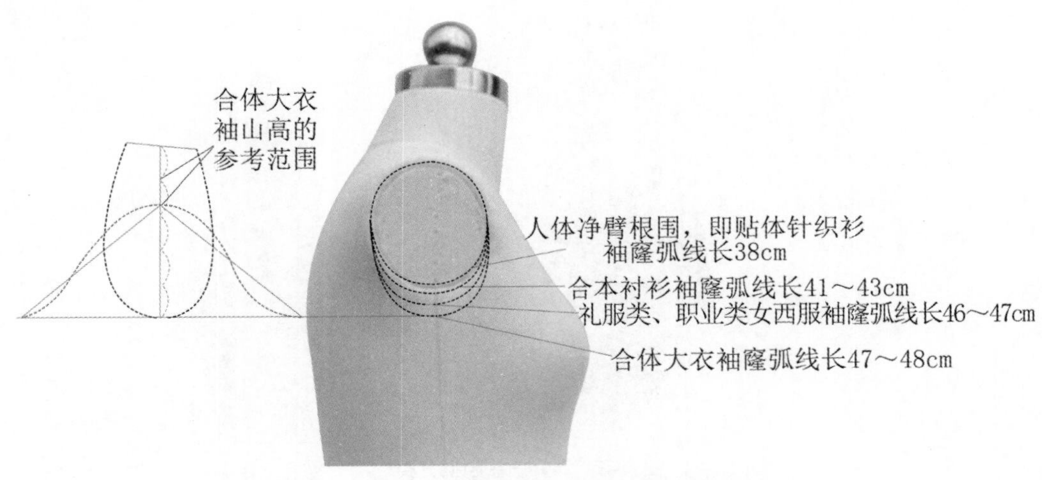

图 6-4　礼服类、职业类女大衣袖窿与袖山高的关系

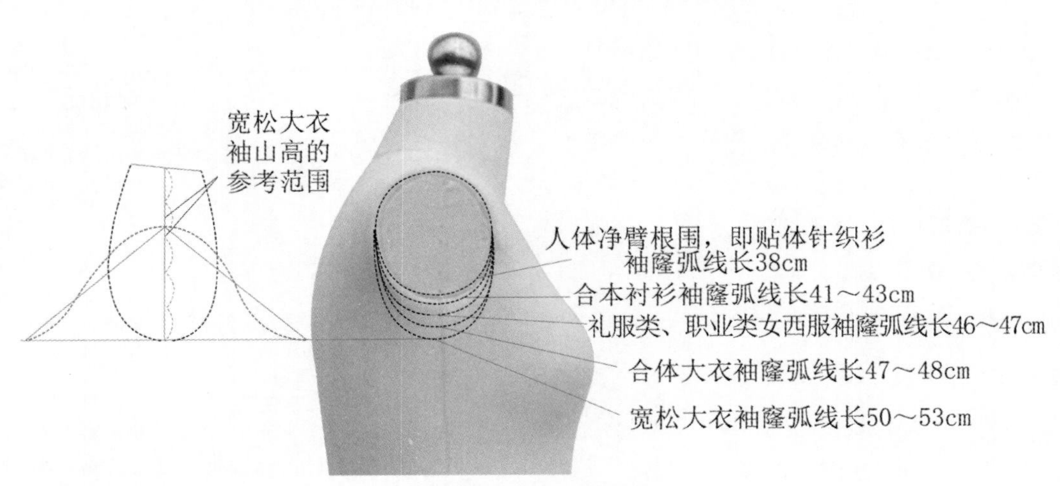

图 6-5　宽松大衣袖窿与袖山高的关系

6. 女大衣的标准尺码参照表（表 6-3）

表 6-3 女大衣标准尺码参照表（通用）（单位：cm）

号型	成品衣长	成品胸围	成品腰围	成品肩宽	成品袖长	成品袖肥	成品袖口围
155/76A	84	86	74	37	57	31	24.5
160/80A	86	90	78	37.5	58	32	25
160/84A	86	94	82	38.5	58	33	25.5
165/88A	88	98	86	39.5	59	34	26
165/92A	88	102	90	40.5	59	35	26.5
170/96A	90	106	94	41.5	60	36	27
170/100A	90	110	98	42.5	60	37	27.5
175/104A	92	114	102	43.5	61	38	28

过程二　女大衣基础款样板设计与制作

一、款式分析

1. 样衣生产单设计（表 6-4）

表 6-4 样衣生产单

<table>
<tr><td colspan="8">样衣生产单</td></tr>
<tr><td colspan="4">款式编号：NK-20200005</td><td colspan="4">名称：双排扣大衣</td></tr>
<tr><td colspan="3">下单日期：2020.03.05</td><td colspan="2">完成日期：2020.06.10</td><td colspan="3">规格表（单位：cm）</td></tr>
<tr><td colspan="8">款式图
正面　　背面
款式说明：登领风衣式双排扣大衣，插袋，前肩胸、后肩背均有盖布装饰，前、后片刀背分割，腰间有一腰带，袖子为两片袖。</td></tr>
<tr><td>号型</td><td>后衣长</td><td>胸围</td><td>腰围</td><td>臀围</td><td>肩宽</td><td>袖长</td><td>袖口围</td></tr>
<tr><td>160/84A</td><td>88</td><td>98</td><td>86</td><td>101</td><td>39.5</td><td>59</td><td>26</td></tr>
<tr><td colspan="4">面辅料：
高度为 45mm 的日字扣 1 个；
直径为 20mm 的纽扣 16 个；
配色涤纶线</td><td colspan="4" rowspan="3">工艺要求：
1. 平针车针距为 15 针 /3cm；
2. 各部位缝制线路顺直、整齐、牢固；
3. 上下线松紧适宜，无跳线、断线、脱线、连根线头，底线不得外露；
4. 领子、袖子伏贴、左右对称；系带宽窄一致；
5. 绱袖圆顺，吃势均匀，两袖前后、长短一致；
6. 锁眼定位准确，大小适宜，扣与眼对位，整齐、牢固</td></tr>
<tr><td colspan="4">粘衬部位：
前片、挂面、领子、袖口围、下摆粘布衬；
嵌线粘纸衬</td></tr>
<tr><td colspan="4">裁剪要求：
1. 注意裁片色差、色条、破损；
2. 经向顺直，不允许有偏差；
3. 裁片准确，二层相符；
4. 注意对条对格</td></tr>
<tr><td colspan="4">印、绣花：无</td><td colspan="4">后整理要求：普洗</td></tr>
<tr><td colspan="2">设计：*****</td><td colspan="2">制板：*****</td><td colspan="2">样衣：</td><td colspan="2">日期：</td></tr>
</table>

2. 款式造型、结构、工艺特点分析

此款女大衣的整体造型呈X型，双排扣关门领大衣，四开身结构；领型为风衣登领，缉0.6cm宽的明线；前后肩有盖布装饰，缉0.6cm宽的明线；前中止口缉0.6cm宽的明线；平下摆，前后片刀背分割线，缝份倒向前后中心线缉0.6cm宽的明线；前片左右各一个箱式挖袋，嵌线两边缉0.1cm和0.6cm宽的明线；合体两片圆装袖；腰间系一根宽5cm的腰带，四周缉0.5cm宽的明线；装全夹，敷粘衬。可选用暗纹毛涤面料制作，适合春秋季穿着，也适合作为办公人员的职业装。

3. 选定面料与制定规格

1）面料选用

根据样衣生产单款式的设计效果，该款女大衣拟选用毛涤混纺面料制作试样。

2）样衣规格制定

以国家服装号型标准女子（160/84A）体型，为样衣规格设计对象，结合款型特点及面料性能，样衣规格制定如下：

①后衣长：后领中至臀围线长+32cm（衣长加长量）=56cm+32cm=88cm；

②胸围：净胸围+14cm（胸围放松量）=84cm+14cm=98cm；

③腰围：净腰围+18cm（腰围放松量）=68cm+18cm=86cm；

④臀围：净臀围+11cm（臀围放松量）=90cm+11cm=101cm；

⑤肩宽：净肩宽+1.1cm（肩部宽松量）=38.4cm+1.1cm=39.5cm；

⑥袖长：全臂长+8.5cm（袖子宽松量）=50.5cm+8.5cm=59cm；

⑦袖口围：26cm。

以上尺寸归纳见表6-5。

表6-5 样衣规格表（单位：cm）

号型	后衣长（L）	胸围（B）	腰围（W）	臀围（H）	肩宽（S）	袖长（SL）	袖口围（CW）	背长
160/84A	88	98	86	101	39.5	59	26	39
允许偏差	1.0	1.5	1.5	1.5	0.6	0.6	0.5	0.6

3）制板规格制定

在女大衣的缝制工艺中，拟定的样衣规格会受到缝制、粘衬及后道整烫等环节的影响，为了保证样衣规格符合要求，制板规格的制定应考虑以上影响因素。假设毛涤混纺面料的经向缩率为1.5%，纬向缩率为1.0%，M号的初板结构制图规格如下：

①后衣长＝88×（1+1.5%）≈89cm；

②胸围＝98×（1+1.0%）≈99cm；

③腰围＝86×（1+1.0%）≈87cm；腰部一般在工艺制作中容易做大1～2cm，因此打板尺寸要减1～2cm；打板尺寸定为86cm；

④臀围＝101×（1+1.0%）≈102cm；

⑤肩宽＝39.5×（1+1.0%）≈40cm；

⑦袖长＝59×（1+1.5%）≈60cm；

⑧袖口围＝26×（1+1.5%）≈26.4cm，取26.5cm；

⑨背长＝39×（1+1.5%）≈39.6cm，取39.5cm；

以上初板规格归纳见表6-6。

表6-6 制板规格表（单位：cm）

号型	后衣长（L）	胸围（B）	腰围（W）	臀围（H）	肩宽（S）	袖长（SL）	袖口围（CW）	背长
160/84A	89	99	86	102	40	60	26.5	39.5
允许偏差	1.0	1.5	1.5	1.5	0.6	0.6	0.5	0.6

二、初板设计

1. 女大衣结构设计（图6-6）

结构设计要点：

（1）由于大衣是穿在最外层的服装，因此腰围线应适当降低。胸凸量也可适当减少，前腰节比后腰节高出0.5cm，胸省量设定为2～2.5cm。

（2）前、后肩线可以根据不同性能的面料设计为一样长，也可以设计为后肩线有少量吃势，以吻合肩胛骨的突起。

（3）腰省的确定并非固定的数值，应按照胸腰之间的差数做适当调整。制图时应重视各部位规格的进一步核对，特别是胸、腰、臀等关键部位的尺寸核对。

（4）领子为立翻领造型，分为翻领和领座，制图时翻领的弧度应比领座的弧度大1.5cm以上。领子越合体，弧度越大。

（5）前侧片应做好省道的合并，前片部分的小省量作为吃势，前片下摆做好省道合并。

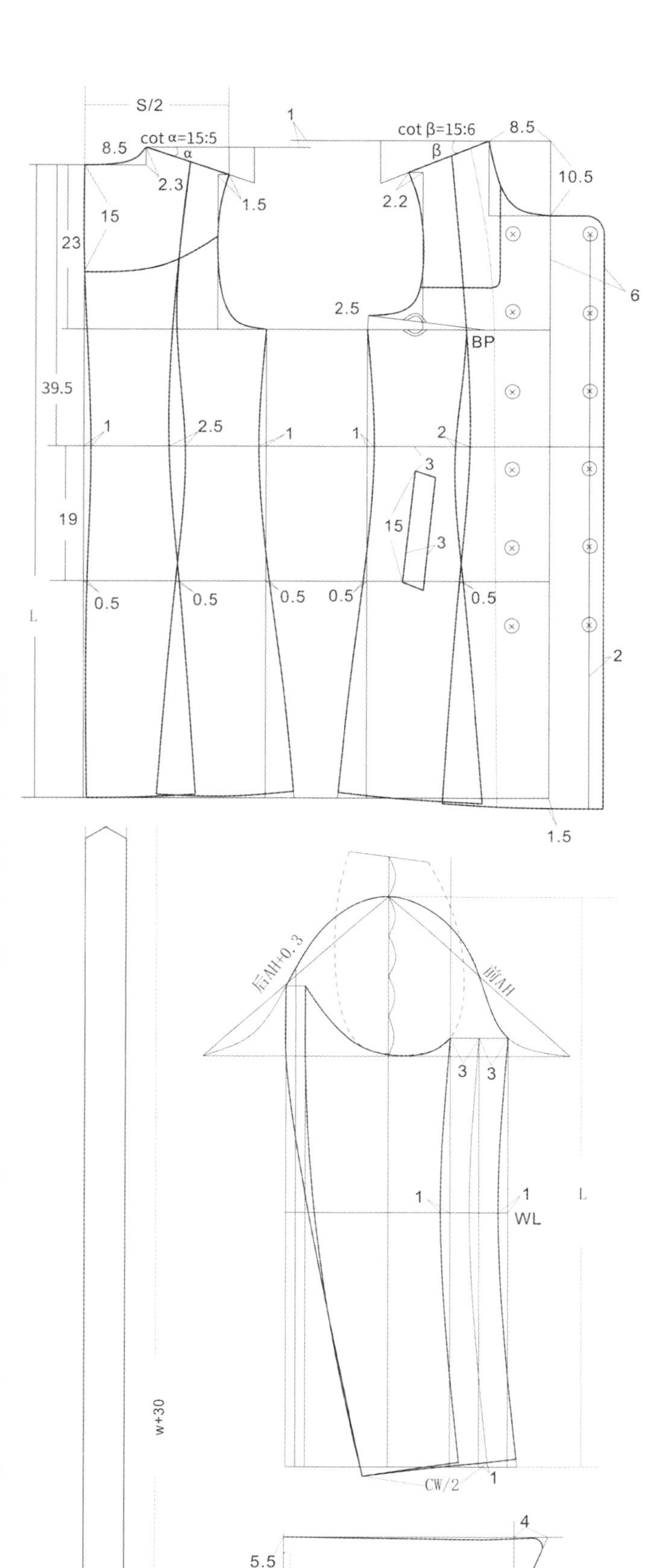

图 6-6　女大衣结构制图

（6）一般双排扣叠门宽 6 ～ 8cm（可根据款式特点选择）。扣眼大一般比纽扣直径大 0.3cm，以前止口线进 1.7cm 作扣眼。由于纽扣扣好后比止口线偏进 2cm，因此双排扣纽扣位确定以前中心线为对称轴。另外，双排扣由于叠门较宽，为防止里层止口挂下外露，通常要在左侧锁一个暗扣扣眼、右侧钉一暗扣（男装位置刚好相反）用以固定。

（7）袖子的吃势量设定为 1.5 ～ 2cm，袖子的前后偏袖量为 2.5cm。注意调节好袖山弧线上的刀眼与衣身袖窿弧线上的刀眼的平衡。

（8）腰带的长度为衣服的腰围尺寸再加一定的余量。

2. 面料样板制作（图 6-7）

（1）放缝要点：

①常规情况下，衣身分割缝、肩缝、侧缝、袖缝的缝份为 1 ～ 1.5cm；袖窿、袖山、领圈等弧线部位缝份为 0.6 ～ 1cm；后中背缝缝份为 1.5 ～ 2.5cm；

②下摆、袖口贴边宽为 3 ～ 4cm；

③放缝时弧线部分的端角要保持与净缝线垂直。

（2）样板标识：

①样板上做好丝缕线标注，写上样片名称、裁片数、号型等，不对称裁片应标明上下、左右、正反等信息。

②标注好定位、对位等相关记号。

3. 里料样板制作（图 6-8）

配置要点：

（1）前片因去掉挂面后剩余的量很小，做里布样板时可将前片与前侧片合并在一起，合并后侧缝顺延，多放出来的量在腰省上收掉，省道一直收至下摆。肩缝在肩点处放出 0.3 ～ 0.5cm 作为袖窿的松量，其余各边放 0.3cm 的缝份；前侧在挂面净缝线的基础上放缝 1cm；下摆方法同套装式女西服的里布。

（2）后片的后中线放 1cm 的缝份至腰围线，肩缝在肩点处放出 0.3 ～ 0.5cm 作为袖窿的松量，其余各边放 0.3cm 的缝份，下摆在面样下摆净缝线的基础上下落 1 ～ 2cm（一般的面料下落 1cm，若面料较重、悬垂性较好则下落 2cm）。

（3）大袖片在袖山顶点加放 0.5cm，小袖片在袖底弧线处加放 2.5cm，大小袖片在外侧袖缝线处抬高 0.5cm，在内侧袖缝线处抬高 2cm，内外袖缝线均放 0.3cm 的缝份，在面样袖口围净缝线的基础上下落 1cm（即按毛板缩短 3cm）。

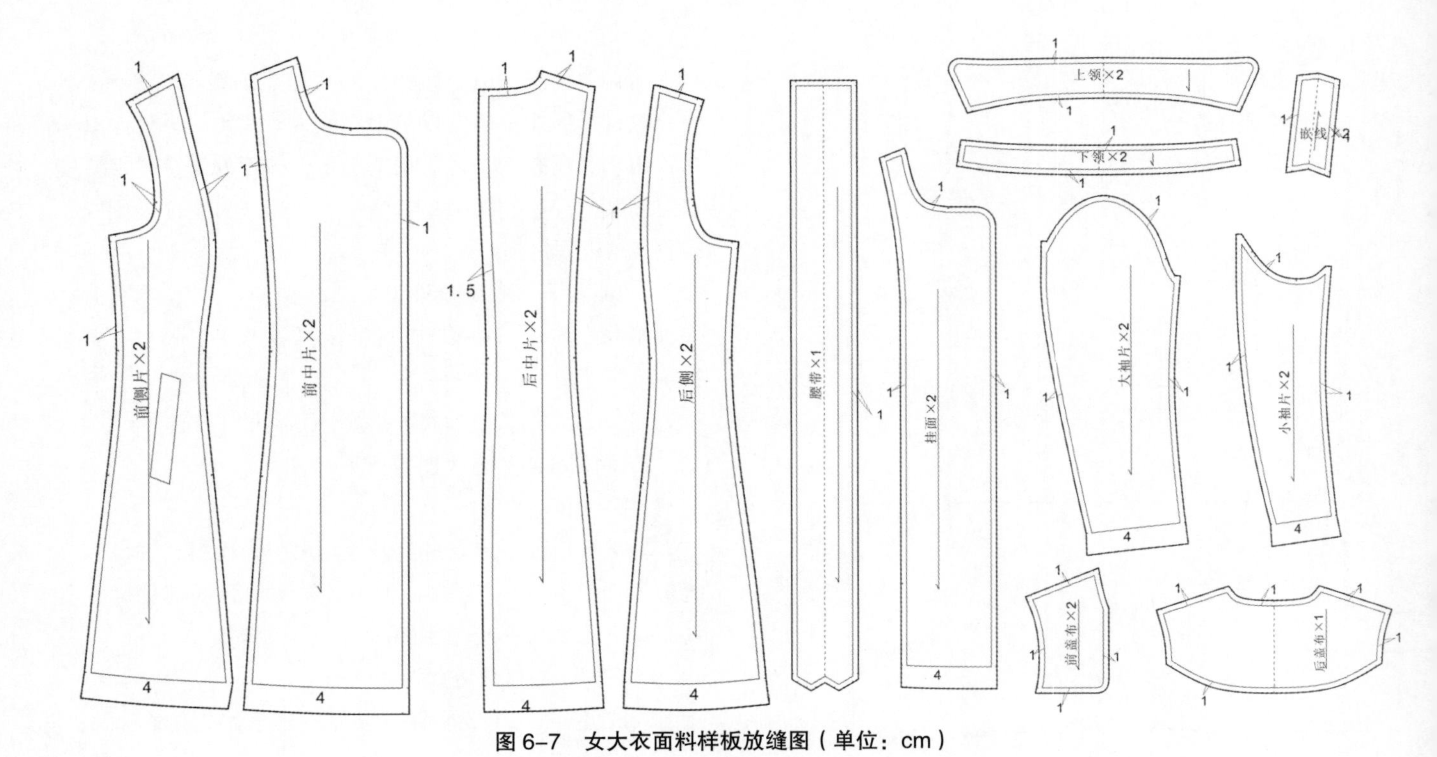

图 6-7　女大衣面料样板放缝图（单位：cm）

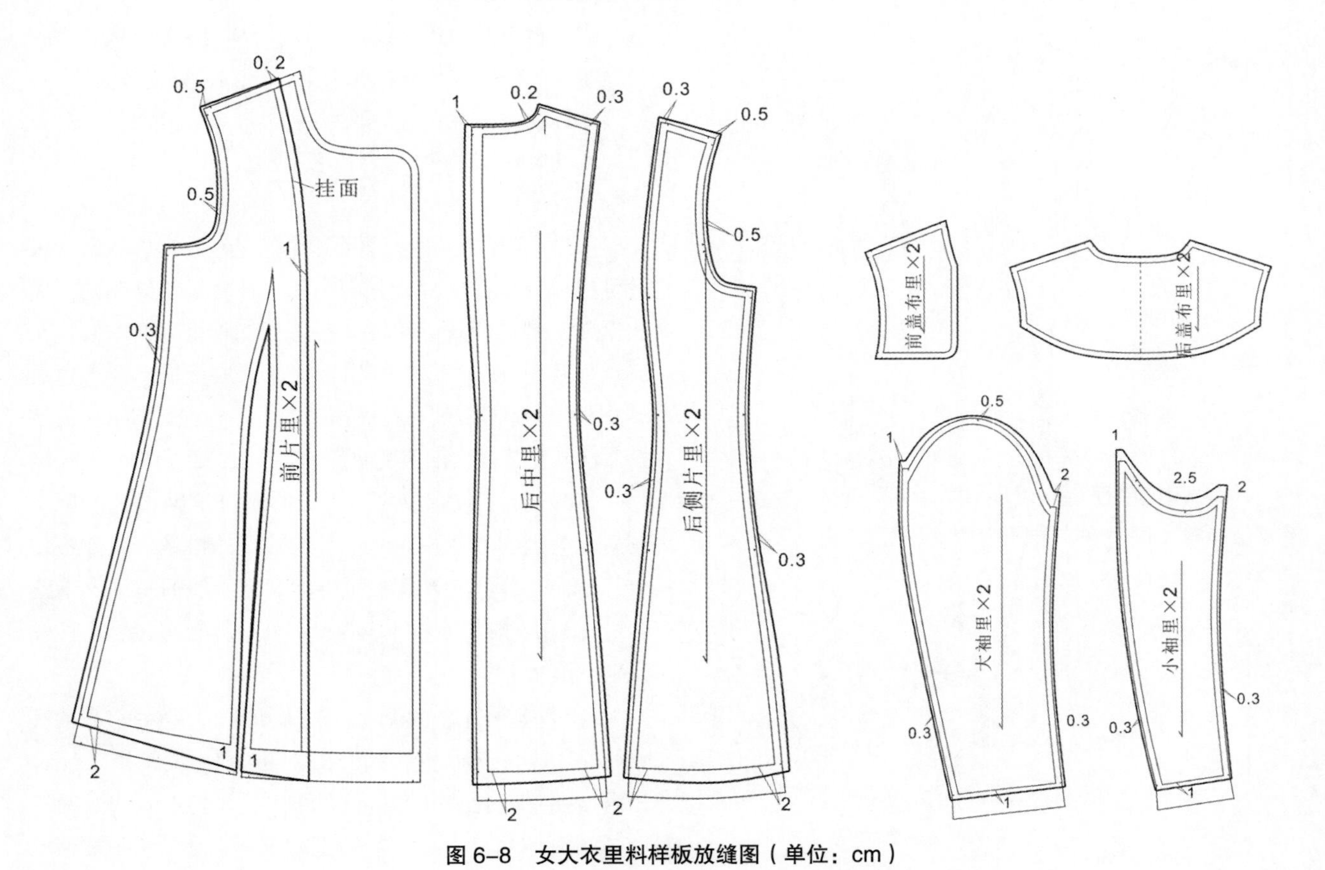

图 6-8　女大衣里料样板放缝图（单位：cm）

4. 粘衬样板制作（图 6-9）

配置要点：

（1）由于该款大衣下半身面积较大，一般前面一部分粘衬，前侧片一般粘至胸围线下 6 ～ 8cm。

（2）前片、后片下摆粘衬宽 5cm。

（3）其他部位粘衬同女西服。

（4）衬样同面、里料样板一样，要做好丝缕线及文字标注。

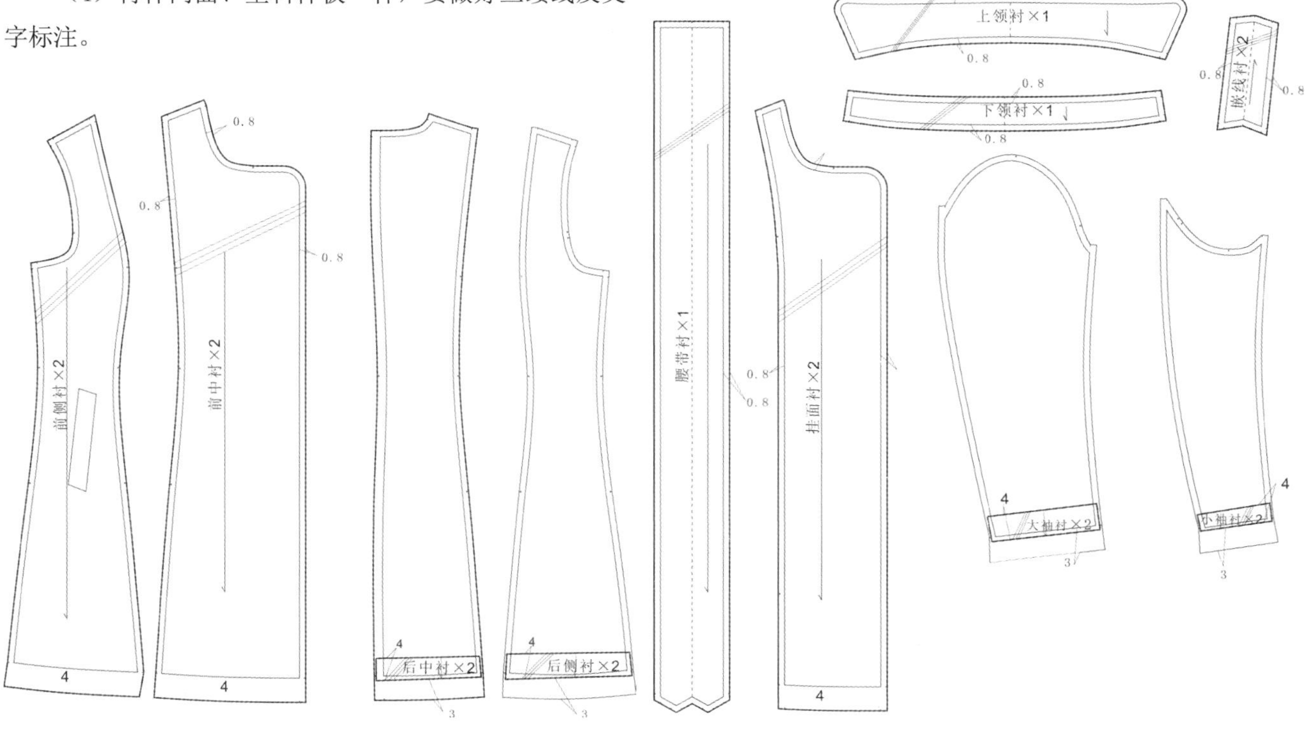

图 6-9 女大衣粘衬样板（单位：cm）

5. 工艺样板制作（图 6-10）

配置要点：

（1）工艺小样板的选择和制作要根据工艺生产的需要及流水线的编排情况决定。

（2）扣位净样：双排扣由于纽扣位置偏里，纽扣位需要做净样。同时在右挂面内侧须钉暗扣。

（3）扣眼位净样：扣眼位在左前片须锁一暗扣扣眼。

（4）腰带和袖袢净样：腰带和袖袢夹好后要打鸡眼，鸡眼位与腰带和袖袢的净样合用。

（5）前后育克净样：前后育克在下口夹光，肩缝和袖窿同前片衣身一起与后肩缝和袖子缝合，因此这两边是毛边。扣眼位可同净样合用。袋嵌线、领子和止口净样的做法同女西服。

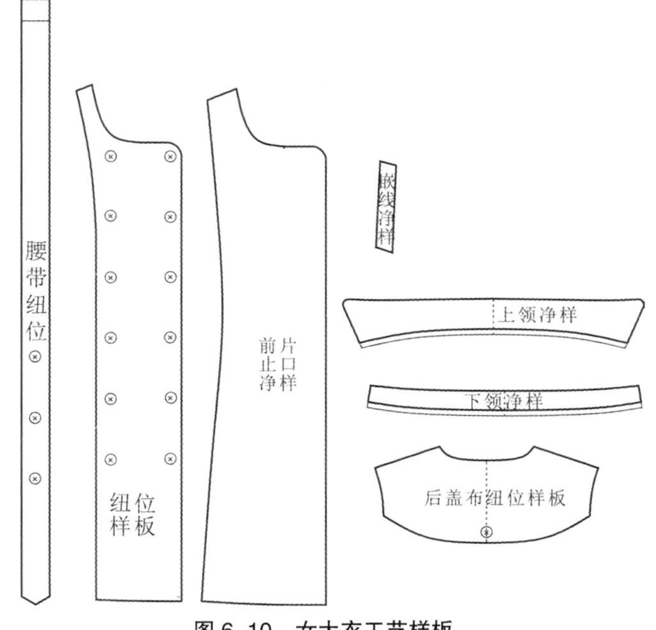

图 6-10 女大衣工艺样板

三、初板确认

1. 坯样试制

1）排料、裁剪（图 6-11）

排料、裁剪时面料的经纬纱向及对条对格要求与女西装相同（参照表 5-8、表 5-9）。排料、裁剪时注意点同模块一项目一中的女裙。在此不再赘述。

2）坯样缝制

坯样的缝制应严格按照样板操作，其具体的要求和标准同女西服。风衣式女外套的缝制工序：检查裁片—合缉前分割缝、后背中缝—做口袋—做育克—装袋盖、育克—拼合挂面—做领、装领—做袖、装袖—整理、整烫。

按以上的工序和要求完成坯样缝制。

2. 坯样确认与样板修正

坏样确认与样板修正方法同女西服。

过程三　时尚女大衣样板设计与制作

一、时尚设计款一

1. 款式说明（图 6-12）

此款为时尚西服领女大衣。四开身结构，双排一粒扣，前中圆摆，侧缝装直插袋；腰间拼宽 10cm 的腰带，将大衣分成上下两部分结构；上衣收胸腰省，腰以下前片有一纵向分割线，后片左右各收一个省道；圆装两片袖，袖口装翻袖口；装全夹，敷黏合衬，垫肩厚度为 1cm。此款可采用毛纺类面料制作，适合春秋季穿着。

2. 规格设计（表 6-7）

表 6-7 规格设计（单位：cm）

号型	后衣长（L）	胸围（B）	腰围（W）	臀围（H）	肩宽（S）	袖长（SL）	袖口围（CW）
160/84A	116	100	90	104	40	60	26

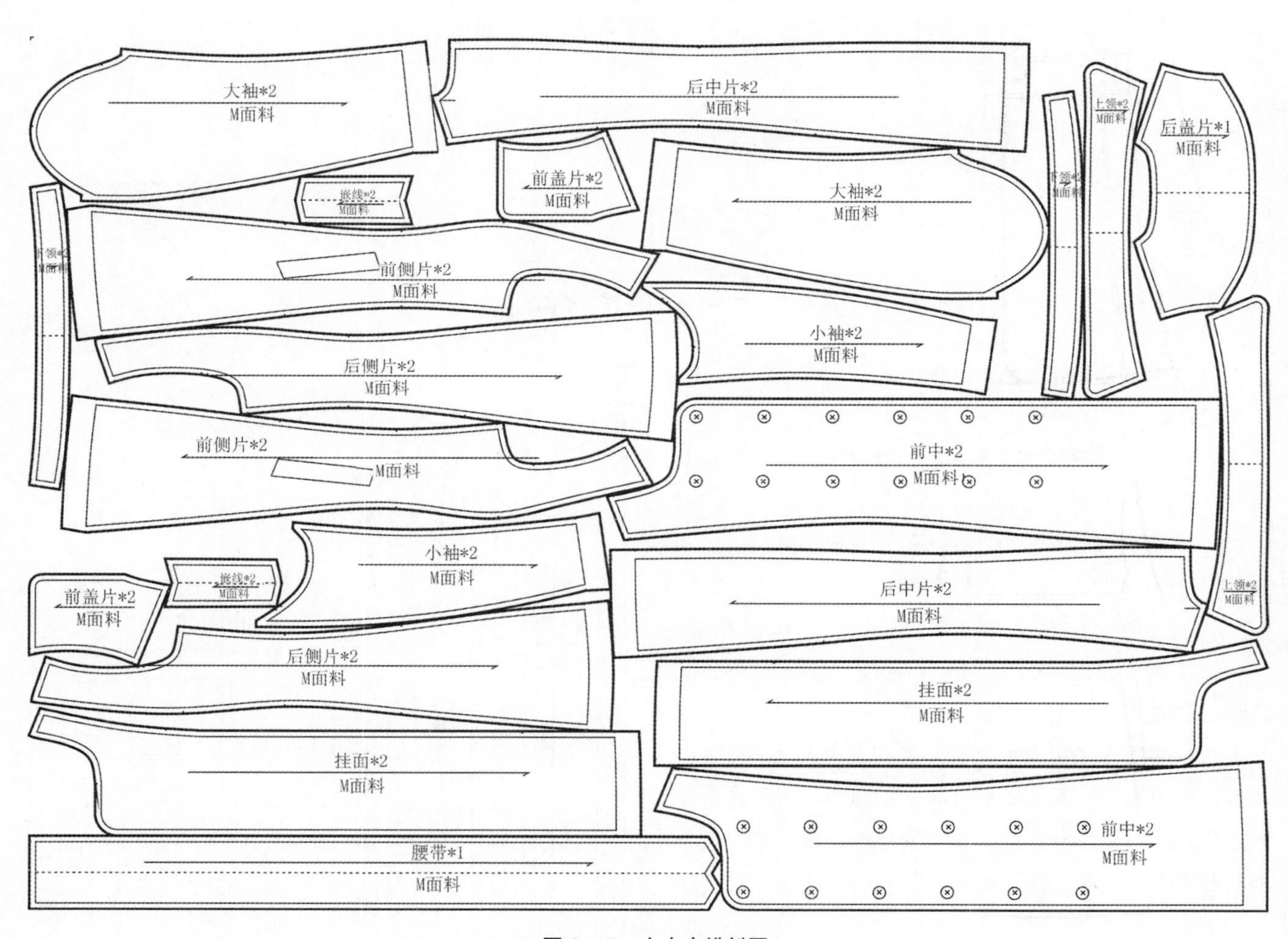

图 6-11　女大衣排料图

3. 结构分析

（1）先做出大衣四开身结构基本型。

（2）前片胸围为B/4，确定前片胸腰省位置，将胸凸量转移到胸腰省内。

（3）后片胸围为B/4。

（4）先绘制普通两片合体袖，再根据袖子的造型，确定大小袖的分割线位置，翻袖口在袖子中直接取出，翻袖口外围要略大一些，防止袖子起皱。

（5）采用简便式方法来确定领子的倒浮量。先确定翻折线的位置，将翻折线在前中心线与上平线之间的部分二等分，再作垂直线交与前中心线，以这个交点与翻折线的点相连来确定倒浮量。最后做出领子的造型。

4. 结构设计（图 6-13）

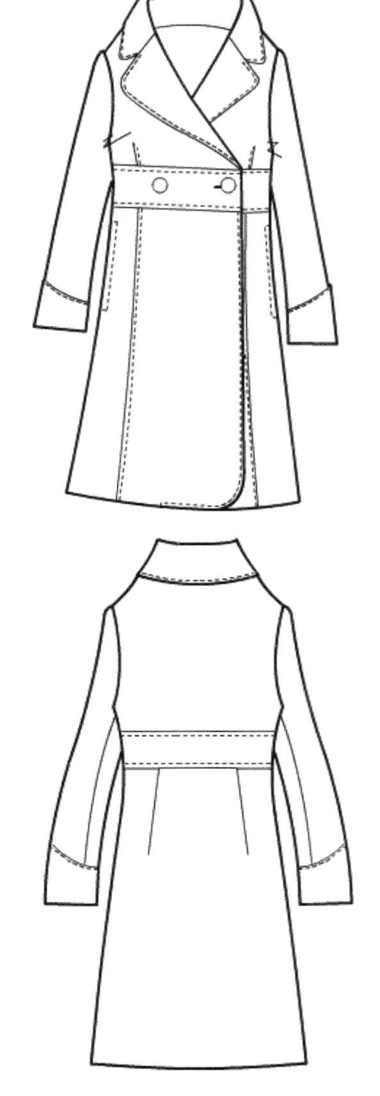

图 6-12　时尚设计款一款式图

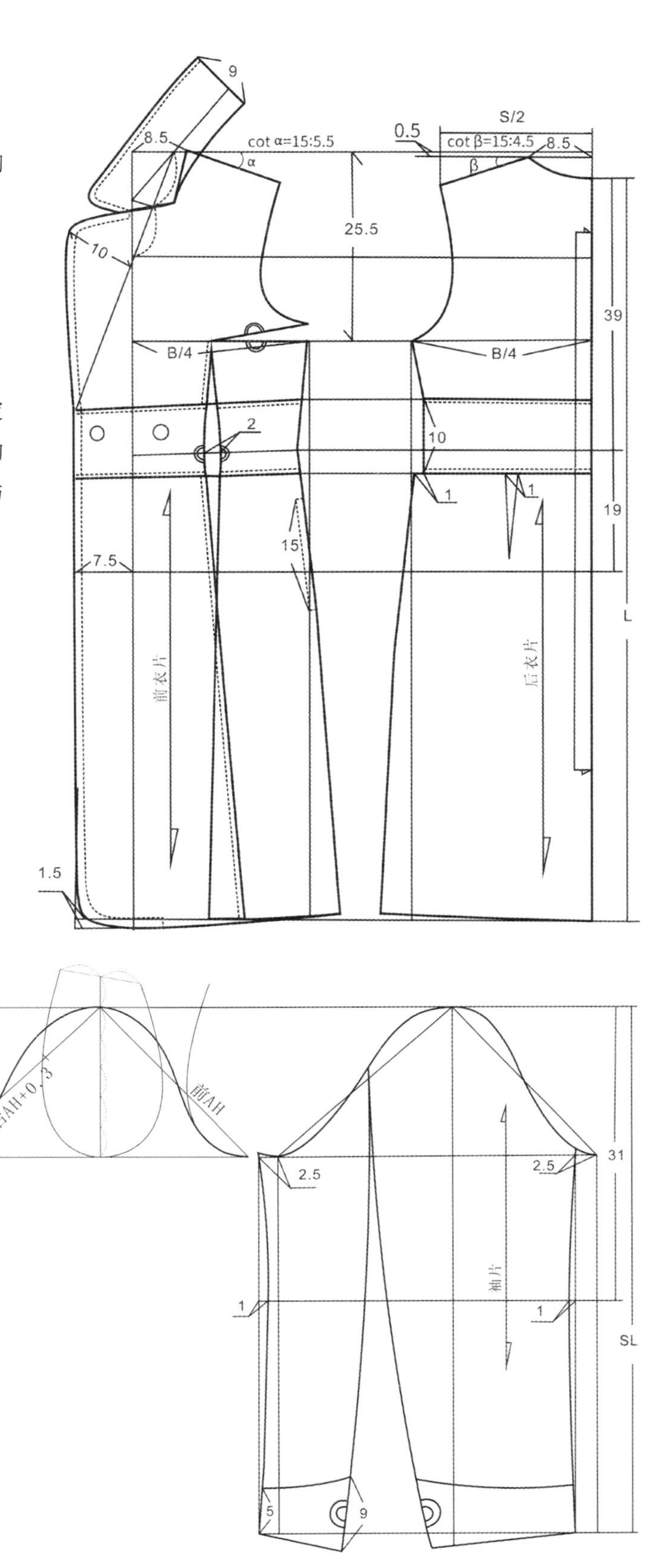

图 6-13　时尚设计款一的结构图（单位：cm）

二、时尚设计款二

1. 款式说明（图 6-14）

此款为插肩袖宽松女大衣。四开身结构，暗门襟，装拉链，前中平摆；前身侧缝装直插袋；后身背部装盖布；两片式插肩袖，袖口装翻袖口；风衣式登领，翻领略大；装全夹，敷黏合衬。此款可采用毛纺类面料制作，适合春秋季穿着。

2. 规格设计（表 6-8）

表 6-8 规格设计（单位：cm）

号型	后衣长（L）	胸围（B）	腰围（W）	臀围（H）	肩宽（S）	袖长（SL）	袖口围（CW）
160/84A	57	92	76	96	37	59	25

3. 结构分析

（1）先做出四开身结构基本型。

（2）前片胸围为B/4，将胸凸量直接在袖窿里处理。

（3）后片胸围为B/4，确定后片肩背盖布的位置。

（4）插肩袖，在前后衣片中绘制袖子，后袖袖中线倾斜角大于前袖袖中线倾斜角，使袖子达到向前偏的目的。

（5）暗门襟，前门襟装拉链，右挂面叠门 3cm 处破开，将拉链装在前中，拉链尾部装至离衣摆 20cm 处，拉链头部装至翻折线的高度，左门襟装在门襟止口处。

4. 结构设计（图 6-15）

图 6-14　时尚设计款二的款式图

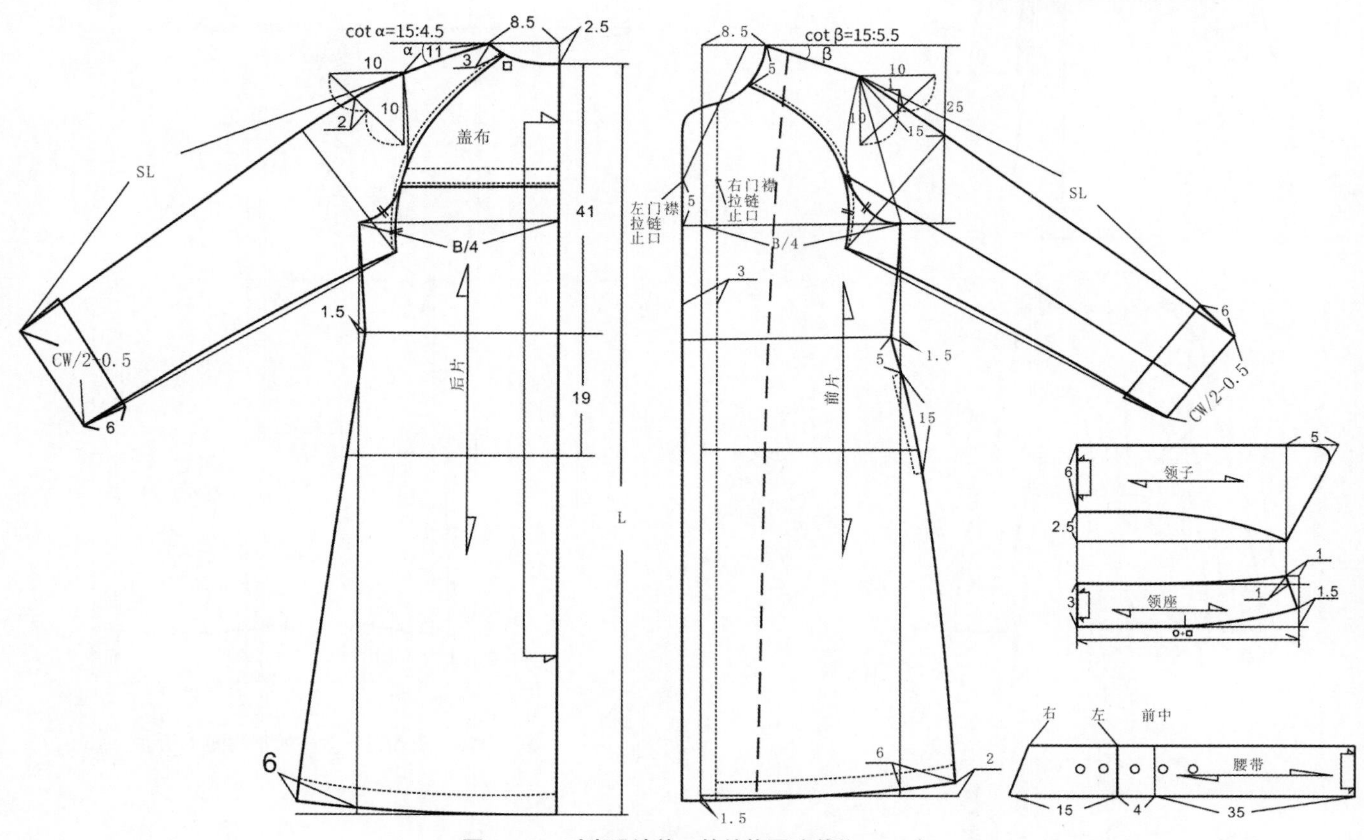

图 6-15　时尚设计款二的结构图（单位：cm）

三、时尚设计款三

1. 款式说明（图 6-16）

此款为双层翻驳领合体女大衣。四开身结构，双排两粒扣，前中下衣摆为直摆；腰围横向分割将大衣分成上下两部分；上衣有L型分割，前片左右各有两个胸腰省，后中破缝，后背装盖布；腰以下前片左右各有5个褶裥，装斜插袋，后中有一个工字褶，左右各收两个褶裥；无袖，装袖窿贴边；双层翻驳领，翻领略大；离下摆10cm处有横向分割；装全夹，敷黏合衬。此款可采用毛纺类面料制作，适合春秋季穿着。

2. 规格设计（表 6-9）

表 6-9 规格设计（单位：cm）

号型	后衣长（L）	胸围（B）	腰围（W）	臀围（H）	肩宽（S）	背长
160/84A	96	96	82	100	37	39

3. 结构分析

（1）先做出四开身结构基本型。

（2）前片胸围为B/4+X（X为后身片后中与分割线的空余量），确定前片分割线的位置，将胸凸量的1/3转到领口省，2/3转到胸腰省。

（3）后片胸围为B/4，确定后片肩背盖布的位置。

（4）无袖，装袖窿贴边。

（5）双层翻驳领，将领子夹装在领口省内。

4. 结构设计（图 6-17）

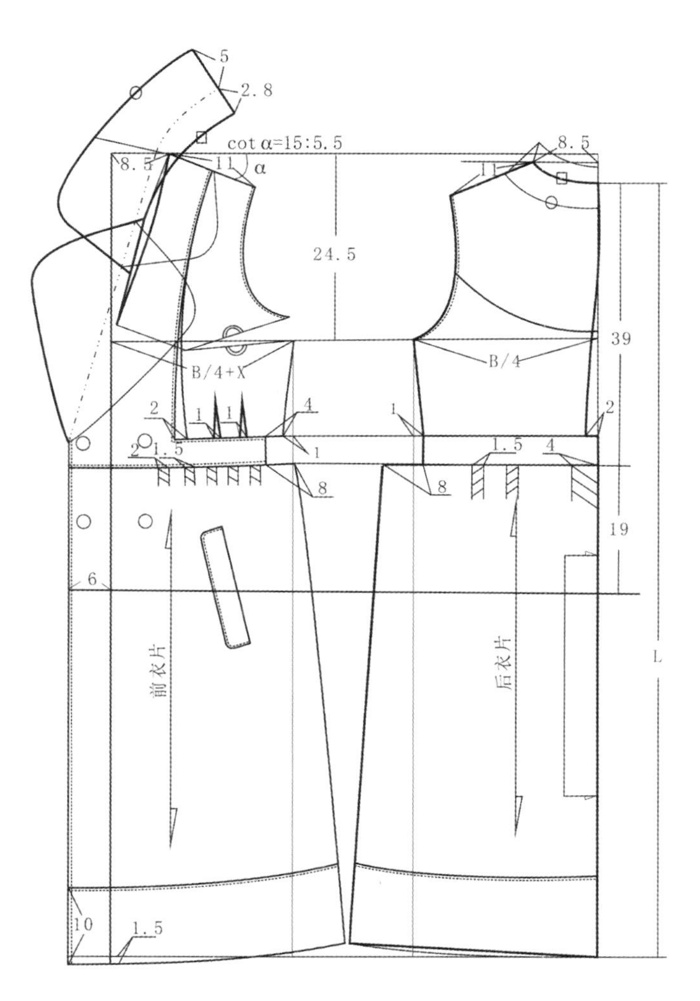

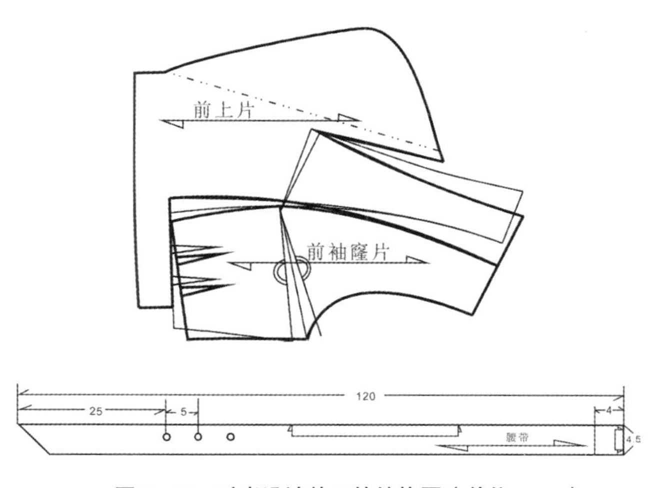

图 6-17 时尚设计款三的结构图（单位：cm）

图 6-16 时尚设计款三的款式图

四、时尚设计款四

1. 款式说明（图 6-18）

此款为连帽落肩式宽松女大衣。四开身结构，双排四粒扣，前中直摆；前身腰部左右各贴一个圆角大贴袋；后身后中破缝；大落肩；一片袖；衣身连帽。此款可采用双面羊绒面料制作，适合初春或深秋季穿着。

2. 规格设计（表 6-10）

表 6-10 规格设计（单位：cm）

号型	后衣长（L）	胸围（B）	落肩	袖长（SL）	袖口围（CW）
160/84A	120	120	13	59	36

3. 结构分析

（1）先做出四开身结构基本型。

（2）前片胸围为 B/4，将胸凸量转移到前中心，增加前片的横开领口与前肩斜量，确定口袋的位置。

（3）后片胸围为 B/4，后中心线向外偏出 2cm，增加下摆的围度。

（4）大落肩袖，前片落肩倾斜度为比后片落肩倾斜度稍大，使袖子向前偏；采用合体一片袖的结构，袖长、袖山高要减去落肩量。

（5）帽子结构，帽子与前衣片相连。

4. 结构设计（图 6-19）

图 6-18　时尚设计款四的款式图

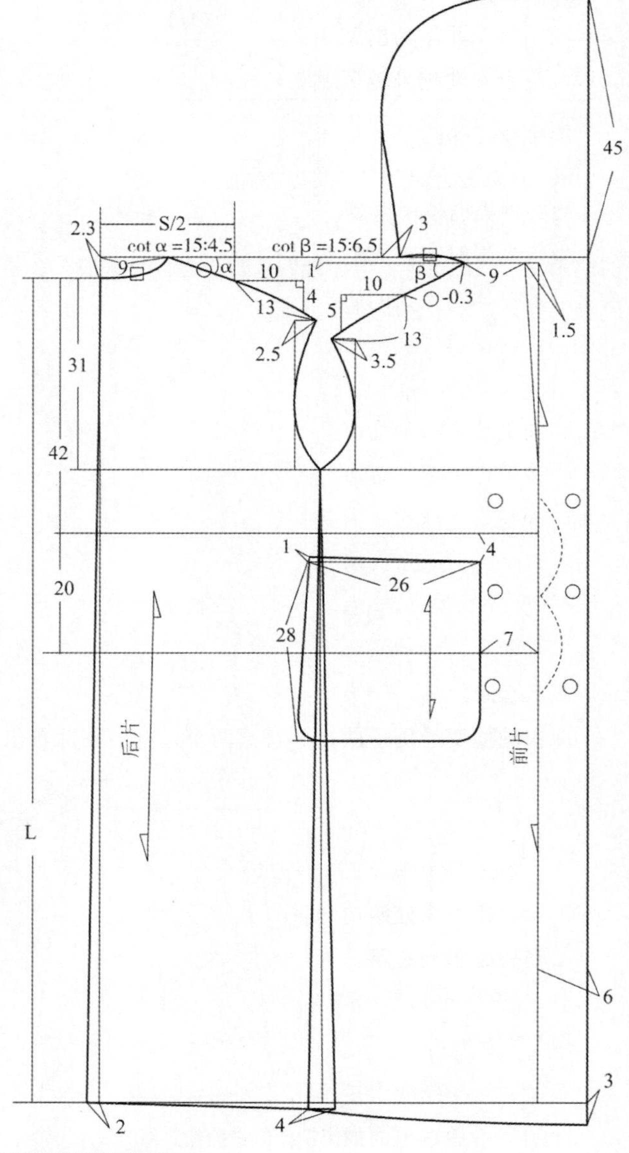

图 6-19　时尚设计款四的结构图

模块三 连体装样板设计与制作

项目一 连衣裙样板设计与制作

过程一 连衣裙基础知识

自古以来连衣裙都是最常用的服装之一。中国古代上衣与下裳相连的深衣，古埃及、古希腊及两河流域的束腰衣，都具有连衣裙的基本形制。

在欧洲，到第一次世界大战前，连衣裙一直是妇女服装的主流，并作为出席各种礼仪场合的正式服装。一战后，由于女性越来越多地参与社会工作，衣服的种类不再局限于连衣裙，但仍作为一种重要的服装。对礼服来说，大多还是以连衣裙的形式出现。随着时代的发展，连衣裙的种类也越来越多。

中国先秦时代，人们普遍穿深衣，它可看作是连衣裙的一种变体。元代的质孙服，下裙如百褶裙。但整体来说，连衣裙的样式在中国古代较为少见。近代，西式连衣裙传入中国，连衣裙成为中国人常穿着的服装之一。

深衣是汉承秦制的服装款式之一，其实就是将上衣与下裳接缝在一起，有点类似于今天的连衣裙。由于其被体深邃，故名深衣。需要补充说明的是，古代的下裳与现今妇女穿的裙子有所不同，它有点像后世的围裙。当然在下裳的里面仍穿有裤子，这种裤子无裤裆也无裤腰，只有两个用带子系在腰间的裤管，而人体阴私处全靠下裳来遮掩。

深衣的演变经历了曲裾和直裾两个过程。在深衣出现之前，人们的衣服分为上下两截，即上衣和下裳。衣、裳和里面的裤，三者各司其职，衣襟与裳裾（下摆）各不相干。后来由于深衣去掉了围裙，下体部分就不容易处理了：如在下摆处两边开衩，就难免春光乍现；若不开衩，则势必影响走路。为解决这个矛盾，古人想出了“曲裾”相掩的办法，也就是将衣襟接长，形成三角，穿着时将其绕在身后，用带子系结，从背后看上去就像一个燕尾。这样既便于走路，又无露体之虞。当人们的内裤得到完善后，进而发展为“直裾”。与传统的上衣下裳相比，这种深衣的穿着要简便多了，而且也更加适体。所以，在先秦时期它是诸侯、大夫、士人的家居服，同时也是一般庶人的礼服。

连衣裙，是指吊带背心和裙子连在一起的服装，属于裙装的一类。连衣裙在各种款式造型中被誉为“时尚皇后”，是变化莫测、种类最多、最受青睐的款式。

连衣裙是一个品种的总称，有各种样式。根据穿着对象的不同，可有童式连衣裙和成人连衣裙。连衣裙还可以根据造型的需要，形成各种不同的轮廓和腰线位置。

旗袍是连衣裙的中国式表现。《花样年华》中身着旗袍的张曼玉将柔美又略带忧伤气质的少妇形象表现得淋漓尽致。

一、连衣裙的分类

按穿着用途和方法，连衣裙可有多种分类。如从结构上分可分为有腰线和无腰线连衣裙。但这样的分类仅仅是简单的划分，在具体的纸样操作中还需要根据款式进行细节分析。

1. 按结构分类

可分为有腰线连衣裙（图 7-1）、无腰线连衣裙（图 7-2）。

（1）有腰线连衣裙：腰部有横向断缝的连衣裙，其设计重点在腰线。根据腰分割线高低，可分为一般腰线连衣裙、高腰连衣裙、低腰连衣裙。

（2）无腰线连衣裙：腰部无横向断缝的连衣裙。其包括衬衫型、紧身型、带公主线型（有从肩部到下摆的竖破缝线）和帐篷型（直接从上部就开始宽松）等。

紧身型，是比直筒型还要合体的连衣裙，裙子的侧缝线是自然下落的直线形。

带公主线型，是利用从肩部到下摆的竖破缝线，体现曲线美的连衣裙。它强调收腰、宽摆。像公主线和刀背线，这样在纵向放入的破缝线，易于适合体型，也易于造出好的形状和立体感。

帐篷型，有直接从上部就开始宽松、扩展的形状，也有从胸部以下开始朝下摆扩展的形状。

2. 按廓形分类（图 7-3）

可分为 A 型、H 型、X 型、O 型。

二、连衣裙各部位尺寸设计原理

连衣裙的主要控制部位包括围度、宽度、长度，如裙长、肩宽、袖长、腰节长、胸围、腰围、臀围、裙摆等。一般可以通过人体测量、实物测量、查表计算三种方法来获取连衣裙各部位的尺寸。

1. 实物测量尺寸

方法同女衬衫。

2. 人体测量尺寸

方法同女衬衫。

图 7-1　有腰线连衣裙分类

图 7-2　无腰线连衣裙

图 7-3　连衣裙按廓形分类

3. 连衣裙放松量设计（表 7-1）

表 7–1 连衣裙放松量设计

部位	合体型放松量	宽松型放松量
衣长（后中）	0.5 ~ 1cm （工艺损耗量）	0.5 ~ 1cm （工艺损耗量）
胸围	4 ~ 8cm	12cm
腰围	比放量后胸围 小 14 ~ 18cm	比放量后胸围 小 10 ~ 14cm
臀围	比放量后胸围 大 3 ~ 5cm	大于或等于胸围
肩宽	0cm （无袖款可宽可窄）	0.5 ~ 1cm（春夏）
袖长	0.5cm （工艺损耗量）	0.5cm （工艺损耗量）
后腰节长	−0.5 ~ 0.5cm	0.5 ~ 1cm
袖口	28 ~ 32cm（短袖） 22 ~ 26cm（长袖）	32cm 以上（短袖） 26cm 以上（长袖）

注：以上各部位的松量配比为基本款连衣裙的松量配比，不包括一些特殊（如喇叭袖）部位设计款的松量配比。操作时应根据具体款式作出具体处理。

连衣裙的款式变化多端，以上的松量配比只适用于一些变化不是很大的时装，实际操作中应根据具体款式作相应的调整。

4. 旗袍放松量设计（表 7-2）

表 7–2 旗袍放松量设计

部位	一般旗袍放松量	棉旗袍放松量
衣长（后中）	0.5 ~ 1cm （工艺损耗量）	0.5 ~ 1cm （工艺损耗量）
胸围	4 ~ 6cm	8 ~ 10cm
腰围	6 ~ 8cm	10 ~ 12cm
臀围	4 ~ 6cm	8 ~ 10cm
肩宽	0cm	0.5 ~ 1cm
袖长	0.5cm （工艺损耗量）	0.5cm （工艺损耗量）

5. 连衣裙袖窿、袖山高、袖肥和吃势的参考尺寸（表 7-3）

表 7–3 连衣裙袖窿、袖山高、袖肥和吃势参考（单位：cm）

款式	袖窿	袖山高	袖肥	吃势量
合体型	41 ~ 43	14 ~ 16	31 ~ 33	1 ~ 2
宽松型	47 ~ 49	12 ~ 14	37 ~ 40	0 ~ 1

注：实际生产中服装的加放量要根据款式、面料的厚薄、性能等来合理选择放松量。袖子的加放量还要考虑袖子的造型。

6. 连衣裙袖窿与袖山高的关系

（1）合体型连衣裙袖窿与袖山高的关系（图 7-4）。

（2）宽松型连衣裙袖窿与袖山高的关系（图 7-5）。

7. 连衣裙的标准尺码参照表（表 7-4）

表 7–4 连衣裙的标准尺码参照表（单位：cm）

规格	全长	上衣长	胸围	肩宽	短袖长
150/78	94	38	90	37.4	18
155/81	97	39	93	38.3	19
160/84	100	40	96	39.2	20
165/87	103	41	99	40.1	21
170/90	106	42	102	41	22

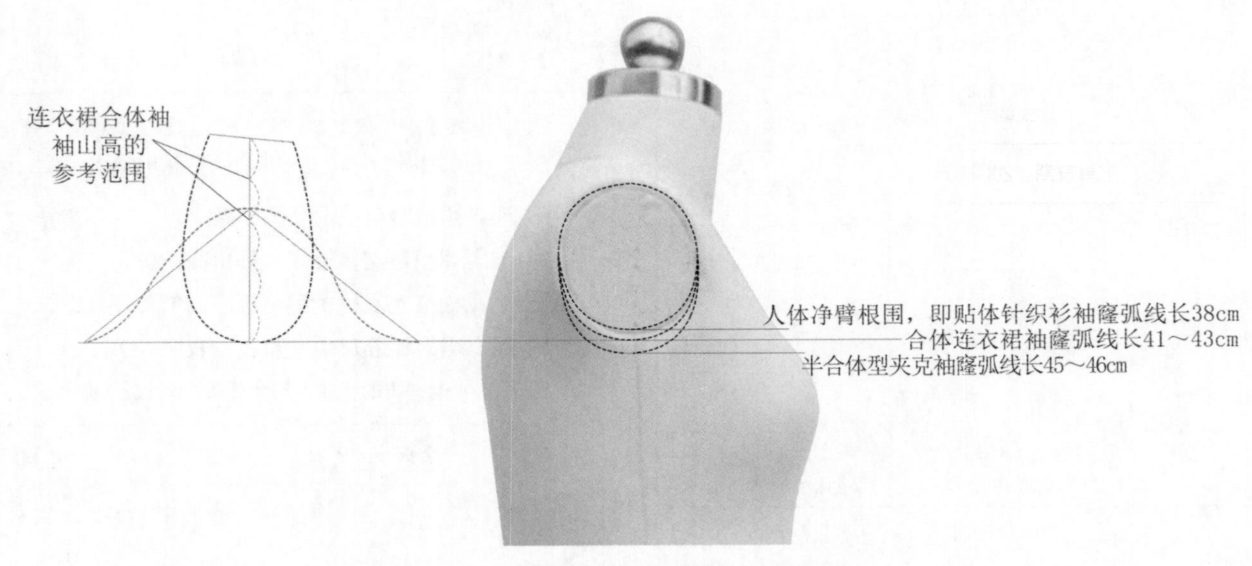

图 7-4　合体型连衣裙袖窿与袖山高的关系

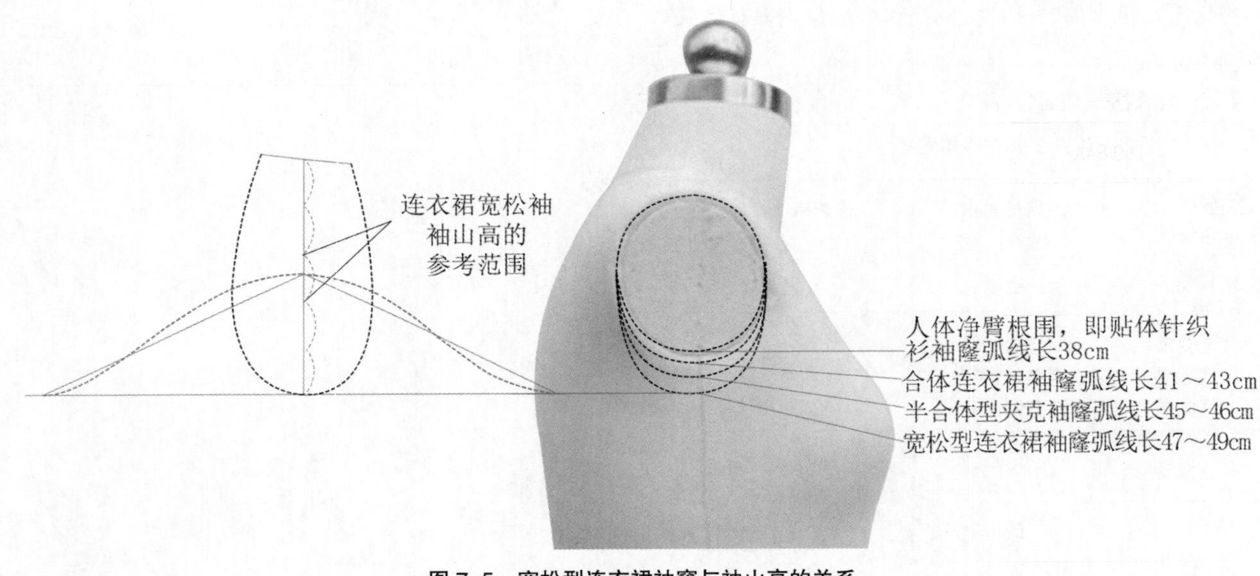

图 7-5　宽松型连衣裙袖窿与袖山高的关系

过程二　连衣裙基础款样板设计与制作

一、款式分析

1. 样衣生产单设计（表 7-5）

表 7-5 样衣生产单

<table>
<tr><td colspan="6">样衣生产单</td></tr>
<tr><td colspan="3">款式编号：LYQ-20200007</td><td colspan="3">名称：A 型连衣裙</td></tr>
<tr><td colspan="2">下单日期：2020.03.05</td><td colspan="2">完成日期：2020.06.10</td><td colspan="2">规格表（单位：cm）</td></tr>
<tr><td colspan="6">款式图
正面　背面
款式说明：宽松 A 型连衣裙；U 字圆领，领口装荷叶边；前身两道纵向分割；后身做育克，后中抽细褶；
裙摆略微张开；采用小型的盖肩袖。</td></tr>
<tr><td>号型</td><td>后衣长</td><td colspan="2">胸围</td><td>肩宽</td><td>袖长</td></tr>
<tr><td>160/84A</td><td>95</td><td colspan="2">104</td><td>37</td><td>10</td></tr>
<tr><td colspan="3">面辅料：
配色涤纶线</td><td colspan="3" rowspan="3">工艺要求：
1. 平针车针距为 15 针 /3cm；
2. 各部位缝制线路顺直、整齐、牢固；
3. 上下线松紧适宜，无跳线、断线、脱线、连根线头，底线不得外露；
4. 平领荷叶边，设计加入了一些波浪量，领片单层，外口微呈波浪形；
5. 盖肩袖：袖山弧线至前后腋点位置</td></tr>
<tr><td colspan="3">粘衬部位：领口贴片、袖窿贴片</td></tr>
<tr><td colspan="3">裁剪要求：
1. 注意裁片色差、色条、破损；
2. 经向顺直，不允许有偏差；
3. 裁片准确，二层相符；
4. 注意对条对格</td></tr>
<tr><td colspan="3">印、绣花：无</td><td colspan="3">后整理要求：普洗</td></tr>
<tr><td>设计：*****</td><td colspan="2">制板：*****</td><td colspan="2">样衣：</td><td>日期：</td></tr>
</table>

2. 款式造型、结构、工艺特点分析

这款A型宽松连衣裙，属于弱化人体曲线的松身造型，较大的圆领低至胸围线以下，胸凸量、省量可以省略到宽松的袖窿当中，在领口和后背加入宽松的设计量，裙摆略微张开。平领设计，加入了一些波浪量，领片单层，外口微呈波浪形。采用小型的盖肩袖，袖山弧线至前后腋点位置。单层领片的外口采用密拷，或者两折折光后用卷边压脚缉压0.1cm宽的明线，外口斜丝容易拉还，在缝制时送布要顺，切忌拉布。领口、袖窿贴边均需粘衬，缝份倒向贴边后压0.1cm宽的明线固定。盖袖袖口放缝1.5cm，两折折光后缉压1cm宽的明线。注意袖山弧线夹入衣片与袖窿贴边之间。袋口需粘宽度约4cm的黏合衬以固定袋口形态，袋口不需要压明线。裙摆底边放缝3.5cm，两折折光后缉压3cm宽的明线。

3. 选定面料与制定规格

1）面料选用

根据样衣生产单款式的设计效果，该款连衣裙拟选用涤棉面料制作试样。

2）样衣规格制定

以国家服装号型标准女子（160/84A）体型，为样衣规格设计对象，结合款型特点及面料性能，样衣规格制定如下：

①后衣长：后领中至臀围线长+40cm（衣长加长量）=56cm+40cm=96cm；

②胸围：净胸围+20cm（胸围放松量加褶裥量）=84cm+20cm=104cm；

③肩宽：净肩宽-2.4cm（飞袖肩宽减少量）=38.4cm-2.4cm=37cm；

④袖长：10cm。

以上尺寸归纳见表7-6。

表7-6 样衣规格表（单位：cm）

号型	后衣长（L）	胸围（B）	肩宽（S）	袖长（SL）	背长
160/84A	96	104	37	10	39
允许偏差	1.0	1.5	0.6	0.6	0.6

3）制板规格制定

在连衣裙的缝制工艺中，拟定的样衣规格会受到缝制及后道整烫等环节的影响，为了保证样衣规格符合要求，制板规格的制定应考虑以上影响因素。假设涤棉面料的经向缩率为1.5%，纬向缩率为 1.0%，M号的初板结构制图规格如下：

①后衣长＝96×（1+1.5%）≈97cm；

②胸围＝104×（1+1.0%）≈105cm；

③肩宽＝37×（1+1.0%）≈37.4cm，取37.5cm；

④袖长＝10×（1+1.5%）≈10.2cm，取10.5cm；

⑤背长＝37×（1+1.5%）≈37.6cm，取37.5cm；

以上初板规格归纳见表7-7。

表7-7 制板规格表（单位：cm）

号型	后衣长（L）	胸围（B）	肩宽（S）	袖长（SL）	背长
160/84A	97	105	37.5	10.5	37.5
允许偏差	1.0	1.5	0.6	0.6	0.6

二、初板设计

1. 连衣裙结构设计（图7-6）

结构设计要点：

（1）大圆形领口：这款连衣裙大圆领的直开领口较深，低至BP点向下4cm处。大圆领领圈贴边的纸样要在两端稍作缩短，以防止领圈拉还。这种领圈适合无袖或者小型的袖片，因为大型的袖片会使得较大的领圈因受力而变形。

（2）平领领片：合并前、后片小肩线，画出所需要的平领领片形状。这款领子几乎没有领座量，所以前、后片肩线不需要重叠量。从领子外口向领底线剪切，然后展开四处，共6cm左右的波浪量。

（3）盖肩袖：盖肩袖的效果有些类似飞袖，所以衣身的肩宽也要相应缩小（肩宽减少2～3cm）。小肩线留5cm的宽度，袖长10cm，袖山高8cm，袖山中点左右3cm处把袖山头弧线处理为平线，向下的袖山弧线也较平，袖山弧线的终点截止在衣片的前后腋点，约为袖窿弧线的1/2处。这种袖子不需要太长，仅仅盖住手臂最上端的三角肌即可，袖窿底部按照无袖来设计制作。

（4）胸凸省的处理：这款连衣裙的造型偏向轻松随意的风格，不需要太过凸显人体曲线，所以将胸凸省量全部处理为袖窿松量，得到较宽松的袖窿造型。

（5）加放围度的设计量：在后中线的位置直接放出5cm，使衣身更加宽松。这种放量是上下一起加放的，所以裙摆也会有所增加。

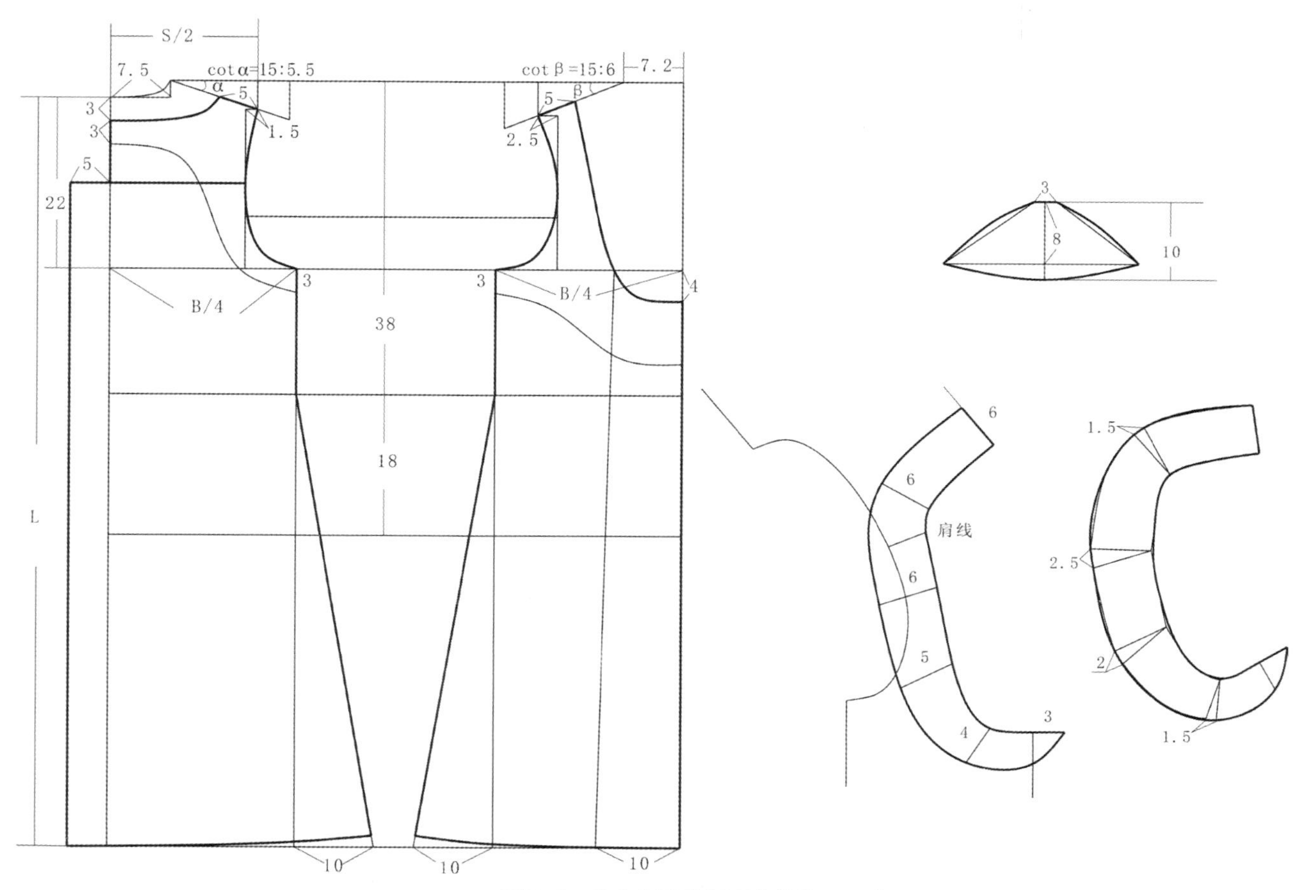

图 7-6 连衣裙结构制图（单位：cm）

2. 面料样板制作（图 7-7）

（1）放缝要点：

①常规情况下，衣身分割线、肩缝、侧缝、袖缝的缝份为 1 ～ 1.5cm；袖窿、袖山、领圈等弧线部位缝份为 0.6 ～ 1cm。

②领口和袖口贴边宽为 3 ～ 4cm。

③放缝时弧线部分的端角要保持与净缝线垂直。

④裙摆放 2.5cm。

（2）样板标识：

①样板上做好丝缕线标注，写上样片名称、裁片数、号型等，不对称裁片应标明上下、左右、正反等信息。

②标注好定位、对位等相关剪口记号。

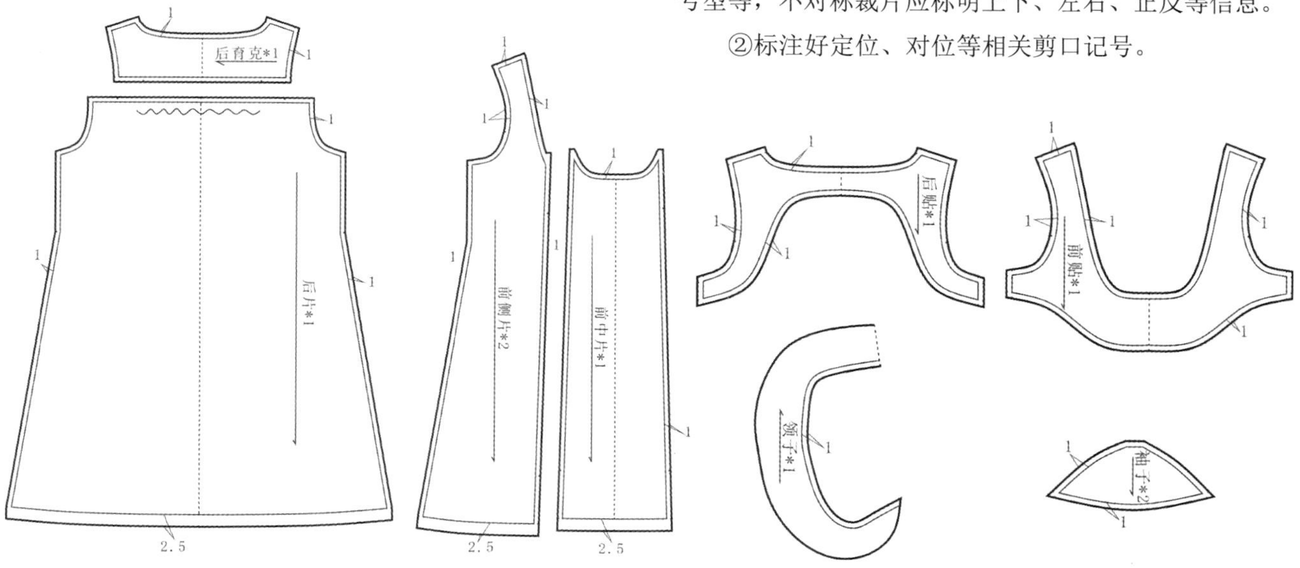

图 7-7 连衣裙样板放缝图（单位：cm）

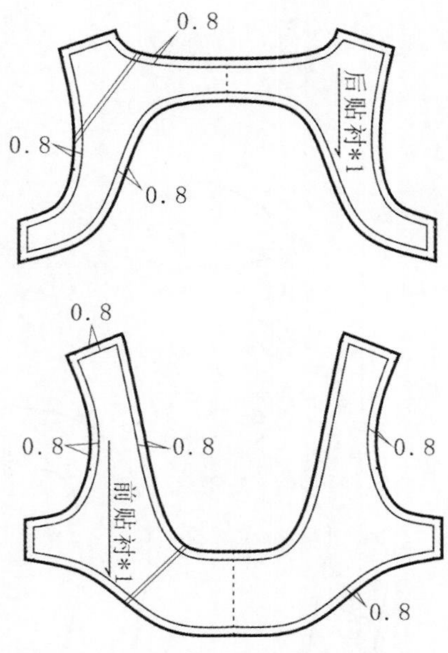

图 7-8　连衣裙粘衬样板（单位：cm）

3. 粘衬样板制作（图 7-8）

配置要点：

此款连衣裙粘衬部位是前、后贴片，粘衬样板各边都放 0.8cm，衬样同面样板一样，要做好丝缕线及文字标注。

三、初板确认

1. 坯样试制

1）排料、裁剪（图 7-9）

参照中华人民共和国纺织行业标准 FZ/T 81004—2012 里连衣裙、裙套标准中对于经纬纱向及对条对格的规定。排料、裁剪时的注意点同模块一项目一中的女裙。

2）坯样缝制

坯样的缝制应参照样板要求和设计意愿，特别是在缝制过程中缝份大小应严格按照样板操作。同时，还应参照中华人民共和国纺织行业标准 FZ/T 81004—2012 中连衣裙、裙套的质量标准。标准中关于服装缝制的技术规定有以下几项：

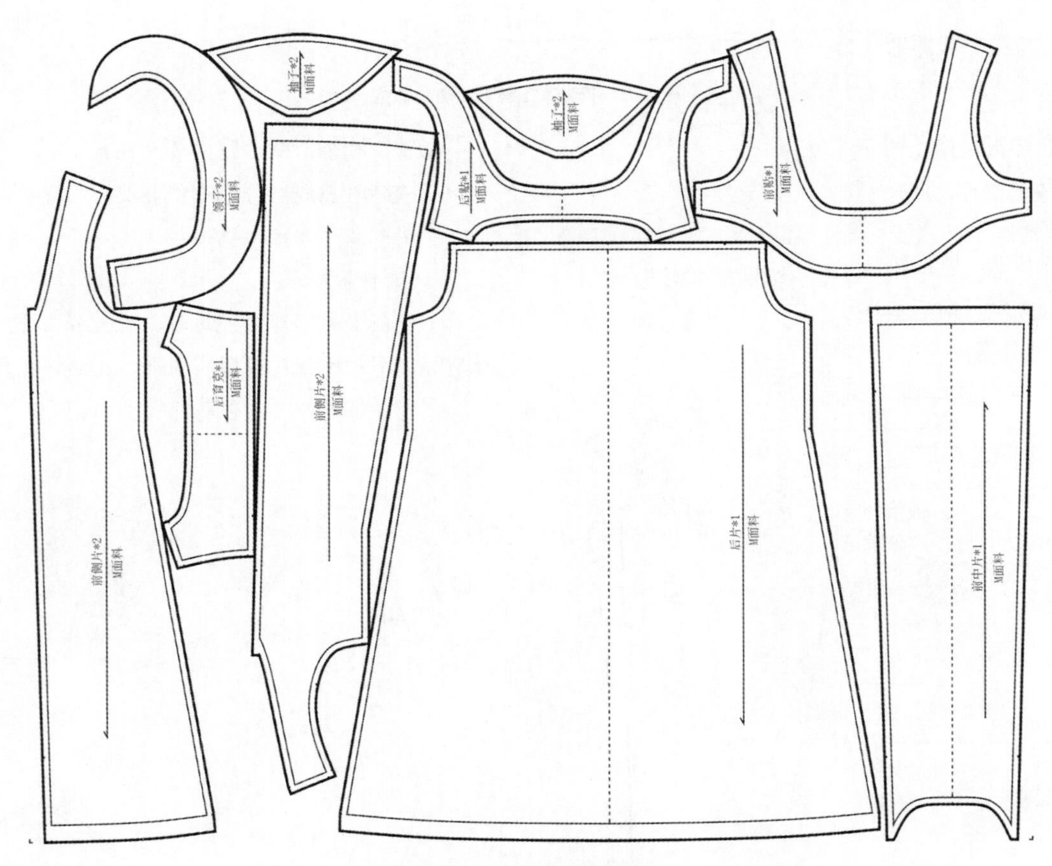

图 7-9　连衣裙排料图

（1）缝制质量要求：

①针距密度规定见表 7-8。

表 7-8 针距密度表

项目		针距密度	备注
明暗线	细线	不少于 12 针 /3cm	特殊需要除外
	粗线	不少于 9 针 /3cm	
包缝线		不少于 9 针 /3cm	—
手工针		不少于 7 针 /3cm	肩缝、袖窿、领子不少于 9 针 /3cm
三角针		不少于 5 针 /3cm	以单面计算
锁眼	细线	不少于 12 针 /1cm	—
	粗线	不少于 9 针 /1cm	—
钉扣	细线	每眼不少于 8 根线	缠脚线高度与止口厚度相适应
	粗线	每眼不少于 6 根线	

注：细线指 20tex 及以下缝纫线；粗线指 20tex 以上缝纫线。

②各部位缝制线路顺直、整齐、牢固。

③缝份宽度不小于 0.8cm（开袋、门襟、止口等除外），起落针处应有回针。

④上下线松紧适宜，无跳线、断线、脱线、连根线头，底线不得外露。

⑤腰口伏贴，腰面松紧适应。

⑥绱袖圆顺，前后基本一致。

（2）外观质量规定见表 7-9。

表 7-9 外观质量规定

部位名称	外观质量规定
波浪领	波浪外口缉线伏贴、不起链，波浪自然、波浪大小一致
止口	顺直平挺，不搅不豁，两圆头大小一致
后省抽细褶	左右对称，抽细褶均匀
肩	肩部伏贴，表面没有褶，肩缝顺直，左右对称
袖	绱袖圆顺，吃势均匀，两袖前后要长短一致
裙摆	裙摆平整，高低一致，不起扭

（3）缝制工艺流程：检查裁片—拼前片分割线—后片抽细褶—拼后育克—拼肩缝—拷边—领子外口密拷—装领—装前后贴—卷裙摆—整理、整烫。

按以上的工序和要求完成坯样缝制。

2. 坯样确认与样板修正

坯样确认和样板修正的方法同女裙。该款连衣裙应特别注意明缉线的针距、线迹及裙子后身细褶量的适宜和分布均匀。

过程三　时尚连衣裙样板设计与制作

一、时尚设计款一

1. 款式说明（图 7-10）

此连衣裙为无袖、无领、低腰设计，衣身合体，腰围线下横向分割，分割线以下为缩褶造型。前片有三条分割线，一条是经过肩斜线、胸点的弧线分割，另两条是经过公主线的纵向分割。弧线分割处的缝份外露，用密拷的方式起装饰作用，弧线分割线上下两部分使用不同面料，使服装有层次感。后片也有三条主要分割线，一条是类似海军领造型的横向分割线，另两条是经过公主线的纵向分割线。与前片相同，分割线处的缝份外露，并用密拷的方式起装饰作用，分割线上下两部分使用不同面料。此款连衣裙适合使用柔软的棉质面料制作。

图 7-10　时尚设计款一的款式图

2. 规格设计（表 7-10）

表 7–10 规格设计（单位：cm）

号型	后裙长（L）	胸围（B）	腰围（W）	肩宽（S）	背长
160/84A	88	90	72	37	38

3. 结构分析

（1）先做出连衣裙基本型框架。

（2）前片胸围为 B/4，确定前片横向分割线的位置，将胸凸量转移到袖窿处。前上片叠门设置为 2cm，钉 3 粒纽扣。

（3）后片胸围为 B/4，确定后片的育克的位置。

（4）袖子为泡泡袖，根据款式特征做出袖子的泡量，一般在基础袖山高上抬高 5 ～ 6cm，做出新的袖山弧线，将袖山弧线多余的量作为细褶量。

（5）无领，开大横开领口与直开领口，装领贴。

（6）腰围以下 10cm 处横向分割，横向分割线以下前、后片各拉开 8cm 作为细褶量。

4. 结构设计（图 7-11）

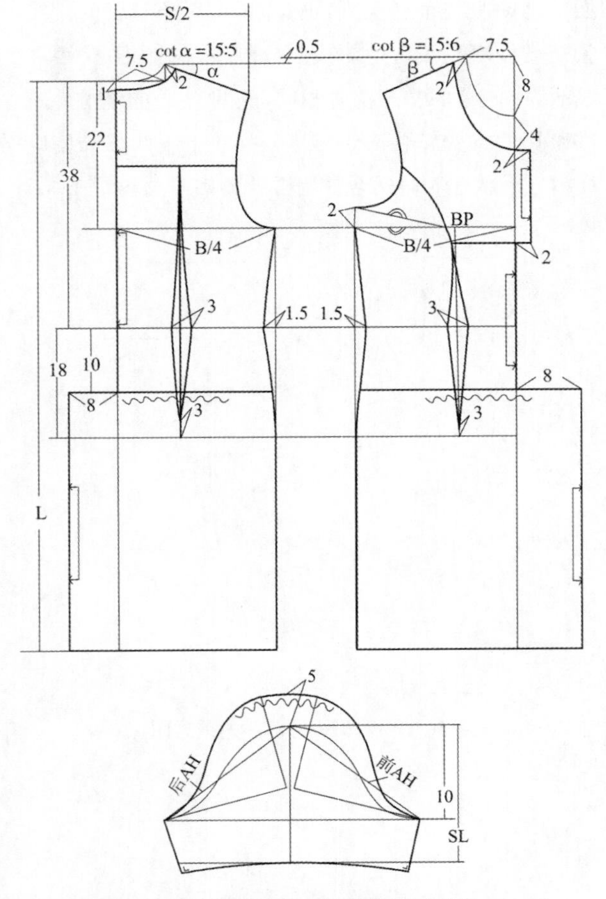

图 7–11　时尚设计款一的结构图（单位：cm）

二、时尚设计款二

1. 款式说明（图 7-12）

此款为紧身收腰 X 型礼服式连衣裙。立领；无袖；腰围处横向分割，从正面看上衣前身腰围处，左右各收两个褶裥且倒向前中；上衣后身设公主分割线；下裙为太阳裙，裙摆做三折光卷边；后中装隐形拉链，装至臀围线下 2cm 处；侧缝腰围线上下 5cm 处左右各夹有一根腰带，绕过前身且在后中处系一个蝴蝶结。此款礼服可选用真丝顺纡绉面料制作。

2. 规格设计（表 7-11）

表 7–11 规格设计（单位：cm）

号型	后裙长（L）	背长	裙摆	胸围（B）	腰围（W）
160/84A	58	37	208	86	72

3. 结构分析

（1）先做出连衣裙基本型。

（2）前片胸围为 B/4+0.5cm，将前胸凸量与胸腰省量合并作腰围左右各 2 个褶裥的量，确定褶裥的位置。做出露肩袖窿的造型，做出前贴片。

（3）后片胸围为 B/4-0.5cm，确定分割线的位置。做出露肩袖窿的造型，做出后贴片。

（4）立领，领高 3.5cm，装领线长与前、后领圈弧线长相等。

（5）腰围线以下为太阳裙，腰围尺寸与上衣尺寸匹配，做出起翘量，确定裙摆的弧线。

图 7–12　时尚设计款二的款式图

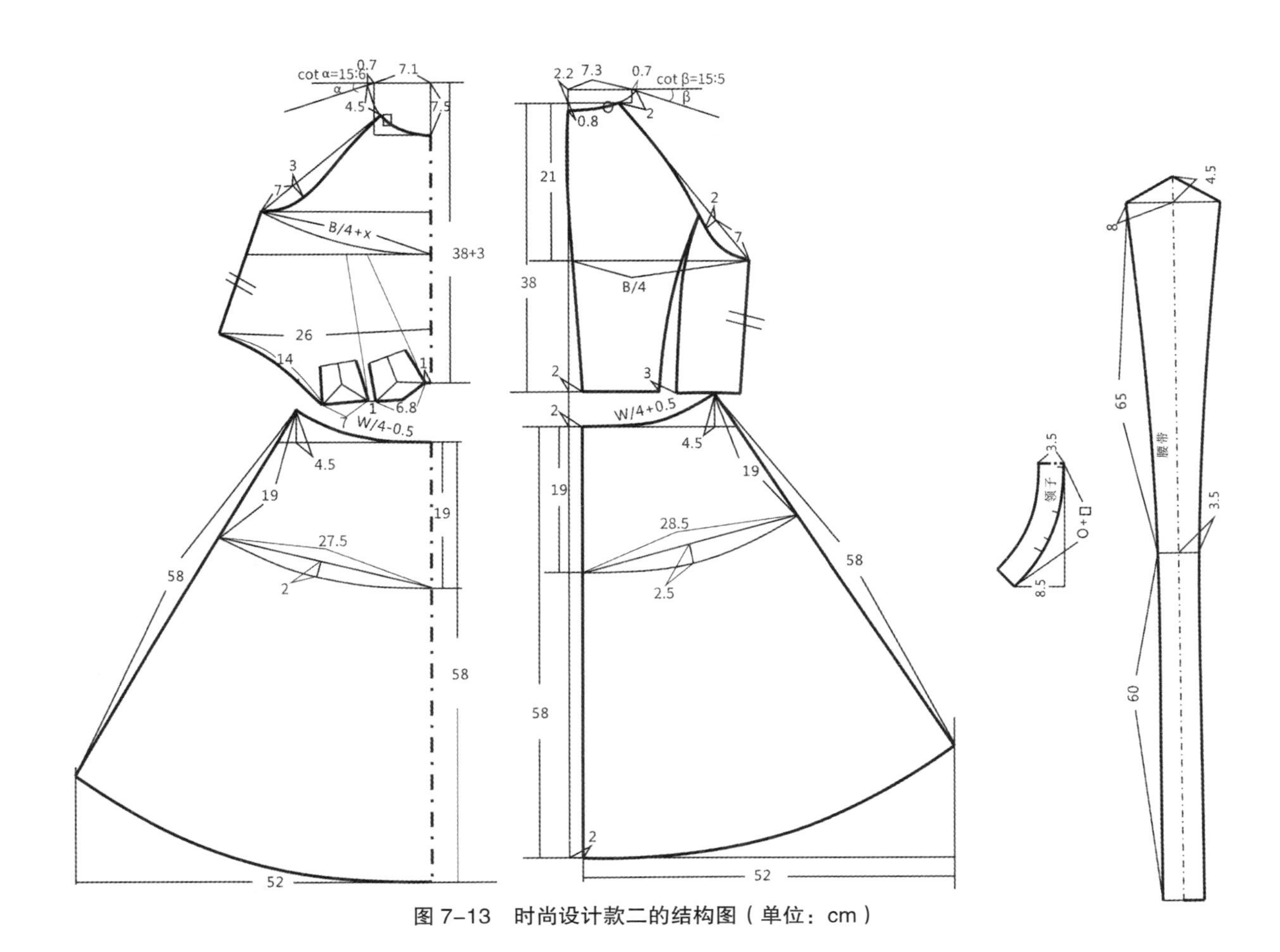

图 7-13　时尚设计款二的结构图（单位：cm）

4. 结构设计（图 7-13）

三、时尚设计款三

1. 款式说明（图 7-14）

这款连衣裙的特色是立体袖子造型，即在袖山头做出一个大的余量，作为产生垂坠的装饰量。成品若采用柔软的针织面料制作，袖子的垂坠效果会显得更加自然圆顺。裙片衣身做几何形分割线，将胸凸省转移至分割线内，不收腰，下摆略展开，整体造型宽松舒适。V字形无领，领圈靠近颈根围，目的是弱化领部造型，凸显袖子的特色。本款连衣裙的工艺难点主要是袖山的缝制。因为袖山的褶裥较复杂，先将中间的大褶在反面缝合，翻转后再进行装袖，袖山褶裥对位时需要严格按照对位记号来确认位置。

2. 规格设计（表 7-12）

表 7-12 规格设计（单位：cm）

号型	后裙长（L）	胸围（B）	腰围（W）	肩宽（S）	背长
160/84A	72	98	60	37	38

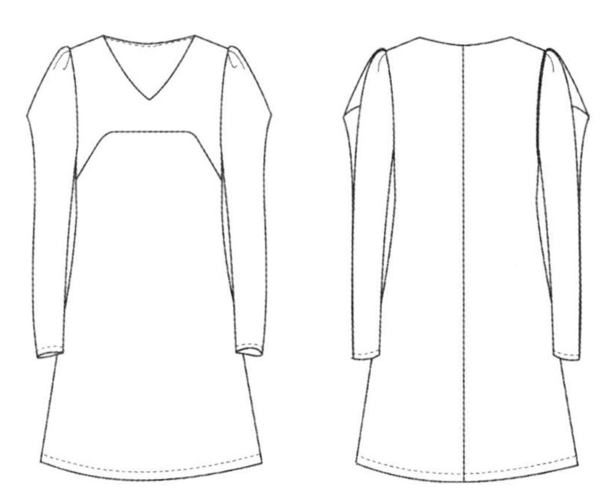

图 7-14　时尚设计款三的款式图（单位：cm）

3. 结构分析

（1）先做出连衣裙基本型。

（2）前片胸围为B/4，确定前片腋下分割线的位置，将胸凸量转移到分割线处。

（3）后片胸围为B/4，后中破缝。

（4）立体袖子造型，袖子从袖山剪开至袖肘线的位置，共展开36cm的量，其中28cm为在袖山头做出一个大的余量，即产生垂坠的装饰量，8cm作为袖子的褶裥量。

（5）无领，开大横开领与直开领口，做出V字领造型，装领贴。

4. 结构设计（图 7-15）

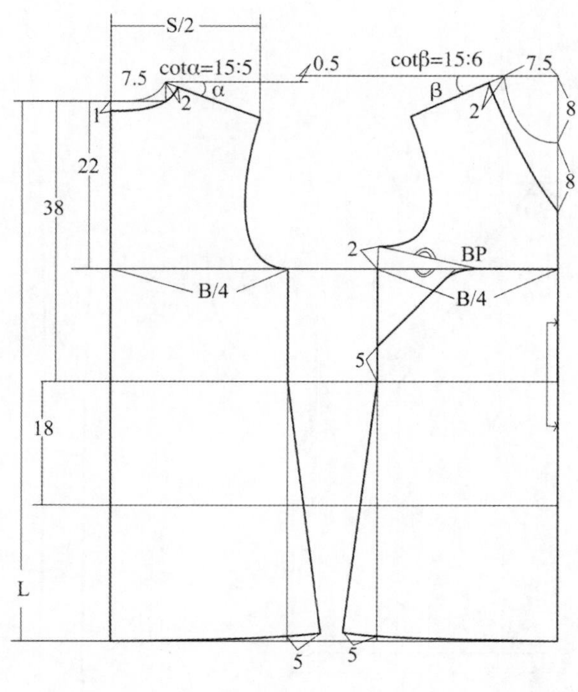

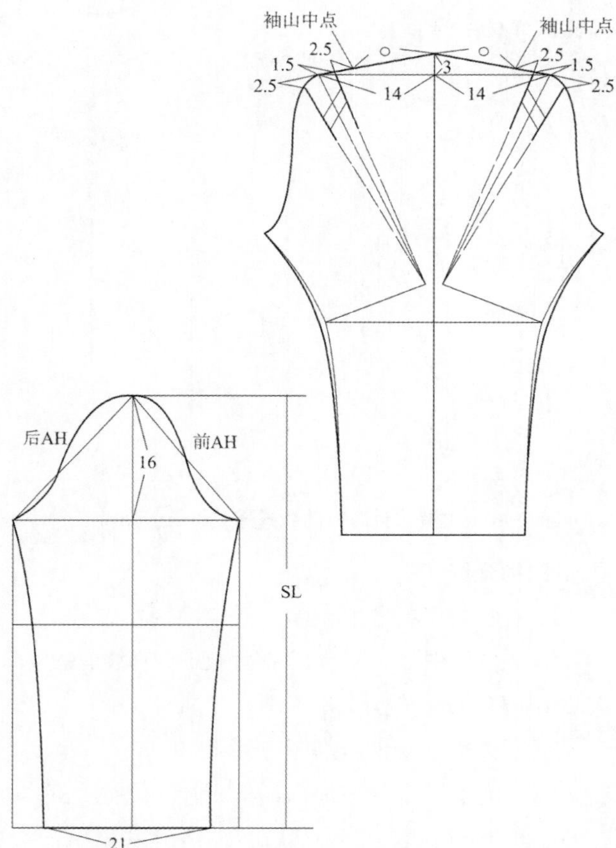

图 7–15　时尚设计款三的结构图（单位：cm）

四、时尚设计款四

1. 款式说明（图 7-16）

这款连衣裙前片腰部的大斜褶，会因为处于人体的不同部位以及所用面料柔软度不同而发生较大的差异，所以坯布试样后还需要用成品布料进行试样修正。领子为立领，前中开口至胸部，后中破缝，后中开衩，腰间系一腰带。这种风格的连衣裙所搭配的袖子应稍合体，袖山高略高，袖山头形态与袖肥都较瘦，为两片袖结构，袖口做翻袖口。

2. 规格设计（表 7-13）

表 7–13 规格设计（单位：cm）

号型	后裙长（L）	胸围（B）	袖长（SL）	领围（N）	肩宽（S）	背长
160/84A	96	96	50	38	38.4	38

3. 结构分析

（1）先做出连衣裙基本型。

（2）前片胸围为B/4，确定前片褶裥的位置，将胸凸省转移到褶裥中去。剪开放出褶量，要注意褶裥的倒向会决定褶裥下端的折线形态。胸围处的褶裥是朝上的，而裙片上的褶裥是朝下的，所以上下片的腰口线差异较大，操作中应先将净样放出褶量，画出新裁片，然后将裁片按要求折叠后再修正外口线。

（3）后片胸围为B/4，后中破缝，后中开后衩。

（4）所搭配的袖子应稍合体一些，袖山高约为14～15cm，袖山头形态与袖肥都较瘦。

（5）立领，领子起翘2.2cm。

图 7–16　时尚设计款四的款式图（单位：cm）

4. 结构设计（图 7-17）

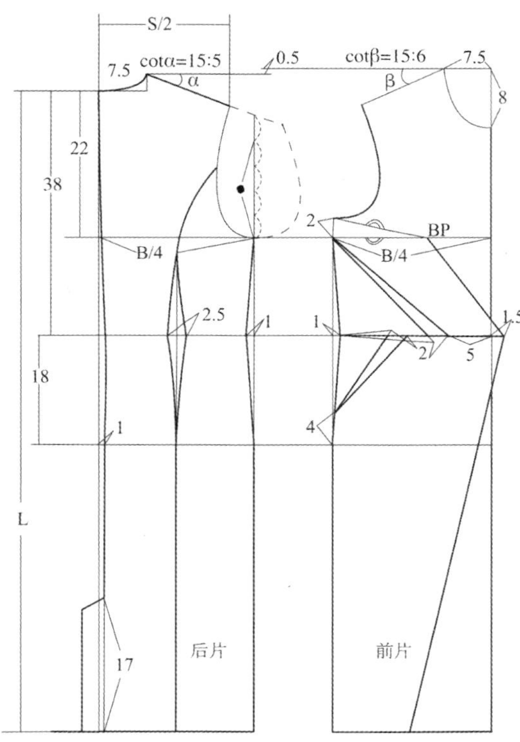

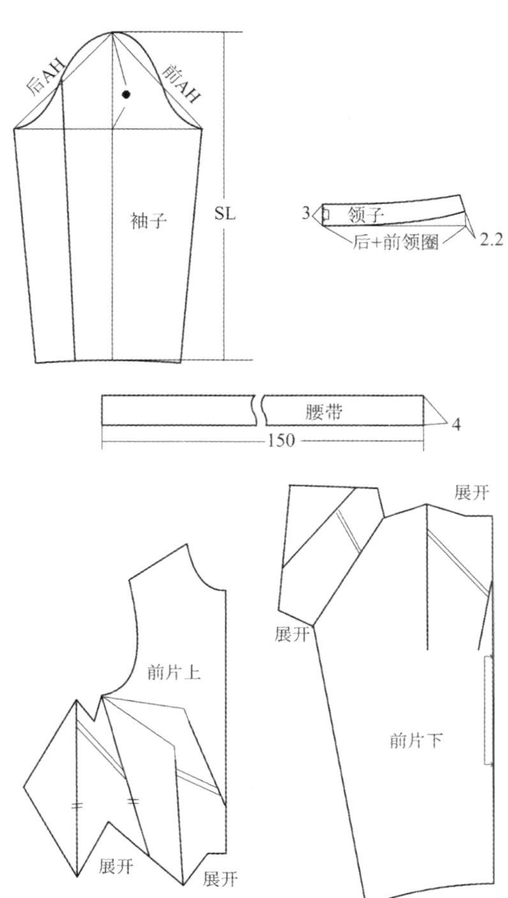

图 7-17　时尚设计款四的结构图（单位：cm）

五、时尚设计款五

1. 款式说明（图 7-18）

此款为改良式的合体旗袍。合体式立领；前身片左右各收一个胸腰省和腋下省，斜开襟；后身片左右各收一个腰省和背省；无垫肩，盖肩袖；旗袍两侧开衩；三粒手工盘扣。工艺制作采用半夹，高定手工制作；面料选用高档绸缎真丝面料。

2. 规格设计（表 7-14）

表 7-14 规格设计（单位：cm）

号型	后裙长（L）	胸围（B）	腰围（W）	臀围（H）	袖长（SL）	领围（N）	肩宽（S）
160/84A	125	90	73	94	10	38	39

3. 结构分析

（1）先做出旗袍基本型。

（2）前片胸围为 B/4 加上后片胸围省量，做出腋下省、胸腰省。确定旗袍斜襟的造型线，确定大襟与小襟。

（3）后片胸围为 B/4 减去后片胸围省量，做出肩省、胸腰省。

（4）袖子为盖肩袖，因此肩宽不加量，袖中线角度取 48° ～ 50° 。要保证袖肥的大小，以防手臂围不够。

（5）旗袍的领子为立领较合体，贴近脖子，起翘量 2.5cm。

（6）旗袍两侧开衩至臀围线下 15 ～ 18cm 处，裙下摆衩缝需往外凸 0.2cm。

图 7-18　时尚设计款五的款式图（单位：cm）

4. 结构设计（图 7-19）

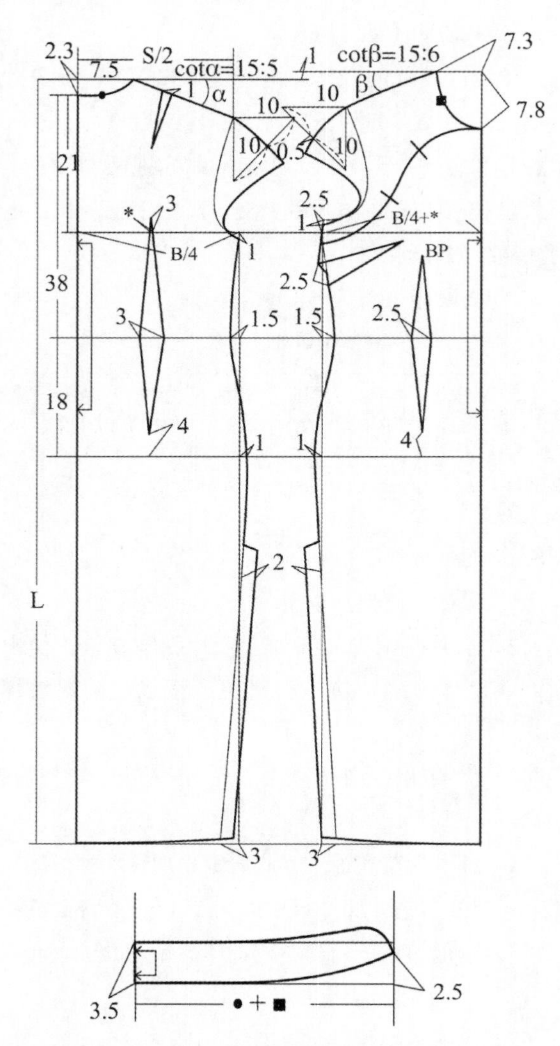

图 7-19 时尚设计款五的结构图（单位：cm）

项目二 连衣裤样板设计与制作

过程一 连衣裤基础知识

连衣裤指上衣与裤子相连成一体式的裤装。由于它上下相连，对人体的密封性较强，多为特种工种的劳保服所选用。也有将帽子与鞋袜连在一起的连体裤，其密封性更强，是抗辐射及防化人员适合穿着的款式。而从工装演变而来的时尚连衣裤，是带有复古元素的时尚潮流。

如今连衣裤已然成为了复古返潮而正在渐渐风靡世界的一种新的服装种类。随着未来的发展，它将与常见的上衣、裤子、连衣裙并列成为服装中重要的四大种类。连衣裤存在着太多的可塑性，其可设计的款式和风格是上衣和裤子的总和。

消费者在穿用连衣裤时存在的不方便，是连衣裤的缺陷。这也是连衣裤还没有形成一个浩大潮流的原因。当然，有市场就有人开发，有问题就一定有人来解决。连衣裤上的这一缺陷现已有解决方案。它虽小众，但也受到设计师的青睐和消费者的喜爱。相信随着使用方便性的提升，这会为连衣裤带来更大的市场。

一、连衣裤的分类

连衣裤按穿着用途和结构等可有多种分类。

1. 按结构分类（图 8-1）

可分为有腰线连衣裤、无腰线连衣裤。

有腰线连衣裤：腰部有横向断缝线的连衣裤。收腰的连衣裤款式一般在腰部会设计横向断缝线，并经过收省、打褶或抽橡筋的方式达到收腰的效果。

无腰线连衣裤：腰部无横向断缝线的连衣裤。宽松的连衣裤款式一般在腰部设计无横向断缝线，如工作服、医用连体服中都采用这一款式。

2. 按造型分类（图 8-2）

可分为合体连衣裤、宽松连衣裤。

3. 按用途分类（图 8-3）

可分为防护服连衣裤、工作服连衣裤、休闲服连衣裤。

4. 按裤子长度分类（图 8-4）

可分为短裤类连衣裤、长裤类连衣裤。

有腰线连衣裤

无腰线连衣裤

图 8-1　连衣裤按结构分类

合体型连衣裤

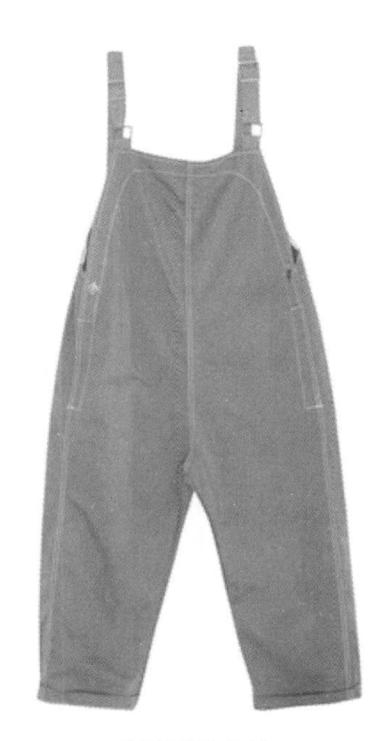
宽松型连衣裤

图 8-2　连衣裤按廓形分类

防护服

工作服

休闲服

图 8-3　连衣裤按用途分类

短裤连体裤

长裤连体裤

图 8-4　连衣裤按裤子长度分类

二、连衣裤各部位尺寸设计原理

连衣裤的主要控制部位包括围度、宽度、长度，如裤长、肩宽、袖长、腰节长、胸围、腰围、臀围、脚口等。一般可以通过人体测量、实物测量、查表计算三种方法来获取连衣裤各部位的尺寸。

1. 实物测量尺寸

同女衬衫。

2. 人体测量尺寸

同女衬衫。

3. 连衣裤放松量设计（表 8-1）

表 8-1 连衣裤放松量设计

量体部位	合体型放松量	宽松型放松量
衣长（后中）	0.5 ~ 1cm （工艺损耗量）	0.5 ~ 1cm （工艺损耗量）
胸围	4 ~ 8cm	12 ~ 16cm
腰围	比放量后胸围 小 10 ~ 16cm	与放量后胸围一样
臀围	比放量后胸围 大 3 ~ 5cm	大于或等于胸围
肩宽	0cm （无袖款可宽可窄）	0.5 ~ 1cm（春夏）
袖长	0.5cm（工艺损耗量）	0.5cm（工艺损耗量）
袖口	28 ~ 32cm（短袖） 22 ~ 26cm（长袖）	32cm 以上（短袖） 26cm 以上（长袖）

注：以上各部位的松量配比为基本款连衣裤的松量配比，不包括一些特殊部位（如喇叭袖）设计款的松量配比，操作时应根据具体款式作出具体处理。

连衣裤款式变化多端，表 8-1 中的松量配比只适用于一些变化不是很大的时装，实际操作中应根据具体款式作相应的调整。

4. 连衣裤袖窿、袖山高、袖肥和吃势的参考尺寸

同连衣裙（表 7-3）。

5. 连衣裤中腰和裆位置松量的关系（图 8-5）

虽然连衣裤是由上衣和裤子连接在一起组成的，但是不能简单地理解为上衣和裤子直接连接，因为要考虑到人体活动时的机能要求。当人体在弯腰和下蹲时，后臀部会绷紧，并把后腰向下拉拽，同时前腰会起皱。当人体手臂上举时，上衣的侧摆会抬起，同时袖山部位会起皱。这两个部位的机能变化所产生的量，在非连体的款式中并不影响人体活动，但是，当上衣和裤子相连时就会使人难以活动。因此，连衣裤必须在中腰和裆的位置加入足够的松量，一般有袖子的款式加入 12cm 左右，无袖款式加入 8cm 左右，如果与下半身连接的裤子是属于非常宽松的裙裤和大裤裆板型，则只需要加入 2cm 即可。为了使加入的量能够在腰部自然兜起，而不至于下坠，通常要在腰部采取缉松紧带（橡筋带）、抽绳，或者加腰带的方式进行处理。

6. 连衣裤的标准尺码参照表（表 8-2）

表 8-2 连衣裤标准尺码参照表（单位：cm）

号码	全长	上衣长	胸围	肩宽	短袖长
150/78A	134	40	90	37.4	18
155/81A	137	41	93	38.3	19
160/84A	140	42	96	39.2	20
165/87A	143	43	99	40.1	21
170/90A	146	44	102	41	22

根据不同的款式，连衣裤必须在中腰和裆的位置加入足够的松量。

过程二　连衣裤基础款样板设计与制作

一、款式分析

1. 样衣生产单设计（表 8-3）

表 8-3 样衣生产单

<table>
<tr><td colspan="8">样衣生产单</td></tr>
<tr><td colspan="4">款式编号：LYK-20200007</td><td colspan="4">名称：V 型合体连衣裤</td></tr>
<tr><td colspan="3">下单日期：2020.03.05</td><td colspan="2">完成日期：2020.06.10</td><td colspan="3">规格表（单位：cm）</td></tr>
<tr><td colspan="8">款式图
正面　背面
款式说明：V 型合体连衣裤，前中有 3 粒纽扣，腰部抽橡筋，无袖，直筒裤造型。</td></tr>
<tr><td>号型</td><td>后衣长</td><td>胸围</td><td>腰围</td><td>臀围</td><td>肩宽</td><td>脚口围</td><td>背长</td></tr>
<tr><td>160/84A</td><td>138</td><td>96</td><td>74</td><td>104</td><td>38.4</td><td>36</td><td>42</td></tr>
<tr><td colspan="4">面辅料：
配色涤纶线</td><td colspan="4" rowspan="3">工艺要求：
1. 平针车针距为 15 针 /3cm；
2. 各部位缝制线路顺直、整齐、牢固；
3. 上下线松紧适宜，无跳线、断线、脱线、连根线头，底线不得外露；
4. 领口、袖窿装贴片，止口不反吐；
5. 腰部抽橡筋均匀，不起扭；
6. 锁眼定位准确，大小适宜，扣与眼对位，整齐、牢固</td></tr>
<tr><td colspan="4">粘衬部位：
贴片、门襟粘纸衬</td></tr>
<tr><td colspan="4">裁剪要求：
1. 注意裁片色差、色条、破损；
2. 经向顺直，不允许有偏差；
3. 裁片准确，二层相符；
4. 注意对条对格</td></tr>
<tr><td colspan="4">印、绣花：无</td><td colspan="4">后整理要求：普洗</td></tr>
<tr><td colspan="2">设计：*****</td><td colspan="2">制板：*****</td><td colspan="2">样衣：</td><td colspan="2">日期：</td></tr>
</table>

2. 款式造型、结构、工艺特点分析

此款合体连衣裤造型呈 X 型。前中有 3 粒纽扣；V 字领口领，领口开至胸腰之间；腰部抽 2.5cm 宽橡筋；窄肩，无袖，装领口、袖窿贴片；直筒裤，脚口卷边，三折光宽 2cm，缉 0.1cm 宽的止口。

3. 选定面料与制定规格

1）面料选用

据样衣生产单款式的设计效果，该款连体裤拟选用薄呢面料制作试样。

2）样衣规格制定

以国家服装号型标准女子（160/84A）体型，为样衣规格设计对象，结合款型特点及面料性能，样衣规格制定如下：

（1）后衣长：38cm（上衣长）+100cm（裤子长）=138cm；

（2）胸围：净胸围 +12cm（胸围放松量）=84cm+12cm=96cm；

（3）腰围：净腰围 +6cm（松紧拉伸后的尺寸）=68cm+6cm=74cm；

（4）臀围：净臀围 +14cm（臀围放松量）=90cm+14cm=104cm；

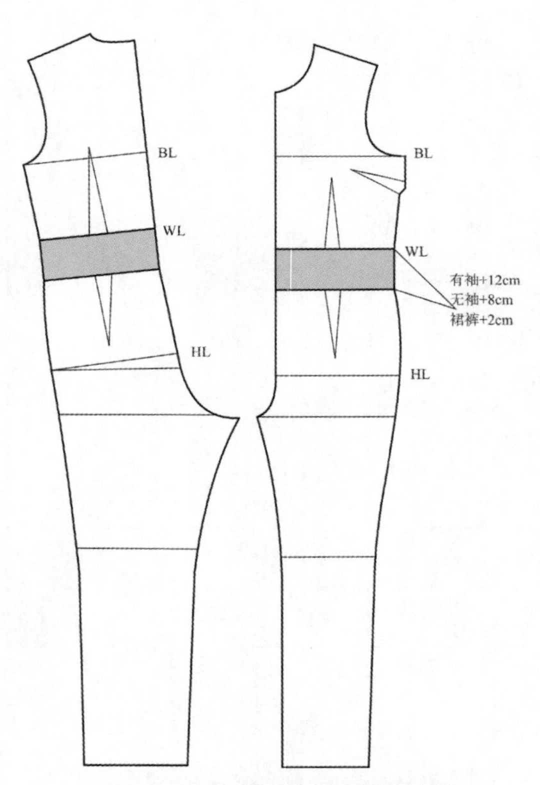

图 8-5 连衣裤中腰和裆位置松量的关系

（5）肩宽：净肩宽 =38.4cm；

（6）背长：背长 ≈ 38cm+4cm（连衣裤的松量）=42cm；

（7）脚口：36cm。

以上尺寸归纳见表 8-4。

表 8-4 样衣规格表（单位：cm）

号型	后衣长（L）	胸围（B）	腰围（W）	臀围（H）	肩宽（S）	脚口围（SB）	背长
160/84A	138	96	74	104	38.4	36	42
允许偏差	1.0	1.5	1.5	1.5	0.6	0.5	0.6

4. 制板规格制定

在连衣裤的缝制工艺中，拟定的样衣规格会受到缝制、粘衬及后道整烫等环节的影响，因此为了保证样衣规格符合要求，制板规格的制定应考虑这些影响因素。假设薄呢面料的经向缩率为 1.5%，纬向缩率为 1.0%，160/84A 的初板结构制图规格如下：

（1）后衣长＝ 138×（1+1.5%）≈ 140cm；

（2）胸围＝ 96×（1+1.0%）≈ 97cm；

（3）腰围＝ 74cm（松紧腰尺寸）；

（4）臀围＝ 104×（1+1.0%）≈ 105cm；

（5）肩宽＝ 38.4cm；

（6）脚口围＝ 36×（1+1.0%）≈ 36.4cm，取 36.5cm；

（7）背长＝ 42×（1+1.5%）≈ 42.6cm，取 42.5cm；

以上初板规格归纳见表 8-5。

表 8-5 制板规格表（单位：cm）

号型	后衣长（L）	胸围（B）	腰围（W）	臀围（H）	肩宽（S）	脚口围（SB）	背长
160/84A	140	97	74	105	38.4	58	26
允许偏差	1.0	1.5	1.5	1.5	0.6	0.5	0.6

二、初板设计

1. 连衣裤结构设计（图 8-6）

结构设计要点：

（1）连体裤的腰围线应适当降低，立裆应适当加深。这款无袖连衣裤要在腰围处要加进一个 6 ～ 8cm 的活动量。

（2）此款连衣裤为无领、无袖造型，在工艺制作中要设计领口和袖窿贴片，来达到缝制的要求。后领中缝

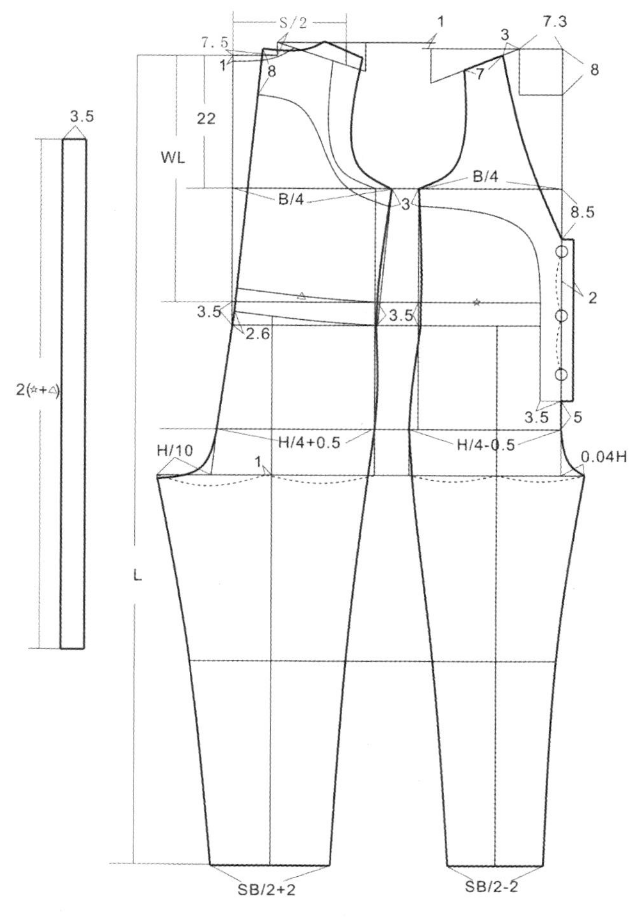

图 8–6 连衣裤结构制图（单位：cm）

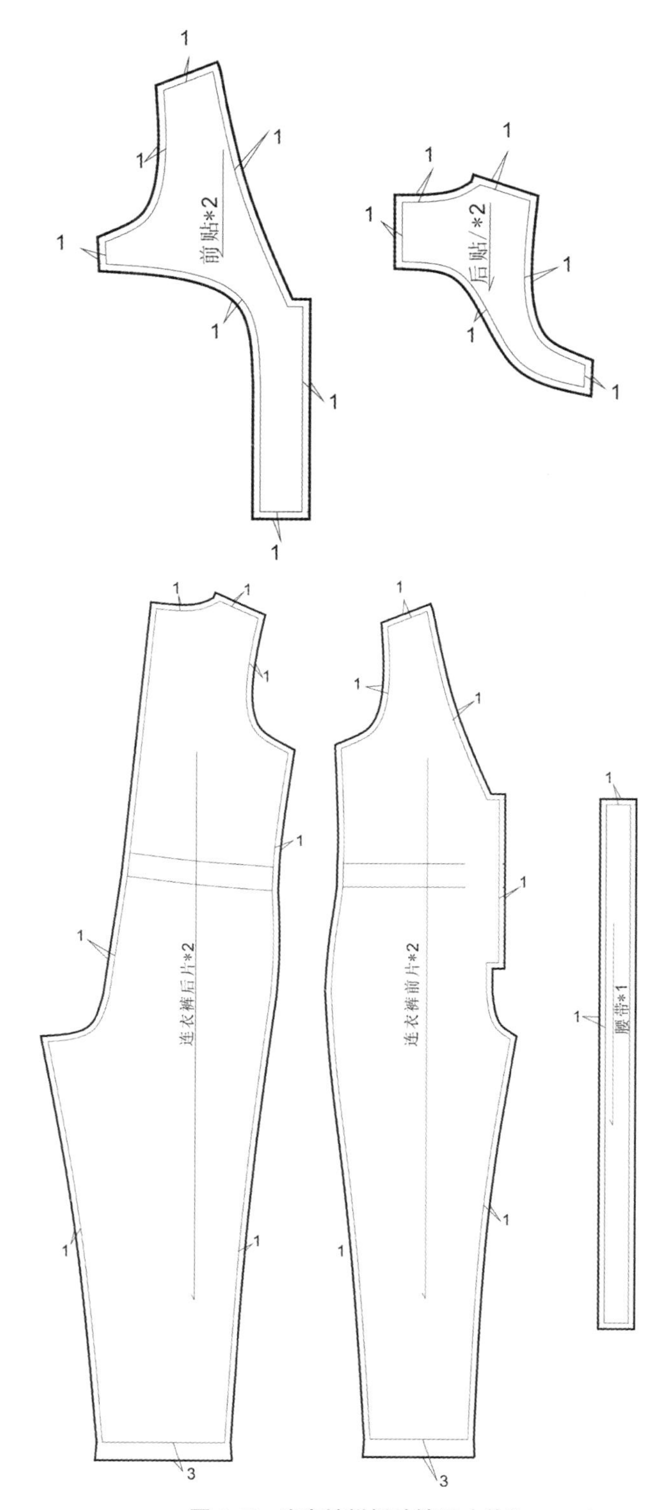

图 8–7 连衣裤样板放缝图（单位：cm）

贴片一般往下 8 ～ 10cm，袖窿贴片宽一般为 3 ～ 5cm。

（3）胸凸省的处理：这款连衣裤的腰围处收橡筋，所以将胸凸省量全部处理为袖窿松量；为了防止前袖窿弧线过长，因此前上平线要低于后上平线 0.5 ～ 1cm。

（4）腰围处在橡筋拉伸后达到 74cm。因此结构设计中腰围尺寸大于成衣腰围的尺寸，来满足橡筋收缩的量。

（5）考虑到上衣与下裤连接，在臀围尺寸中前臀围为 H/4-0.5cm，后臀围为 H/4+0.5cm。

2. 面料样板制作（图 8–7）

（1）放缝要点：

①常规情况下，衣身分割线、肩缝、侧缝、袖缝的缝份为 1 ～ 1.5cm；袖窿、袖山、领圈等弧线部位缝份为 0.6 ～ 1cm；

②脚口放缝宽为 3 ～ 4cm；

③放缝时弧线部分的端角要保持与净缝线垂直。

（2）样板标识：

①样板上做好丝缕线标注；写上样片名称、裁片数、号型等，不对称裁片应标明上下、左右、正反等信息。

②标注好定位、对位等相关剪口标记。

3. 粘衬样板制作（图 8-8）

配置要点：

此款连衣裤粘衬部位是前、后贴片，粘衬样板各边都放 0.8cm，衬样同面样板一样，要做好丝缕线及文字标注。

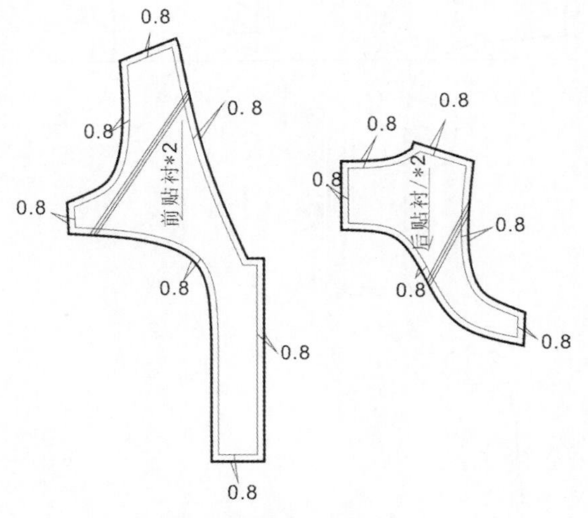

图 8-8　连衣裤粘衬样板（单位：cm）

三、初板确认

1. 坯样试制

1）排料、裁剪坯样（图 8-9）

排料、裁剪时面料的经纬纱向及对条对格要求与连衣裙相同。排料、裁剪时的注意点同模块一项目一中的女裙。在此不再赘述。

2）坯样缝制

坯样的缝制应参照样板要求和设计意愿，特别是在缝制过程中缝份大小应严格按照样板操作。同时，还应参照中华人民共和国纺织行业标准 FZ/T 81004—2012 中连衣裙、裙套的质量标准。标准中关于服装缝制的技术规定有以下几项：

（1）缝制质量要求：

①针距密度规定见表 8-6。

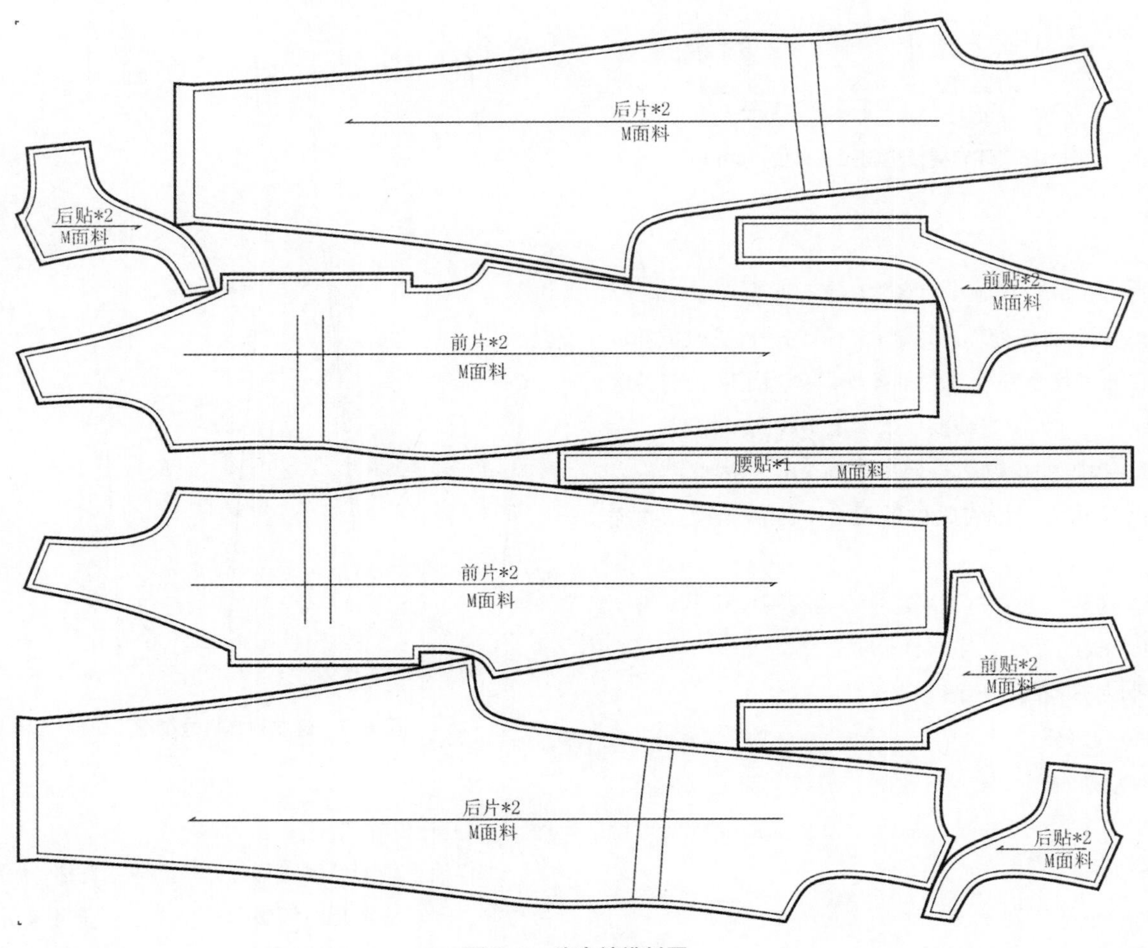

图 8-9　连衣裤排料图

表 8-6 针距密度表

项目		针距密度	备注
明暗线	细线	不少于 12 针 /3cm	特殊需要除外
	粗线	不少于 9 针 /3cm	
包缝线		不少于 9 针 /3cm	—
手工针		不少于 7 针 /3cm	肩缝、袖窿、领子不少于 9 针 /3cm
三角针		不少于 5 针 /3cm	以单面计算
锁眼	细线	不少于 12 针 /1cm	—
	粗线	不少于 9 针 /1cm	—
钉扣	细线	每眼不少于 8 根线	缠脚线高度与止口厚度相适应
	粗线	每眼不少于 4 根线	

注：细线指 20tex 及以下缝纫线；粗线指 20tex 以上缝纫线。

②各部位缝制线路顺直、整齐、牢固。主要表面部位缝制皱缩按《男西服外观起皱样照》规定，不低于 4 级；

③缝份不小于 0.8cm（袋、领、止口、门襟等除外）；起落针处应有回针；

④上、下线松紧适宜，无跳线、断线、脱线、连根线头。底线不得外露；

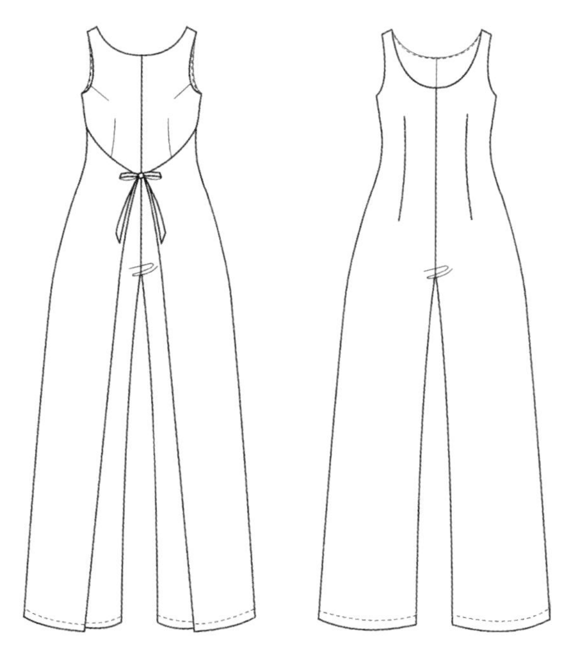

图 8-10　时尚设计款一的款式图

⑤领子伏贴，领面松紧适应；

⑥绱袖圆顺，前后基本一致；

⑦锁眼定位准确，大小适宜，扣与眼对位，整齐牢固；眼位不偏斜，锁眼针迹美观、整齐、伏贴。

（2）外观质量规定见表 8-7。

表 8-7 外观质量规定

部位名称	外观质量规定
领口	领口伏贴，左右对称，无拉还
袖窿	袖窿圆顺、伏贴，左右对称，无拉还
止口	领口、袖窿止口无返吐
前身	胸部挺括、对称，面、里、衬伏贴；肩部伏贴，表面没有褶，肩缝顺直，左右对称
门、里襟	面、里、衬伏贴，松紧适宜，长短互差不大于 0.3cm，门襟不短于里襟
裤袋	袋位高低、前后大小互差不大于 0.5cm，袋口顺直、伏贴
裤腿	两裤腿长短、肥瘦互差不大于 0.3cm
裤脚口	两脚口大小互差不大于 0.3cm

（3）缝制工艺流程：检查裁片—烫衬—前片拼缝—后片拼缝—拼合肩缝—拼前后贴片—装领圈、袖窿贴—做门里襟—拼侧缝—拉腰部橡筋—拼合前、后浪—卷脚口—锁眼、钉扣—整理、整烫。

按以上的工序和要求完成坯样缝制。

2. 坯样确认与样板修正

坯样确认和样板修正的方法与步骤同女裙。

过程三　时尚连衣裤样板设计与制作

一、时尚设计款一

1. 款式说明（图 8-10）

此连衣裤为无袖、无领，后领口深大于前领口深的时尚连腰式连衣裤。前身收腰省与袖窿省，后身收腰省；装领口袖窿贴；侧边有一重叠片，包裹到前中，系一蝴蝶结；阔腿裤，脚口卷边，三折光宽 2cm，缉 0.1cm 宽的止口。此款可采用薄羊毛呢、化纤条纹面料制作，适合初春或深秋穿着。

2. 规格设计（表 8-8）

表 8-8 规格设计（单位：cm）

号型	前衣长（L）	胸围（B）	肩宽（S）	背长	臀长
160/84A	142	96	36	42	32

3. 结构分析

（1）先做出连衣裤基本型。

（2）前片胸围为 B/4，再加 B/4 作为重叠量，将胸凸量转移到袖窿，作为袖窿省。

（3）后片胸围为 B/4，再加 B/4 作为重叠量。

（4）无领、无袖，装前后贴片。圆领，横开领口开大至离肩点 3.5cm 处。

（5）连衣裤立裆设计为腰围下 32cm。其他与女裤打板方法一样。

4. 结构设计（图 8-11）

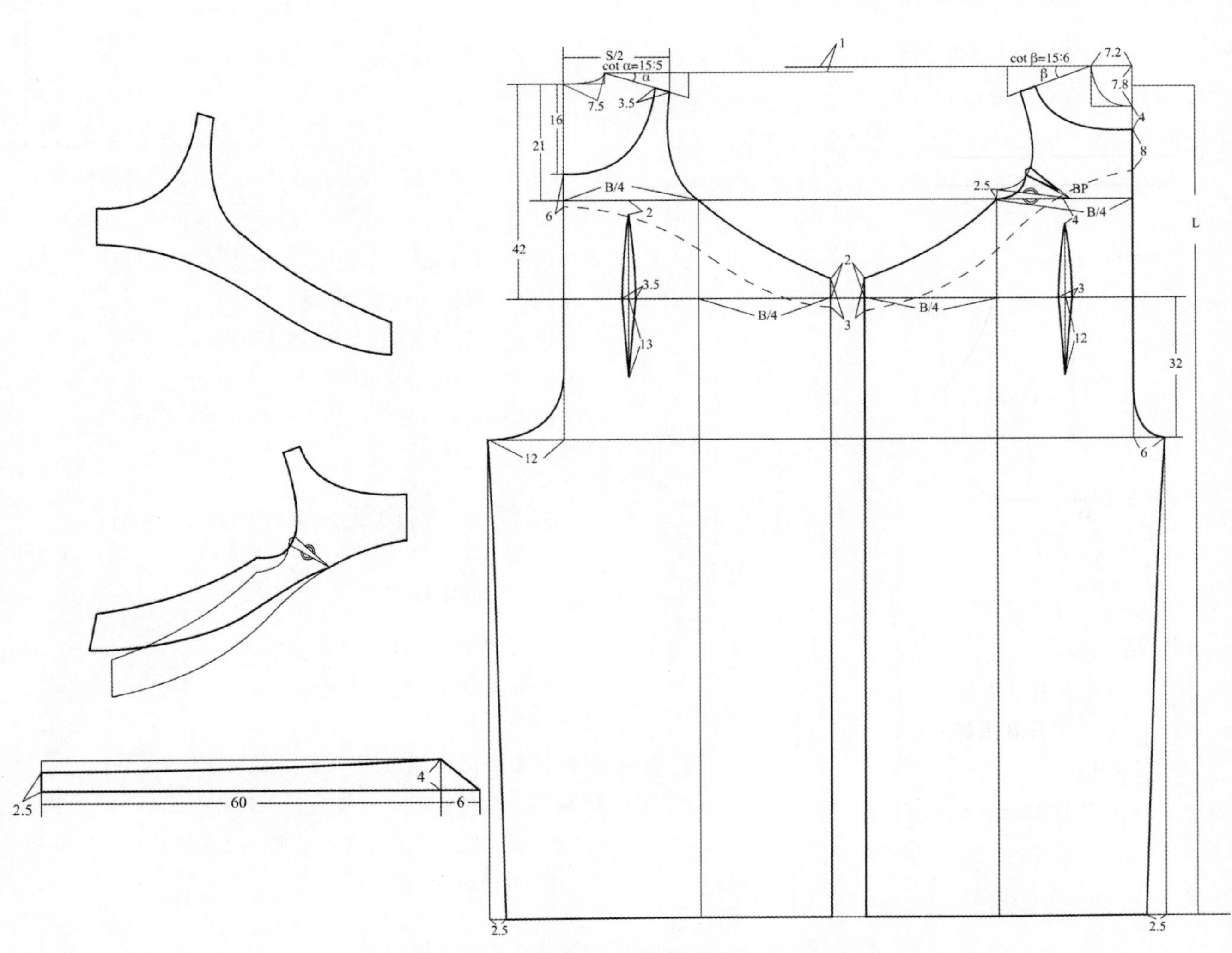

图 8-11 时尚设计款一的结构图（单位：cm）

二、时尚设计款二

1. 款式说明（图 8-12）

这是一款时尚背带连衣裤。上衣贴一个 V 字贴袋，腰部装腰带，连衣裤分成上下两部分，各部位均需缉明线。萝卜裤，装门襟拉链，弧线斜插袋并缉 0.1cm 宽的明线，口袋下有一纵向分割，将前裤片分为大、小两片，缝份倒向前中，缉 0.1cm 宽的明线；后裤片左右各收一个省道；脚口卷边，三折光宽 2cm，缉 0.1cm 宽的止口。此款可采用帆布、牛仔等厚实面料制作，适合初春或深秋穿着。

2. 规格设计（表 8-9）

表 8-9 规格设计（单位：cm）

号型	后衣长（L）	胸围（B）	腰围（W）	臀围（H）	肩宽（S）	脚口围（SB）	背长
160/84A	138	96	80	98	38.4	36	38

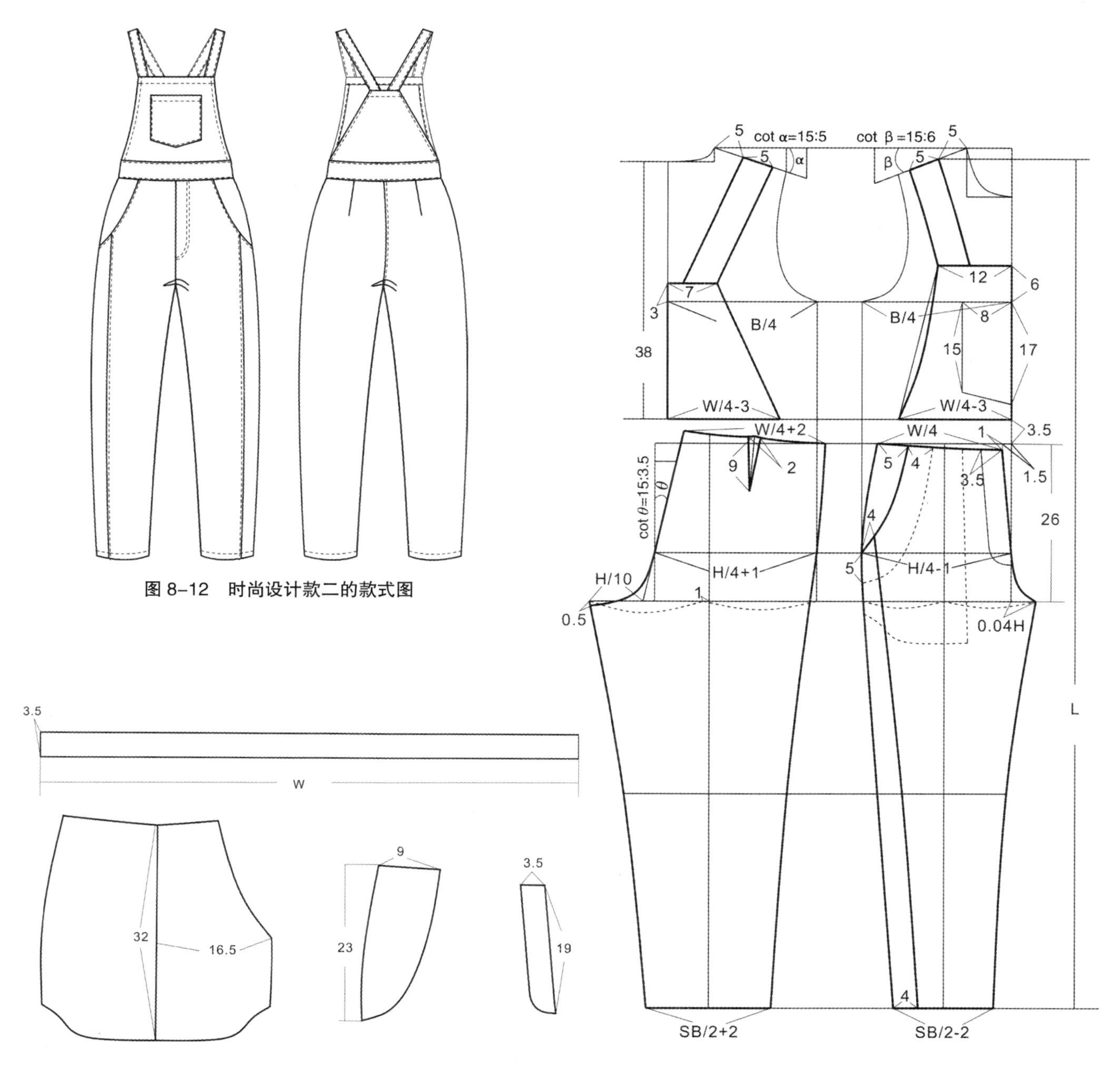

图 8-12　时尚设计款二的款式图

图 8-13　时尚设计款二的结构图（单位：cm）

3. 结构分析

（1）先做出连衣裤基本型。

（2）前、后片胸围都为B/4，根据款式造型画出上衣前、后衣片。

（3）口袋宽 16cm、长 17cm，呈 V 字造型。

（4）背带宽 5cm，在上衣基础样板中取出。

（5）连衣裤立裆设计为 29.5cm。其他与女裤打板方法一样。

4. 结构设计（图 8-13）

三、时尚设计款三

1. 款式说明（图 8-14）

这是一款工装式时尚连衣裤。翻领；前身钉 5 粒纽扣，左右各一个有袋盖贴袋，装育克，前腰围处左右各打两个褶裥；后身装育克，育克下有两道纵向分割；落肩式两片袖，袖口打一个褶裥，装袖克夫；直筒裤，装门襟拉链，直线斜插袋并缉 0.1cm 宽的明线；前裤片左右各打两个褶裥，与上衣褶裥对齐；后裤片左右各收一个省道；脚口卷边，三折光宽 2cm，缉 0.1cm 宽的止口。此款可采用牛仔面料制作，适合初春或深秋穿着。

2. 规格设计（表 8-10）

表 8-10 规格设计（单位：cm）

号型	后衣长（L）	胸围（B）	腰围（W）	臀围（H）	肩宽（S）
160/84A	130	94	76	98	49
号型	脚口围（SB）	袖长（SL）	背长	袖口围（CW）	—
160/84A	44	50	42	24	—

3. 结构分析

（1）先做出连衣裤基本型。

（2）前片胸围为 B/4，根据款式造型，画出前育克和口袋位。

（3）后片胸围为 B/4，根据款式造型，画出后育克和纵向分割线位置。

（4）落肩袖，根据插肩袖的方法画出袖子的样板，作落肩 5cm，将前后袖子合并，画出袖子样板。

（5）连衣裤立裆设计为 H/4+4cm（腰头宽）。其他与女裤打板方法一样。

4. 结构设计（图 8-15）

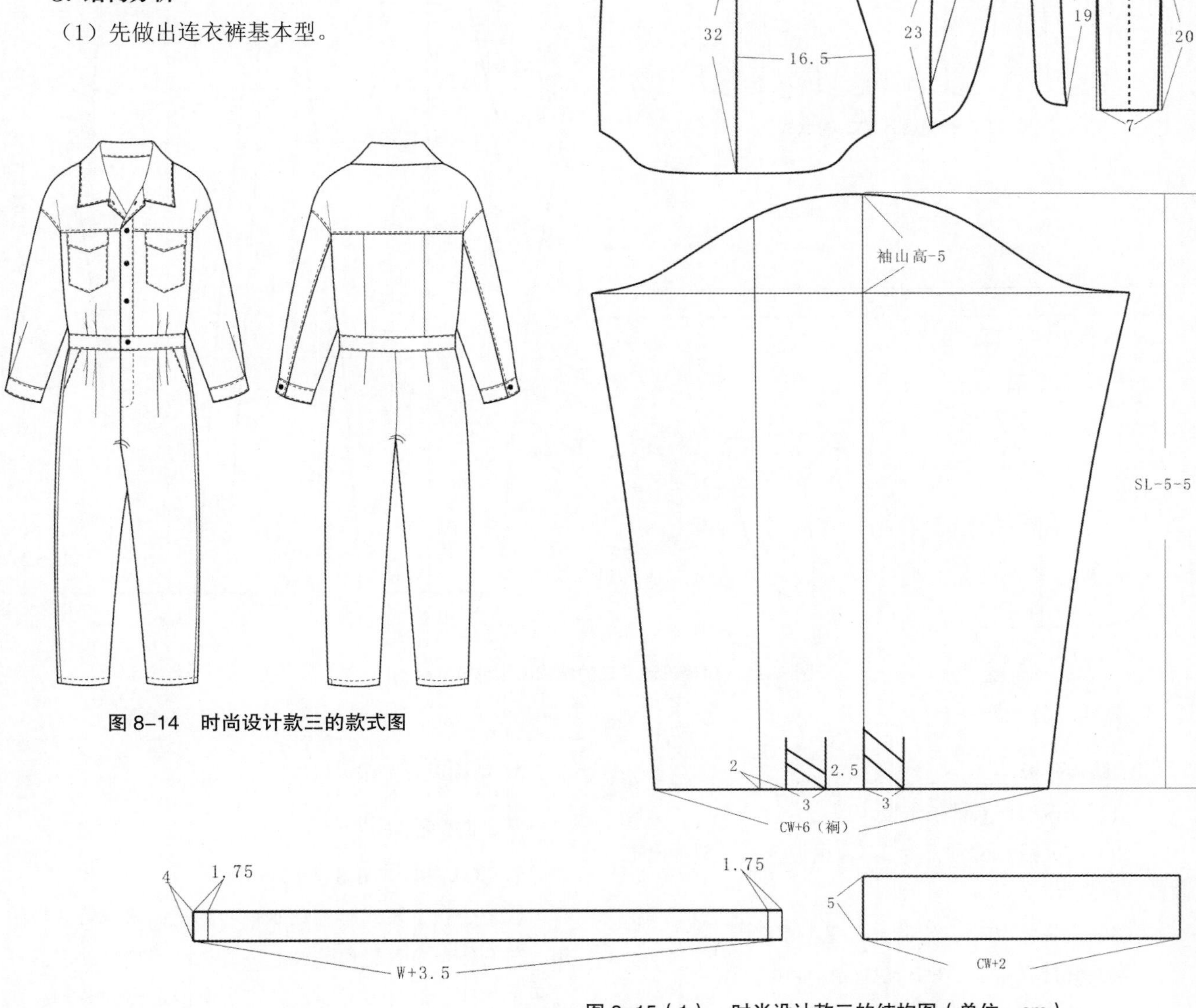

图 8-14 时尚设计款三的款式图

图 8-15（1） 时尚设计款三的结构图（单位：cm）

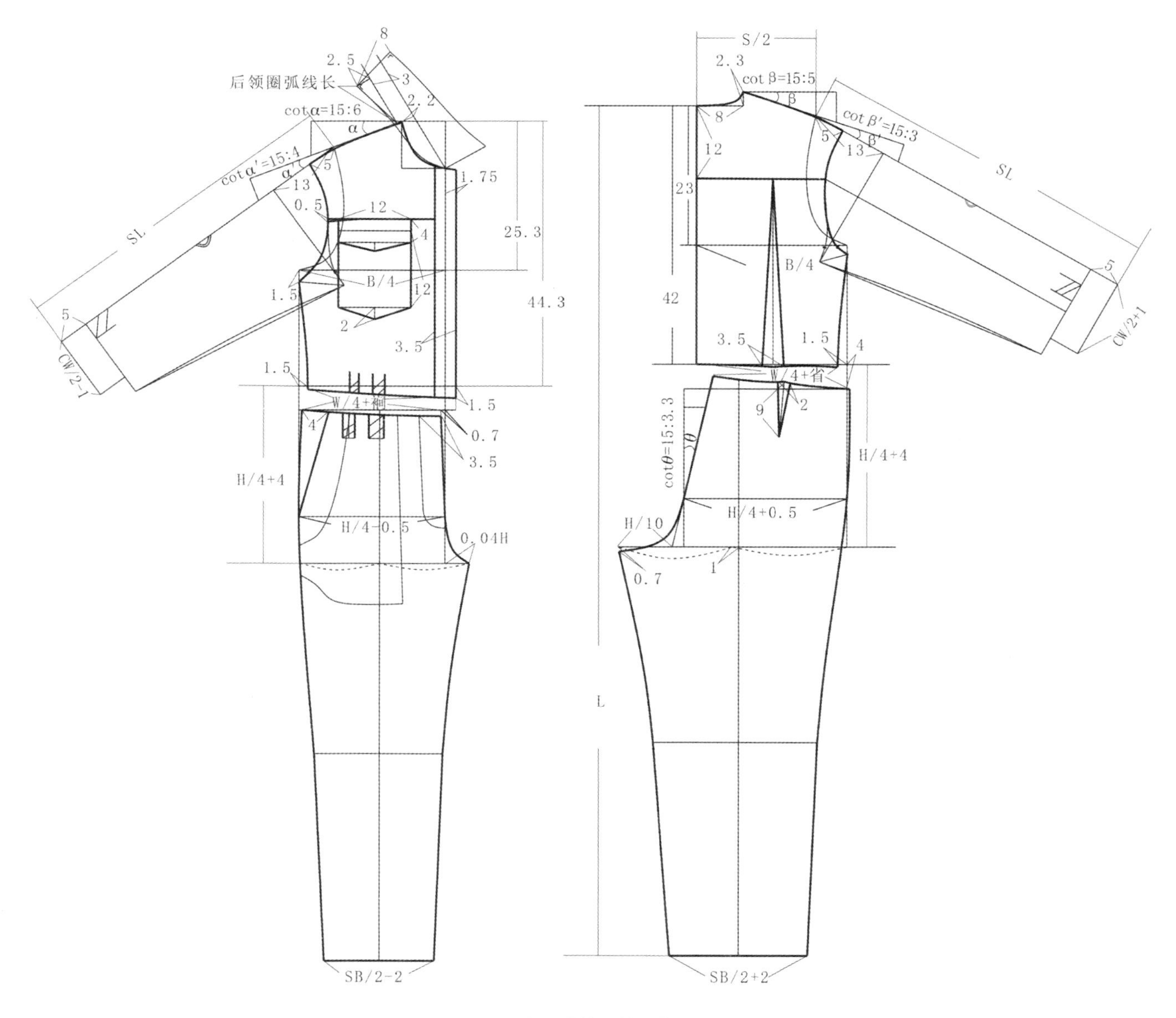

图 8-15（2） 时尚设计款三的结构图（单位：cm）

四、时尚设计款四

1. 款式说明（图 8-16）

这是一款分腰式防护服。前身装拉链，装门襟盖；后中破缝；腰围处抽橡筋，袖口、脚口、帽口处都装橡筋；连衣袖；大腿裤；各部位缝份均要做压胶处理，不能有漏水现象。此款可采用专用防护面料制作，适合任何时间穿着。

2. 规格设计（表 8-11）

表 8-11 规格设计（单位：cm）

号型	后衣长（L）	胸围（B）	腰围（W）	脚口围（SB）	袖长（SL）	背长	袖口围（CW）
160/84A	148	120	120	48	84	45	18

3. 结构分析

（1）防护服要求严密性，少分割，样板设计时上衣、裤子都是前后片连裁。

（2）装帽子，横开领为B/20+4.5cm，前直开领口为B/20+5cm，后直开领口为2.5cm。

（3）前、后片胸围都为B/4。

（4）连袖，袖肥要大一些。

（5）连衣裤立裆设计为B/4+5cm。其他与女裤打板方法一样。

4. 结构设计（图8-17）

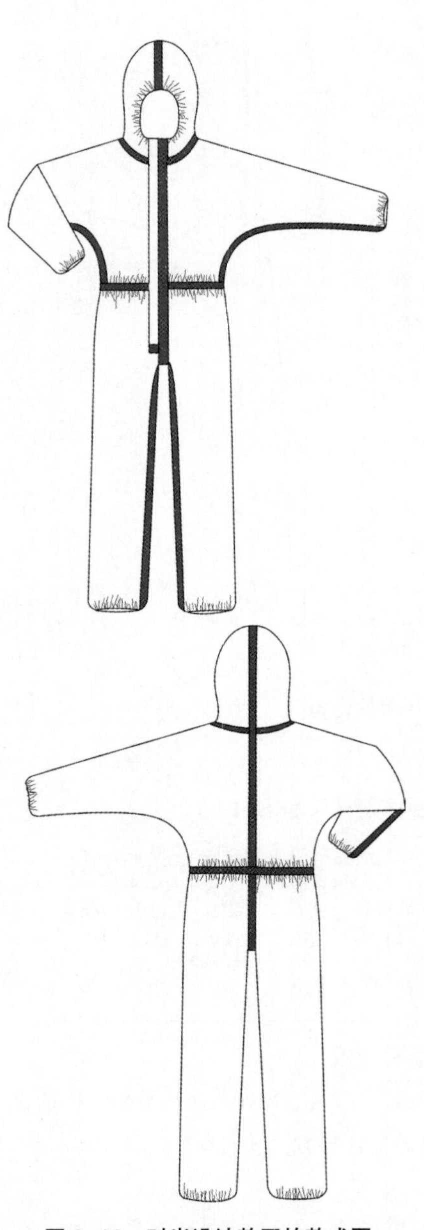

图8-16 时尚设计款四的款式图

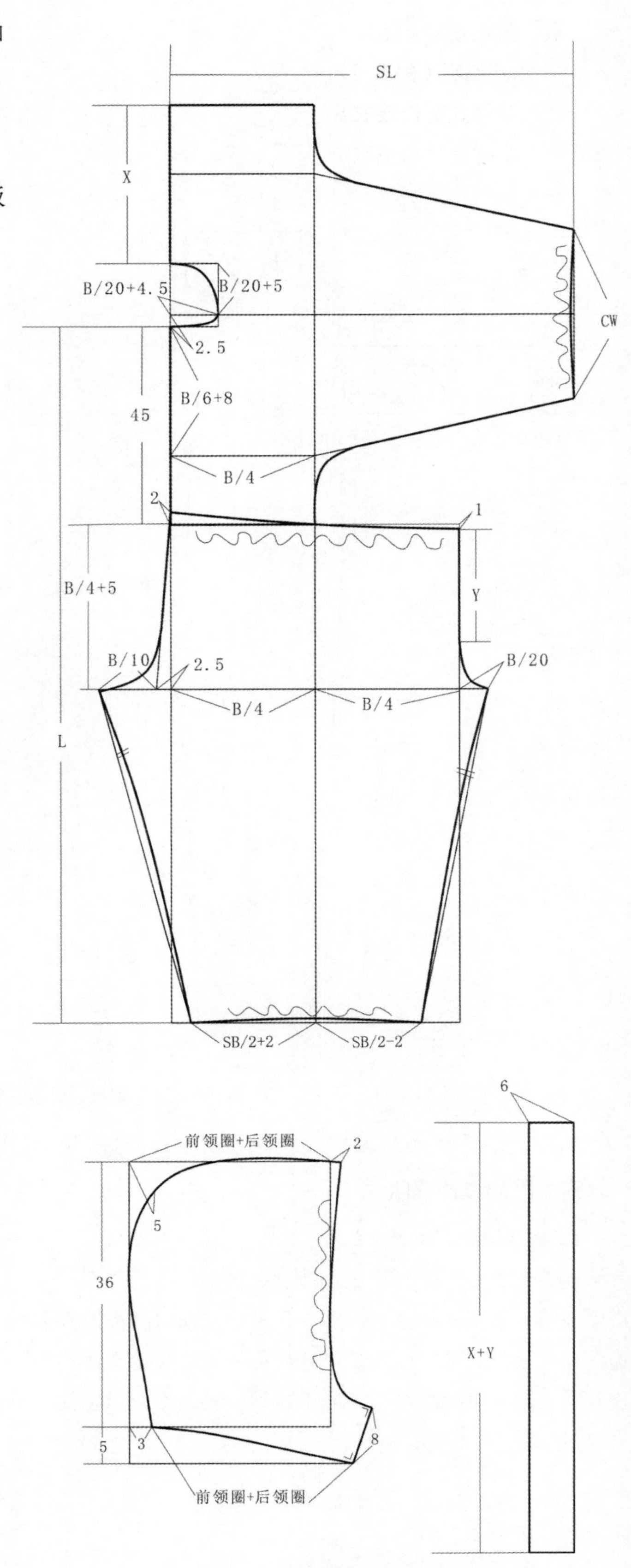

图8-17 时尚设计款四的结构图（单位：cm）

五、时尚设计款五

1. 款式说明（图 8-18）

时尚连腰式宽松连衣裤。前中有一粒纽扣，前中腰围处有一个褶裥；后中破缝；西服领；无袖，装贴边。哈伦裤，脚口处装罗纹，脚口侧缝处打 2 个褶裥。此款可采用毛呢面料制作，适合初春或深秋穿着。

2. 规格设计（表 8-12）

表 8-12 规格设计（单位：cm）

号型	后衣长（L）	胸围（B）	脚口围（SB）	背长	下摆围
160/84A	136	92	27	45	304

3. 结构分析

（1）先做出连衣裤基本型。

（2）前、后片胸围都为 B/4。设计出前中褶裥的量。

（3）无袖，装袖窿贴片。

（4）连衣裤立裆设计至离脚口线 20cm 处。其他与女裤打板方法一样。

4. 结构设计（图 8-19）

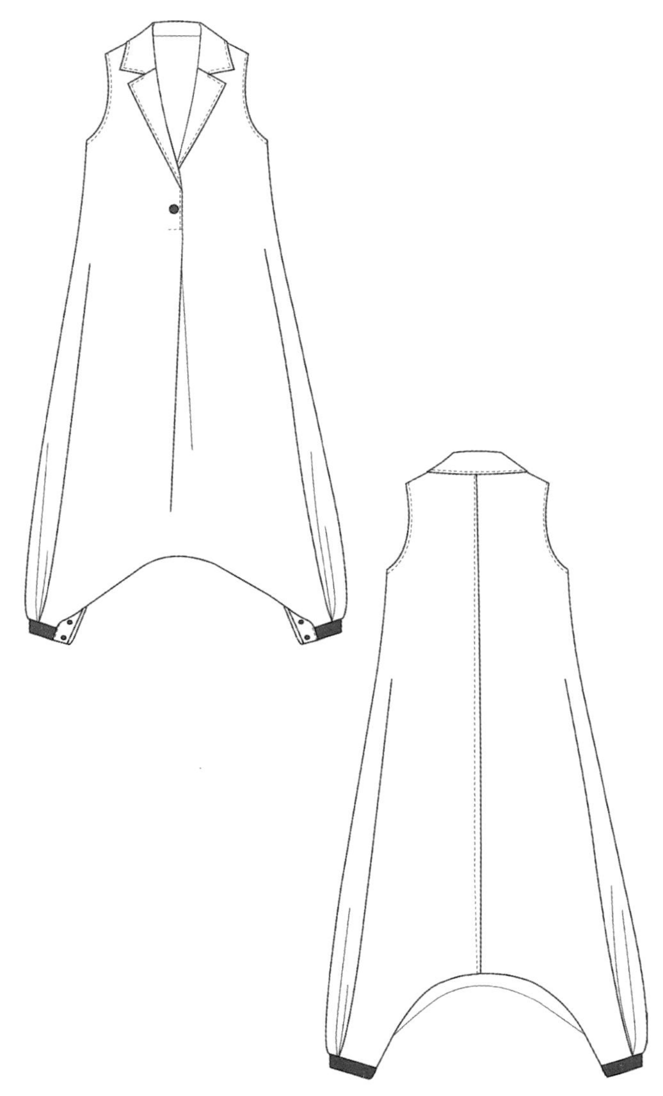

图 8-18　时尚设计款五的款式图

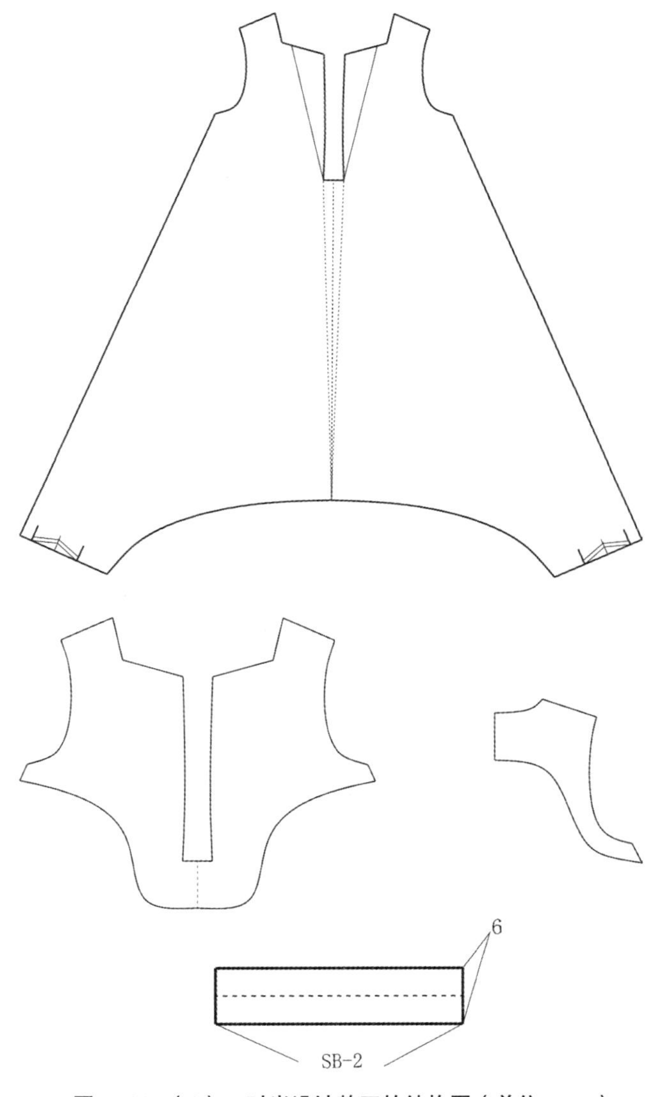

图 8-19-（1）　时尚设计款五的结构图（单位：cm）

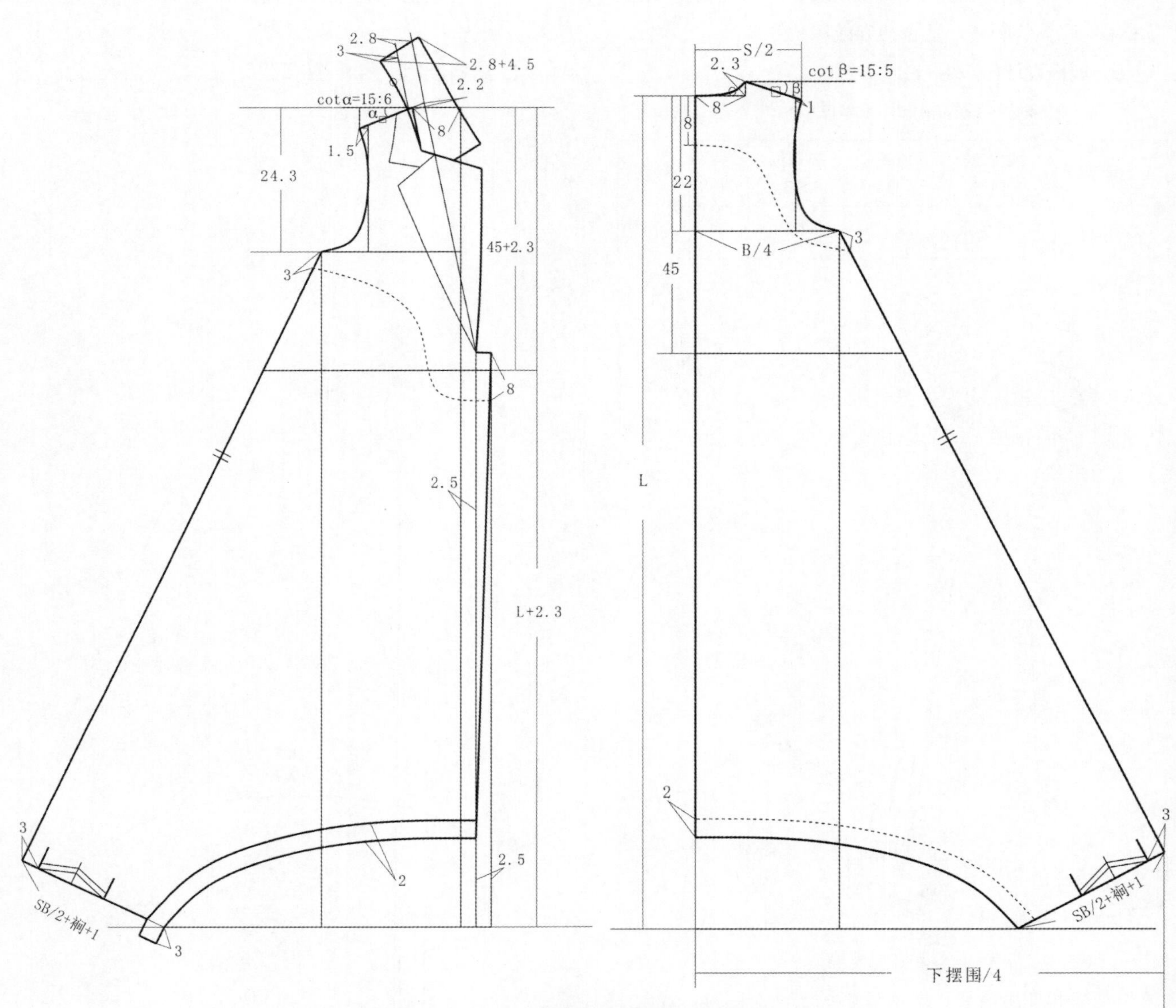

图 8-19-（2） 时尚设计款五的结构图（单位：cm）

附录：样板相关基础知识

基础知识一：服装号型标准及应用

一、GB/T 1335 服装号型系列简介

根据我国人体的新变化及参照国外先进标准，为弥补GB/T 1335—1997 标准的不足之处，我国对 GB/T 1335 服装号型系列标准再次进行了修订，分别在 2008 年和 2009 年发布，并分别于 2009 年和 2010 年开始实施新的标准。标准分男、女成年及儿童三种。其代号分别是男（GB/T 1335.1—2008）、女（GB/T 1335.2—2008）、儿童（GB/T 1335.3—2009），均为推荐标准。在保持 GB/T 1335—1997 国家标准先进性、合理性和科学性的基础上，为了进一步和国际接轨，GB/T 1335 新版国家标准对 1998 年起实施的标准进行了以下的修订和补充。

（1）修改了标准的英文名称。

（2）修改了标准的规范性引用文件。

（3）拓宽了号型系列及范围，如：男子的身高增加到 190cm，净胸围增加到 106cm，腰围增加到 112cm；女子的身高增加到 180cm，净胸围增加到 112cm，腰围增加到 106cm。

（4）在附录中增加了号为 190（男子）和 180（女子）的控制部位值。

二、号型的内容

1. 号型定义

服装号型是服装长短和肥瘦的标志，是根据正常人体体型规律和使用需要，选用最有代表性的部位，经过合理归并设置的。

“号”：是以 cm 表示的人体身高（从头顶垂直到地平面）。其中也包含颈椎点高、坐姿颈椎点高、腰围高等各主要控制部位数值。“号”是设计服装长度的依据。

“型”：是以 cm 表示的人体净胸围或腰围。其含义同样包含相关联的净臀围、颈围、总肩宽等主要围度或宽度控制部位数值。

2. 体型分类

为了解决成年装中上、下装配套难的矛盾，从国家标准 GB/T 1335—1991 服装号型制订起，还将成年人号型分为 Y、A、B、C 四种体型，并进行合理搭配。四种体型是根据胸围和腰围的差值范围来划分的（表 9-1）。全国及分地区女子的各体型所占的比例表见 9-2。

表 9-1 成人体型分类表（单位：cm）

体型代号	男性胸腰差（B-W）	女性胸腰差（B-W）
Y	17 ~ 22	19 ~ 24
A	12 ~ 16	14 ~ 18
B	7 ~ 11	9 ~ 13
C	2 ~ 6	4 ~ 8

注：Y 型是胸围大、腰围小的体型，称运动体型。

A 型是胖瘦适中的标准体型。

B 型是胸围丰满、腰围微粗的体型，也称丰满型。

C 型是腰围较粗的较胖体型（胸围丰满）。

表 9-2 全国及分地区女子的各体型所占的比例（%）

地区	Y	A	B	C	不属于所列 4 种体型
1. 华北、东北	15.15	47.61	32.22	4.47	0.55
2. 中西部	17.50	46.79	30.34	4.52	0.85
3. 长江下游	16.23	39.96	33.18	8.78	1.85
4. 长江中游	13.93	46.48	33.89	5.17	0.53
5. 两广、福建	9.27	38.24	40.67	10.86	0.96
6. 云、贵、川	15.75	43.41	33.12	6.66	1.06
全国	14.82	44.13	33.72	6.45	0.88

3. 号型表示

服装号型的表示：号与型之间用斜线分开，后接体型分类代号。例如：女 160/84A，其中 160 表示人体身高为 160cm，84 表示净体胸围为 84cm，体型代号 A 表示胸围减腰围的差数如（女子为 14 ～ 18cm）。

市场上销售的所有服装商品必须标明号型。套装中的上、下装必须分别标明号型。在服装结构设计制图的成品规格中，也必须先标明该品种或款式的号型，这样才能正确地进行结构设计及制图、推板和制板。

4. 号型系列（表 9-3）

号型系列组成：号型系列是以各类体型的中间体为基准，以同一种规律向上、下依次递增或递减组成。而服装规格则是以此系列为基础，按品种、款式等需要的放松量进行结构尺寸设计。

“号”的分档系列：成人的“号”（身高）以 5cm 分档，组成系列。男子的号以 150 ～ 190cm 设置范围组成系列；女子的号以 145 ～ 180cm 设置范围组成系列。

“型”的分档系列：成人的“型”即净胸围或净腰围分别以 4cm、2cm 分档，组成系列。

按四类体型组成系列：成年男女以身高、净胸围、净腰围，按四类体型分别组成 5・4、5・2 系列。

表 9-3 服装号型系列设置范围表（单位：cm）

号型系列									
性别	体型分类	号（身高）			型（胸围、腰围）				
		设置范围	档差	档数	型	设置范围	系列	档差	档数
男	Y 型（17 ~ 22）	155 ~ 190	5	8	胸围	76 ~ 104	5・4	4	8
					腰围	58 ~ 86	5・4	4	8
						56 ~ 86	5・2	2	6
	A 型（12 ~ 16）	155 ~ 190	5	8	胸围	72 ~ 104	5・4	4	9
					腰围	58 ~ 90	5・4	4	9
						56 ~ 92	5・2	2	19
	B 型（7 ~ 11）	150 ~ 190	5	9	胸围	72 ~ 112	5・4	4	11
					腰围	64 ~ 104	5・4	4	11
						62 ~ 104	5・2	2	22
	C 型（2 ~ 6）	150 ~ 190	5	9	胸围	76 ~ 116	5・4	4	11
					腰围	72 ~ 112	5・4	4	11
						70 ~ 112	5・2	2	22
女	Y 型（19 ~ 24）	145 ~ 180	5	8	胸围	72 ~ 100	5・4	4	8
					腰围	52 ~ 80	5・4	4	8
						50 ~ 80	5・2	2	16
	A 型（14 ~ 18）	145 ~ 180	5	8	胸围	72 ~ 100	5・4	4	8
					腰围	56 ~ 84	5・4	4	8
						54 ~ 86	5・2	2	17
	B 型（9 ~ 13）	145 ~ 180	5	8	胸围	68 ~ 108	5・4	4	11
					腰围	58 ~ 98	5・4	4	11
						56 ~ 98	5・2	2	22
	C 型（4 ~ 8）	145 ~ 180	5	8	胸围	68 ~ 112	5・4	4	11
					腰围	62 ~ 106	5・4	4	11
						60 ~ 106	5・2	2	24

5. 中间体及控制部位（表 9-4）

中间体是指在大量实测的成人人体数据总数中占有最大比例的体型数值。国家标准中设置的中间体具有较广泛的代表性，是针对全国范围而言，各地区的情况会有差别，所以，对中间体号型的设置应根据各地区的不同情况及产品的销售方向而定，不宜照搬，但规定的系列不能变。在设计服装规格时必须以中间体为基准，按一定分档数值，在表 9-3 的设置范围内向上下、左右推档组成规格系列。

6. 号型应用

（1）选购服装前，消费者先要确定自己的体型，然后在某个体型中选择近似的号和型的服装。

每个人的实际人体尺寸，有时与服装号型档次并不吻合。如身高 167cm、胸围 90cm 的人，身体尺寸是在 165 号～170 号、88 型～92 型之间，因此，需要向接近身高、胸围或腰围尺寸的号型靠拢。

①按身高数值，选用“号”。

例如：身高　163～167　168～172

　　　选用号　165　　170

②按净体胸围数值，选用上衣的“型”。

例如：净体胸围　82～85　86～89

　　　选用型　84　　88

③按净体腰围数值，选用下装的“型”。

例如：净体腰围　65～66　67～68

　　　选用型　66　　68

（2）服装工业生产企业在选择和应用号型系列时应注意以下几点：

①必须从标准中规定的各个系列中选用适合本地区的号型系列。

②无论选用哪个系列，必须考虑每个号型适应本地区的人口比例和市场需求情况，相应地安排生产数量。各体型人体的比例、分体型、分地区的号型覆盖率可参考查阅详细的服装号型资料。同时，必须注意安排生产一定比例的两头的号型，以满足各部分人的穿着需要。

③标准中规定的号型不够用时，可扩大号型设置范围，以满足他们（虽然这部分人占的比例不大）的需求。扩大号型范围时，应按各系列所规定的分档数和系列数进行。

表 9-4 成人中间体尺寸表（单位：cm）

<table>
<tr><th rowspan="2">部位</th><th colspan="4">男子</th><th colspan="4">档差</th><th colspan="4">女子</th><th colspan="4">档差</th></tr>
<tr><th>Y</th><th>A</th><th>B</th><th>C</th><th colspan="2">5·4 系列</th><th colspan="2">5·2 系列</th><th>Y</th><th>A</th><th>B</th><th>C</th><th colspan="2">5·4 系列</th><th colspan="2">5·2 系列</th></tr>
<tr><td>身高</td><td>170</td><td>170</td><td>170</td><td>170</td><td colspan="2">5</td><td colspan="2">5</td><td>160</td><td>160</td><td>160</td><td>160</td><td colspan="2">5</td><td colspan="2">5</td></tr>
<tr><td>颈椎点高</td><td>145</td><td>145</td><td>145.5</td><td>146</td><td colspan="2">4</td><td colspan="2">4</td><td>136</td><td>136</td><td>136.5</td><td>136.5</td><td colspan="2">4</td><td colspan="2">4</td></tr>
<tr><td>坐姿颈椎点高</td><td>66.5</td><td>66.5</td><td>67</td><td>67.5</td><td colspan="2">2</td><td colspan="2">2</td><td>62.5</td><td>62.5</td><td>63</td><td>62.5</td><td colspan="2">2</td><td colspan="2">2</td></tr>
<tr><td>全臂长</td><td>55.5</td><td>55.5</td><td>55.5</td><td>55.5</td><td colspan="2">1.5</td><td colspan="2">1.5</td><td>50.5</td><td>50.5</td><td>50.5</td><td>50.5</td><td colspan="2">1.5</td><td colspan="2">1.5</td></tr>
<tr><td>腰围高</td><td>103</td><td>102.5</td><td>102</td><td>102</td><td colspan="2">3</td><td colspan="2">3</td><td>98</td><td>98</td><td>98</td><td>98</td><td colspan="2">3</td><td colspan="2">3</td></tr>
<tr><td>胸围</td><td>88</td><td>88</td><td>92</td><td>96</td><td colspan="2">4</td><td colspan="2">2</td><td>84</td><td>84</td><td>88</td><td>88</td><td colspan="2">4</td><td colspan="2">2</td></tr>
<tr><td>颈围</td><td>36.4</td><td>36.8</td><td>38.2</td><td>39.6</td><td colspan="2">1</td><td colspan="2">0.5</td><td>33.4</td><td>33.6</td><td>34.6</td><td>34.8</td><td colspan="2">0.8</td><td colspan="2">0.4</td></tr>
<tr><td>总肩宽</td><td>44</td><td>43.6</td><td>44.4</td><td>45.2</td><td colspan="2">1.2</td><td colspan="2">0.6</td><td>40</td><td>39.4</td><td>39.8</td><td>39.2</td><td colspan="2">1</td><td colspan="2">0.5</td></tr>
<tr><td>腰围</td><td>70</td><td>74</td><td>84</td><td>92</td><td colspan="2">4</td><td colspan="2">2</td><td>64</td><td>68</td><td>78</td><td>82</td><td colspan="2">4</td><td colspan="2">2</td></tr>
<tr><td rowspan="2">臀围</td><td rowspan="2">90</td><td rowspan="2">90</td><td rowspan="2">95</td><td rowspan="2">97</td><td>Y/A</td><td>B/C</td><td>Y/A</td><td>B/C</td><td rowspan="2">90</td><td rowspan="2">90</td><td rowspan="2">96</td><td rowspan="2">96</td><td>Y/A</td><td>B/C</td><td>Y/A</td><td>B/C</td></tr>
<tr><td>3.2</td><td>2.8</td><td>1.6</td><td>1.4</td><td>3.6</td><td>3.2</td><td>1.8</td><td>1.6</td></tr>
</table>

（3）号型覆盖率的应用。为了指导消费、组织生产，标准中提供了 2 种服装号型的覆盖率表。

①全国各体型比例和服装号型的覆盖率。它是全国成年男子和成年女子各体型人体在总量中的比例。成年女子的数据见表 9-5、表 9-6。

表 9-5 全国成年女子各体型在总量中的比例（%）

体型	Y	A	B	C
占比	14.82	44.13	33.72	6.45

表 9-6 全国成年女子 A 体型中各号型在总量中的比例

胸围 /cm	身高 /cm					
	145	150	155	160	165	170
	占比 /%					
68		0.43	0.64	0.46		
72	0.39	1.39	2.27	1.74	0.62	
76	0.78	2.95	5.25	4.36	1.70	
80	1.00	4.13	7.95	7.16	3.02	0.59
84	0.85	3.78	7.89	7.71	3.52	0.75
88	0.47	2.27	5.14	5.44	2.69	0.62
92		0.89	2.19	2.52	1.35	0.34
96			0.61	0.76	0.44	

例如，全国成年女子中 A 体型、身高为 160cm、胸围为 84cm 的人体所占的比例：从表 9-5、表 9-6 中查出 A 体型占比 44.13%，160/84A 的人体占比 7.71%，然后计算出 44.13%×7.71%=3.4%。也就是说 160/84A 的人体占比 3.4%。也可以认为，在每 100 件服装中，号型是 160/84A 规格的服装应配置 3.4 件。这对生产厂家的组织生产有着普遍的指导意义。

②地区各体型的比例和号型覆盖率。它是各体型人体在该地区成年男子（或女子）的总量中的比例。长江下游地区成年女子的数据见表 9-7、表 9-8。

表 9-7 长江下游地区女子各体型人体在该地区总量中的比例（%）

体型	Y	A	B	C
占比	16.23	39.96	33.18	8.78

表 9-8 长江下游地区女子 A 体型中身高与胸围覆盖率表

胸围 /cm	身高 /cm					
	145	150	155	160	165	170
	占比 /%					
68		0.40	0.72	0.57		
72		1.37	2.63	2.20	0.81	
76	0.63	2.94	6.02	5.39	2.11	0.36
80	0.80	4.00	8.72	8.32	3.47	0.63
84	0.64	3.43	7.98	8.12	3.61	0.70
88	0.33	1.86	4.61	5.00	2.37	0.49
92		0.64	1.68	1.95	0.99	
96			0.39	0.48		

从表中查数据及计算方法同上。

三、女性人体与服装号型的比例关系

1. 各控制部位的量体示意图（图 9-1）

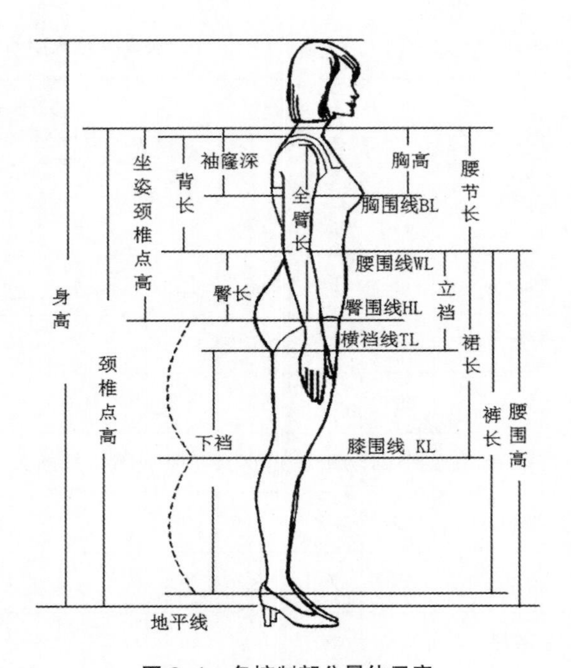

图 9-1 各控制部分量体示意

2. 中间体控制部位的号型计算方法（表 9-9）

3. 我国女性人体长度及围度的比例参考值（表 9-10、表 9-11）

表 9-9 女装中间体尺寸表 （160/84A）（单位：cm）

基本尺寸	身高	坐姿颈椎点高（衣长 L）	全臂长（袖长 SL）	腰围高（裤长 L）	胸围（型 B）	颈围（领围 N）	总肩宽（S）	腰围（W）	臀围（H）
	160	62.5	50.5	98	84	33.6	39.4	68	90
号型计算方法	号	2/5 号 ±X	0.3 号 ±X	3/5 号 ±X	型 + 松量 =B	型 ×40%	型 ×46.9%	型 ×81%	型 ×107%
参考尺寸	背长	前腰节长	胸高（BP）	股上长（立裆）	臀长	头围	腕围（袖口围）	掌围（袖口围）	上臂围（袖肥）
	38	41	25	24.5	18	56	16	20	28
号型计算方法	1/4 号 − 2	1/4 号 +1	1.5/10 号 +1	号 /10+H/10	号 /10+2	型 ×65%	型 ×20%（B/10+4）	型 ×23.8%（B/10+4）	型 ×34%（B/5±X）

表 9-10 我国女性人体部位长度与头长、身高相比的比例参考值

人体部位	身高	颈长（领高）	BP 位（胸高位）	腰节位（腰节长）	全臂长（袖长）		手掌长	臀长	下肢长（腰围高或裤长）		
									股上长	股下长	
					上臂长	下臂长				大腿长	小腿长
与头长比	7	1/4	1	5/3	4/3	1	2/3	5/7	6/5	8/5	4/3
与身高比	100 %	3.6 %	14.3 %	24 %	19 %	14.3 %	10 %	16 %	17.3 %	23 %	21 %

表 9-11 我国女性人体围度与胸围相比的比例参考值

人体部位	头围	颈围（领围）	上臂围（袖肥）	手腕围	掌围	腋围（袖肥）	下胸围	腰围	臀围	大腿围	全裆围（横裆围）
				（袖口围）							
与胸围比	65 %	40 %	34 %	20 %	23.8 %	30 %	91 %	81 %	107 %	66 %	77 %

四、服装号型与服装成品规格设计

1. 三围放松量的设计

服装胸围放松量设计是其他围度控制部位规格设计的依据。胸围、腰围、臀围三围放松量的关系，以女装为例：按服装款式造型确定胸围放松量；腰围放松量一般大于（大 1 ～ 2cm）或等于胸围放松量，在特殊情况下如腰部需要很合体时，腰围放松量可以小于（小 1 ～ 2cm）或等于胸围放松量，臀围放松量一般小于（小 2cm 左右）或等于胸围放松量。胸围放松量参考值见表 9-12。

表 9-12 服装胸围放松量设计参考表（单位：cm）

胸围加放尺寸 = 人体基本活动放松量 + 内层衣服放松量 + 服装款式造型放松量			
人体基本活动放松量	内层衣服放松量	服装款式造型放松量	
型 ×（10% ～ 12%）	2π × 内层衣服厚度	紧身型	−6 ～ −4
		合体型	−2 ～ 2
		较合体型	2 ～ 6
		较宽松型	6 ～ 10
		宽松型	12 以上

2. 服装其他控制部位放松量设计（表 9-13）

表 9-13 服装其他控制部位放松量设计参考表（单位：cm）

	夏季			春秋季			冬季		
领围 N	立领		翻领	立领		翻领	立领		翻领
	2 ~ 3		3 ~ 5	5		6 ~ 8	8 ~ 10		10 ~ 12
总肩宽 S	紧身型	合体型	宽松型	紧身型	合体型	宽松型	紧身型	合体型	宽松型
	-2 ~ -1		2 ~ 4	0	1 ~ 2	4 以上	1 ~ 2	2 ~ 4	6 以上
备注	无领、无袖可根据款式造型任意设计								

3. 服装开口围度的设计（表 9-14）

表 9-14 服装开口的最小值围度参考表

部位	决定因素	平均最小值
袖口	手掌通过的围度	22cm
领口	头围	55cm
裤口	脚腕通过的位置	30cm
裙摆	一般步行时两膝围度（步距为 62 ~ 67cm）	短裙在膝上 10cm 处围度 90 ~ 98cm
		中裙在膝中点处围度 96 ~ 104cm
		长裙在小腿中段处围度 125 ~ 135cm
		超长裙在踝骨处围度 138 ~ 154cm

4. 人体着装极限尺寸

1）人体着装极限尺寸概念

极限尺寸是在抛开服装款式设计因素的前提下提出来的。着装极限尺寸是指服装为适应人体生活常态中的运动、穿脱、美观等需求来考虑的一种松量极限尺寸，并非人体工程学中所指的极限尺寸概念。这里强调生活常态，即强调现实社会中着装效果尺度的把握，该尺度的极限能被正常生活状态接受（不包括反叛类型的服装和着装），不影响着装形式和运动常态。

2）围度极限测量部位及注意事项（非弹性面料）

（1）领围：关门领的领围尺寸在颈围的基础上加放 2cm 是比较合适的，但极限小时也可采用加放 1cm，如若不加放而直接采用颈围尺寸，穿着时将会使人感到窒息。领围尺寸极限大的情况较为复杂，以下面例举的几种服装来加以分析：

①贯头衫（又称套头衫），必须考虑能够将头从领口处套进套出，即要求领围不小于头围；必须考虑套头衫是否会影响到发式的固定。

②横开领口较大的服装，必须防止领口横开过大，造成衣服从肩部滑落，即横开领口总大小要小于肩宽。

③直开领口较深的服装，必须考虑领口开深了是否会使乳房外露，造成不雅。

（2）胸围：

①尺寸极限小时：如紧身服装极限小的加放量（通常仅供人体呼吸）是 2cm，但还要考虑必要的皮肤伸展量 2cm，这样极限小加放量尺寸就不能小于 4cm，即成品服装胸围 = 人体净胸围 +4cm。

②尺寸极限大时：胸围的极限大加放必须与肩部宽度尺寸的加放成正比。露肩裙上胸围极限尺寸不能大于人体净尺寸，否则会造成下滑。

（3）腰围：

①尺寸极限小时：紧小型服装腰围尺寸通常就是人体净腰围尺寸，极限小尺寸可比人体净腰围再小 2cm，虽不会对人体产生太大的压迫感，但穿着时已感不适。古代的紧身胸衣例外。

②尺寸极限大时：裤、裙腰围的极限大尺寸不大于髋部围度尺寸，若为低腰型则必须不大于中臀围尺寸。

（4）臀围：臀围极限大小通常与腰围相配合。腰围小时则臀围可大，臀围小时则腰围可大。臀围极限小尺寸，以坐姿为常态，一般加放 3cm。

（5）袖窿围：袖窿围大于或等于臂根围。当袖窿围等于臂根围时，有夹紧感，穿着不舒服；当袖窿围大于臂根围时，通常以袖窿深来衡量，而袖窿深又常因服装穿着层次变化而变化。

①袖窿深极限浅小时，以没有夹紧感为原则。

②袖窿深极限深大时：a. 无袖女夏装，必须考虑袖窿极限深是否会使胸罩带子露出或乳房侧面外露而造成不雅；b. 装袖服装会产生抬臂有牵拉感和抬臂困难，可以分合体袖和宽松袖进行测试；c. 结构组合中还应考虑袖窿与袖山的匹配极限，即袖窿深不低于袖山深加2cm，袖窿宽不大于袖肥。

（6）袖口（无开衩）：袖口极限小尺寸应考虑能使团状手掌通过，还应考虑袖口上捋到前臂根部、肘部等时尺寸的极限要求。

（7）脚口（无开衩）：脚口极限小尺寸应考虑能使脚崩直后通过；短裤还应考虑大腿围及走路时所需活动的尺寸，否则裤口会磨坏大腿；同时还要考虑加放尺寸过大是否会使内裤显露，造成不雅。

（8）摆围：

①衣摆围：若衣摆位于臀围处，衣摆≥臀围 +4cm。

②裙摆围：不同的裙子长度应考虑不同的摆围，裙摆围度极限是以步行方便为原则的，有时因裙造型需要摆围尺寸小于步行所需尺寸，此时则应考虑开衩（开衩长度的极限见后面分析）。

（9）胸背宽：与胸围、肩宽成正比，装袖结构上衣的背宽不能小于胸宽。

（10）其他部位：围度极限量应与以上部位相同或有密切的关联。

3）长度极限测量部位及注意事项

（1）裙（衣）长：

①极限长时：裙（衣）后部长度可以很长或拖地；而前部长度，则要受到步行方便的条件限制，因此前部极限长长度以盖住脚背为合适。

②极限短时：应考虑是否会显露内裤，造成不雅。

（2）袖长：袖子极限长时要以露出五指为适宜，再长一些或更长则不便于生活和工作（水袖除外）。在确定袖长尺寸时一定要考虑肩宽尺寸带来的影响因素。

（3）开衩长：服装开衩通常有功能性作用，一般是摆围尺寸达不到人体活动、步行等所必要的围度尺寸要求时就采用开衩来弥补。

①极限短时：裙子开衩极限短尺寸可以通过公式获得，即开衩极限短尺寸 =（步行围 - 裙摆围）/2。同理可获得其他开衩极限短数据的计算方式。

②极限长时：侧边可以比前后开衩略高，以不显露内裤为原则。

（4）拉链长：装拉链的目的是为了穿脱方便，因此连衣裙、连身衣侧缝等处装拉链一定要使拉链开口量加腰围尺寸不小于人体肩部宽围尺寸或臀围尺寸；裙子、裤子装拉链一定要使拉链开口量加腰围尺寸不小于人体臀围尺寸，特别是男裤，还应考虑其生理功能，拉链封口不能高于人体耻骨 5cm。

（5）领高：领高 6cm 以上的领口要符合下巴的围度。

（6）其他部位：长度极限量如裤裆部长度等可通过实验获取经验数据。

4）常用女装的规格设计参考

见表 9-15、表 9-16。

表 9-15 常用女下装成品规格放松量参考表（单位：cm）

部位	长裤	短裤	女裙
裤长	3/5 号 +（2 ~ 6 或腰头宽）	2/5 号 -（15 ~ 20）	—
腰围	合体、较合体：型 +（0 ~ 1） 宽松、较宽松：型 +（0 ~ 2）	型 +（0 ~ 2）	型 +（0 ~ 2）
臀围	合体：净臀围 +（3 ~ 6） 较合体：净臀围 +（6 ~ 12） 较宽松：净臀围 +（16 ~ 20） 宽松：净臀围 +（20 以上）	合体：净臀围 +（3 ~ 6） 较合体：净臀围 +（6 ~ 12） 较宽松：净臀围 +（12 ~ 18） 宽松：净臀围 +（18 以上）	合体：净臀围 +（2 ~ 4） 较合体：净臀围 +（4 ~ 5） 较宽松：净臀围 +（5 ~ 6） 宽松：净臀围 +（6 以上）
裙长	—	—	原型直裙：2/5 号 - 4

表 9-16 常用女装成品规格设计参考表（单位：cm）

种类	衣长		袖长		胸围	总肩宽	领围
	测量标准	计算公式	测量标准	计算公式			
短式背心	腰节下	2/5 号	—	—	型 +（8 ~ 12）	3/10B+10.4	3/10B+8.6
中短袖衬衫	虎口上 2	2/5 号 +（2 ~ 4）	上臂 2/3	3/10 号 27 左右	—	—	—
长袖衬衫	虎口上 2	2/5 号 +（2 ~ 4）	腕凸下 1	3/10 号 +（5 ~ 6）	型 +（8 ~ 12）	3/10B+10.4	3/10B+7.5
马甲	腰围线下 17 左右	2/5 号 − 8 左右	—	—	型 +（8 ~ 12）	—	—
春秋装、西装	齐虎口	2/5 号 +（2 ~ 4）	腕凸下 1	3/10 号 +（5 ~ 6）	型 +（10 ~ 18）	3/10B+11	3/10B+8.6
中式服	齐虎口	2/5 号 +（2 ~ 4）	腕凸下 2	3/10 号 +10 左右	型 +（16 ~ 22）	3/10B+10.4	3/10B+8.3
短大衣	虎口下 1	2/5 号 +（6 ~ 8）	齐虎口	3/10 号 +（8 ~ 9）	型 +（18 ~ 24）	3/10B+10.4	3/10B+9
中大衣	齐膝位	3/5 号 +4	齐虎口	3/10 号 +（8 ~ 9）	型 +（20 ~ 24）	3/10B+10.4	3/10B+9
长大衣	膝下 8 ~ 10	3/5 号 +10 左右	齐虎口	3/10 号 +（8 ~ 9）	型 +（20 ~ 30）	3/10B+10.4	3/10B+9
风雨衣	膝下 8 ~ 10	3/5 号 +10 左右	齐虎口	3/10 号 +（8 ~ 9）	型 +（20 ~ 30）	3/10B+10.4	3/10B+9
旗袍	踝上 10	3/5 号 +26 左右	腕凸下 1	3/10 号 +（5 ~ 6）	型 +（4 ~ 6）	3/10B+10.4	3/10B+8.3
长旗袍	齐足踝	3/5 号 +38.5 左右	腕凸下 1	3/10 号 +（5 ~ 6）	型 +（6 ~ 8）	3/10B+10.4	3/10B+8.3
连衣裙	齐膝位	3/5 号 +4	—	—	型 +（6 ~ 8）	3/10B+10.4	3/10B+8
备注	1.B 是成品胸围，以上各品种均指正常体型。 2. 非弹性面料。 3. 测量方法：①穿内衣测量；②穿一件紧身毛衣时围度一般要大 2cm 左右，穿一件毛衣时一般要大 3cm 左右。						

五、服装号型标准在工业样板中的运用

1. 服装号型系列标准是服装工业化生产中的基础标准

服装工业化生产，需要在产品质量、规格、检验等方面作出统一的、规范的技术规定，这些技术规定统称服装标准。而服装号型标准又是最基础标准，是服装工业化生产制定质量、规格、检验等技术标准体系的基础和前提，也是国家服装工业组织研究、开发、设计、生产和销售的共同依据。对于组织服装生产有三个方面的突出作用：

（1）号型标准是服装设计，特别是结构设计长短、肥瘦的依据，有了全国统一的标准，使生产、销售和购买更加方便。

（2）号型及主要控制部位数值又是服装成品规格设计的直接依据，使四季服装的规格不受流行款式变化的影响。

（3）号型系列及各控制部位分档数值是工业推板中号型、规格档差（规格差）的基础依据。

三个方面的综合作用，可以保证服装工业生产规范标准，款型结构不走样并提高工作效率和质量。因此服装号型规格标准的优势，直接影响着服装工业化的发展和技术交流。

2. 服装规格系列的设计

国家服装号型的颁布，给服装规格设计特别是成衣生产的规格设计，提供了可靠的依据。服装号型提供的均是人体尺寸，成衣规格设计的任务就是以服装号型为依据，根据服装款式、穿着层次、活动量要求等因素，加放不同的放松量来制订出服装规格，满足市场的需要。这也是贯彻服装号型标准的最终目的。

在进行成衣规格的设计时，由于成衣是一种商品，属于商品设计的一部分，它和“量体裁衣”完全是两种概念，必须考虑能够适应多数地区和多数人的体型和规

格要求。个别人或部分人的体型和规格要求，都不能作为成衣规格设计的依据，而只能作为一种信息和参考。成衣规格设计，必须依据具体产品的款式和风格造型等特点要求，进行相应的规格设计。所以规格设计是反映产品特点的有机组成部分。同一号型的不同产品，可以有多种的规格设计，具有鲜明的相对性和应变性。

1）服装规格系列设计的原则

①中间体不能变，须根据标准文本中已确定的男、女各类体型的中间体数值来进行规格设计，不能自行更改。

②号型系列和分档数值不能变。

下面给出女子各种体型号型系列表（见表 9-17 至表 9-20），以供规格设计时使用。

③控制部位数值不能变。

控制部位是指在设计服装规格时必须依据的主要部位。长度方面有身高、颈椎点高、坐姿颈椎点高、全臂长、腰围高；围度方面有胸围、腰围、颈围、臀围等。

服装规格中的衣长、胸围、领围、袖长、总肩宽、裤长、腰围、臀围等，就是用控制部位的数值加上不同加放量制定的新标准中给出了男子/女子 4 种体型、不同号型系列的控制部位数值，以供将控制部位数值转化为服装规格时使用。女子的数值参见表 9-21 至表 9-24。

④放松量可以变。放松量可以根据不同品种、款式、面料、季节、地区以及穿着者习惯和流行趋势变化。

2）服装规格系列设计的方法

服装规格系列化设计是成衣生产商品性的特征之一，进行设计时必须针对某一具体产品加以说明。

表 9-17 5·4、5·2 Y 号型系列（单位：cm）

Y																
胸围	身高															
	145		150		155		160		165		170		175		180	
	腰围															
72	50	52	50	52	50	52	50	52								
76	54	56	54	56	54	56	54	56	54	56						
80	58	60	58	60	58	60	58	60	58	60	58	60				
84	62	64	62	64	62	64	62	64	62	64	62	64	62	64		
88	66	68	66	68	66	68	66	68	66	68	66	68	66	68	66	68
92			70	72	70	72	70	72	70	72	70	72	70	72	70	72
96					74	76	74	76	74	76	74	76	74	76	74	76
100							78	80	78	80	78	80	78	80	78	80

表 9-18 5·4、5·2 A 号型系列（单位：cm）

A																
胸围	身高															
	145		150		155		160		165		170		175		180	
	腰围															
68			56	58	56	58	56	58								
72	60	62	60	62	60	62	60	62	60	62						
76	64	66	64	66	64	66	64	66	64	66						
80	68	70	68	70	68	70	68	70	68	70	68	70				
84	72	74	72	74	72	74	72	74	72	74	72	74	72	74		
88	76	78	76	78	76	78	76	78	76	78	76	78	76	78		
92	80	82	80	82	80	82	80	82	80	82	80	82	80	82		
96			84	86	84	86	84	86	84	86	84	86	84	86		
100					88	90	88	90	88	90	88	90	88	90		
104							92	94	92	94	92	94	92	94		
108									96	98	96	98	96	98	96	98

表 9-19 5·4、5·2 B 号型系列（单位：cm）

B																								
胸围	身高																							
	145			150			155			160			165			170			175			180		
	腰围																							
72				54	56	58	54	56	58	54	56	58												
76	58	60	62	58	60	62	58	60	62	58	60	62	58	60	62									
80	62	64	66	62	64	66	62	64	66	62	64	66	62	64	66	62	64	66						
84	66	68	70	66	68	70	66	68	70	66	68	70	66	68	70	66	68	70	66	68	70			
88	70	72	74	70	72	74	70	72	74	70	72	74	70	72	74	70	72	74	70	72	74			
92				74	76	78	74	76	78	74	76	78	74	76	78	74	76	78	74	76	78			
96							78	80	82	78	80	82	78	80	82	78	80	82	78	80	82			
108										82	84	86	82	84	86	82	84	86	82	84	86	82	84	86

表 9-20 5·4、5·2 C 号型系列（单位：cm）

C																
胸围	身高															
	145		150		155		160		165		170		175		180	
	腰围															
68	60	62	60	62	60	62										
72	64	66	64	66	64	66	64	66								
76	68	70	68	70	68	70	68	70								
80	72	74	72	74	72	74	72	74	72	74						
84	76	78	76	78	76	78	76	78	76	78	76	78				
88	80	82	80	82	80	82	80	82	80	82	80	82				
92	84	86	84	86	84	86	84	86	84	86	84	86	84	86		
96			88	90	88	90	88	90	88	90	88	90	88	90		
100			92	94	92	94	92	94	92	94	92	94	92	94		
104					96	98	96	98	96	98	96	98	96	98		
108							100	102	100	102	100	102	100	102		
112									104	106	104	106	104	106	104	106

表 9–21 5·4、5·2 Y 号型系列控制部位数值（女子）（单位：cm）

Y																
部位	**数值**															
身高	**145**		**150**		**155**		**160**		**165**		**170**		**175**		**180**	
颈椎点高	124.0		128.0		132.0		136.0		140.0		144.0		148.0		152.0	
坐姿颈椎点高	56.5		58.5		60.5		62.5		64.5		66.5		68.5		70.5	
全臂长	46.0		47.5		49		50.5		52.0		53.5		55.0		56.5	
腰围高	89.0		92.0		95.0		98.0		101.0		104.0		107.0		110.0	
胸围	72		76		80		84		88		92		96		100	
颈围	31.0		31.8		32.6		33.4		34.2		35.0		35.8		36.6	
总肩宽	37.0		38.0		39.0		40.0		41.0		42.0		43.0		44.0	
腰围	50	52	54	56	58	60	62	64	66	68	70	72	74	76	78	80
臀围	77.4	79.2	81.0	82.8	84.6	86.4	88.2	90.0	91.8	93.6	95.4	97.2	99.0	100.8	102.6	104.4

表 9–22 5·4、5·2 A 号型系列控制部位数值（女子）（单位：cm）

A																							
部位	**数值**																						
身高	**145**			**150**			**155**			**160**			**165**			**170**			**175**			**180**	
颈椎点高	124.0			128.0			132.0			136.0			140.0			144.0			148.0			152.0	
坐姿颈椎点高	56.5			58.5			60.5			62.5			64.5			66.5			68.5			70.5	
全臂长	46.0			47.5			49			50.5			52.0			53.5			55.0			56.5	
腰围高	89.0			92.0			95.0			98.0			101.0			104.0			107.0			110.0	
胸围	72			76			80			84			88			92			96			100	
颈围	31.2			32			32.8			33.6			34.4			35.2			36			36.6	
总肩宽	36.4			37.4			38.4			39.4			40.4			41.4			42.4			43.4	
腰围	54	56	58	58	60	62	62	64	66	66	68	70	70	72	74	74	76	78	78	80	82	84	86
臀围	77.4	79.2	81.0	81.0	82.8	84.6	84.6	86.4	88.2	88.2	90.0	91.8	91.8	93.6	95.4	95.4	97.2	99.0	99.0	100.8	102.6	104.4	106.2

表 9-23 5·4、5·2 B 号型系列控制部位数值（女子）（单位：cm）

<table>
<tr><td colspan="23">B</td></tr>
<tr><td>部位</td><td colspan="22">数值</td></tr>
<tr><td>身高</td><td colspan="3">145</td><td colspan="3">150</td><td colspan="2">155</td><td colspan="3">160</td><td colspan="2">165</td><td colspan="3">170</td><td colspan="3">175</td><td colspan="3">180</td></tr>
<tr><td>颈椎点高</td><td colspan="3">124.5</td><td colspan="3">128.5</td><td colspan="2">132.5</td><td colspan="3">136.5</td><td colspan="2">140.5</td><td colspan="3">144.5</td><td colspan="3">148.5</td><td colspan="3">152.5</td></tr>
<tr><td>坐姿颈椎点高</td><td colspan="3">57.0</td><td colspan="3">59.0</td><td colspan="2">61.0</td><td colspan="3">63.0</td><td colspan="2">65.0</td><td colspan="3">67.0</td><td colspan="3">69.0</td><td colspan="3">71.0</td></tr>
<tr><td>全臂长</td><td colspan="3">46.0</td><td colspan="3">47.5</td><td colspan="2">49.0</td><td colspan="3">50.5</td><td colspan="2">52.0</td><td colspan="3">53.5</td><td colspan="3">55.0</td><td colspan="3">56.5</td></tr>
<tr><td>腰围高</td><td colspan="3">89.0</td><td colspan="3">92.0</td><td colspan="2">95.0</td><td colspan="3">98.0</td><td colspan="2">101.0</td><td colspan="3">104.0</td><td colspan="3">107.0</td><td colspan="3">110.0</td></tr>
<tr><td>胸围</td><td colspan="2">68</td><td colspan="2">72</td><td colspan="2">76</td><td colspan="2">80</td><td colspan="2">84</td><td colspan="2">88</td><td colspan="2">92</td><td colspan="2">96</td><td colspan="2">100</td><td colspan="2">104</td><td colspan="2">108</td></tr>
<tr><td>颈围</td><td colspan="2">30.6</td><td colspan="2">31.4</td><td colspan="2">32.2</td><td colspan="2">33.0</td><td colspan="2">33.8</td><td colspan="2">34.6</td><td colspan="2">35.4</td><td colspan="2">36.2</td><td colspan="2">37.0</td><td colspan="2">37.8</td><td colspan="2">38.6</td></tr>
<tr><td>总肩宽</td><td colspan="2">34.8</td><td colspan="2">35.8</td><td colspan="2">36.8</td><td colspan="2">37.8</td><td colspan="2">38.8</td><td colspan="2">39.8</td><td colspan="2">40.8</td><td colspan="2">41.8</td><td colspan="2">42.8</td><td colspan="2">43.8</td><td colspan="2">44.8</td></tr>
<tr><td>腰围</td><td>56</td><td>58</td><td>60</td><td>62</td><td>64</td><td>66</td><td>68</td><td>70</td><td>72</td><td>74</td><td>76</td><td>78</td><td>80</td><td>82</td><td>84</td><td>86</td><td>88</td><td>90</td><td>92</td><td>94</td><td>96</td><td>98</td></tr>
<tr><td>臀围</td><td>78.4</td><td>80.0</td><td>81.6</td><td>83.2</td><td>84.8</td><td>86.4</td><td>88.0</td><td>89.6</td><td>91.2</td><td>92.8</td><td>94.4</td><td>96.0</td><td>97.6</td><td>99.2</td><td>100.8</td><td>102.4</td><td>104.0</td><td>105.6</td><td>107.2</td><td>108.8</td><td>110.4</td><td>112.0</td></tr>
</table>

表 9-24 5·4、5·2 C 号型系列控制部位数值（女子）（单位：cm）

<table>
<tr><td colspan="25">C</td></tr>
<tr><td>部位</td><td colspan="24">数值</td></tr>
<tr><td>身高</td><td colspan="3">145</td><td colspan="3">150</td><td colspan="3">155</td><td colspan="4">160</td><td colspan="2">165</td><td colspan="4">170</td><td colspan="3">175</td><td colspan="2">180</td></tr>
<tr><td>颈椎点高</td><td colspan="3">124.5</td><td colspan="3">128.5</td><td colspan="3">132.5</td><td colspan="4">136.5</td><td colspan="2">140.5</td><td colspan="4">144.5</td><td colspan="3">148.5</td><td colspan="2">152.5</td></tr>
<tr><td>坐姿颈椎点高</td><td colspan="3">56.5</td><td colspan="3">58.5</td><td colspan="3">60.5</td><td colspan="4">62.5</td><td colspan="2">64.5</td><td colspan="4">66.5</td><td colspan="3">68.5</td><td colspan="2">71.0</td></tr>
<tr><td>全臂长</td><td colspan="3">46.0</td><td colspan="3">47.5</td><td colspan="3">49.0</td><td colspan="4">50.5</td><td colspan="2">52.0</td><td colspan="4">53.5</td><td colspan="3">55.0</td><td colspan="2">56.5</td></tr>
<tr><td>腰围高</td><td colspan="3">89.0</td><td colspan="3">92.0</td><td colspan="3">95.0</td><td colspan="4">98.0</td><td colspan="2">101.0</td><td colspan="4">104.0</td><td colspan="3">107.0</td><td colspan="2">110.0</td></tr>
<tr><td>胸围</td><td colspan="2">68</td><td colspan="2">72</td><td colspan="2">76</td><td colspan="2">80</td><td colspan="2">84</td><td colspan="2">88</td><td colspan="2">92</td><td colspan="2">96</td><td colspan="2">100</td><td colspan="2">104</td><td colspan="2">108</td><td colspan="2">112</td></tr>
<tr><td>颈围</td><td colspan="2">30.8</td><td colspan="2">31.6</td><td colspan="2">32.4</td><td colspan="2">33.2</td><td colspan="2">34.0</td><td colspan="2">34.8</td><td colspan="2">35.6</td><td colspan="2">36.4</td><td colspan="2">37.2</td><td colspan="2">38.0</td><td colspan="2">38.8</td><td colspan="2">39.6</td></tr>
<tr><td>总肩宽</td><td colspan="2">34.2</td><td colspan="2">35.2</td><td colspan="2">36.2</td><td colspan="2">37.2</td><td colspan="2">38.2</td><td colspan="2">39.2</td><td colspan="2">40.2</td><td colspan="2">41.2</td><td colspan="2">42.2</td><td colspan="2">43.2</td><td colspan="2">44.2</td><td colspan="2">45.2</td></tr>
<tr><td>腰围</td><td>60</td><td>62</td><td>64</td><td>66</td><td>68</td><td>70</td><td>72</td><td>74</td><td>76</td><td>78</td><td>80</td><td>82</td><td>84</td><td>86</td><td>88</td><td>90</td><td>92</td><td>94</td><td>96</td><td>98</td><td>100</td><td>102</td><td>104</td><td>106</td></tr>
<tr><td>臀围</td><td>78.4</td><td>80.0</td><td>81.6</td><td>83.2</td><td>84.8</td><td>86.4</td><td>88.0</td><td>89.6</td><td>91.2</td><td>92.8</td><td>94.4</td><td>96.0</td><td>97.6</td><td>99.2</td><td>100.8</td><td>102.4</td><td>104.0</td><td>105.6</td><td>107.2</td><td>108.8</td><td>110.4</td><td>112.0</td><td>113.6</td><td>115.2</td></tr>
</table>

以女西服及西裤的规格设计为例进行说明。（注：由于我国幅员辽阔，地区之间穿着习惯不同，成品放松量也不尽相同，以下规格设计是以穿一件薄型羊毛衫、一条薄型针织长内裤为基础，基本上能符合上海、北京、武汉、成都等地的一般穿着习惯。）

（1）上装

第一步：确定号型系列和体型。

①因产品为女上装，所以选用 5.4 系列比较合适。

②体型可以选择 Y、A、B、C 四种类型，也可以选择其中的 1 ～ 3 种体型，这主要根据产品的销售对象、地区情况而定。（假设：本款服装选择 A 体型）

第二步：确定号型设置。

①在表 9-3 中查出女子 A 体型的号型设置范围，“号”的起讫数是 145 ～ 180，“型”的起讫数是 72 ～ 100。

②绘制服装规格系列表（表 9-25）。

表 9-25 5.4 系列 A 号型女西服规格系列表（单位：cm）

部位			型							
			72	76	80	84	88	92	96	100
			规格							
胸围										
肩宽										
号	145	衣长								
		背长								
		袖长								
	150	衣长								
		背长								
		袖长								
	155	衣长								
		背长								
		袖长								
	160	衣长								
		背长								
		袖长								
	165	衣长								
		背长								
		袖长								
	170	衣长								
		背长								
		袖长								
	185	衣长								
		背长								
		袖长								
	180	衣长								
		背长								
		袖长								
备注										

第三步：确定中间体。

从表 9-4 中获得 A 体型女上衣中间体为 160/84A，其人体控制部位数据见表 9-26。

图 9-26 160/84A 人体控制部位数据表（单位：cm）

部位	身高	颈椎点高	坐姿颈椎点高	全臂长	腰围高	胸围	颈围	总肩宽
数值	160	136	62.5	50.5	98	84	33.6	39.4

第四步：计算中间体各服装控制部位规格数值

控制部位的数值都是人体尺寸，并不是服装的规格尺寸，怎样用控制部位数值设计服装规格尺寸，是进行规格设计的关键。我们现在采用控制部位数值加不同的放松量的方法来进行设计。

①服装长度规格的确定：与服装长度有关的控制部位有：“坐姿颈椎点高”，它是决定“衣长”的数值；“全臂长”，它是决定“袖长”的依据；“腰围高”，它是决定“裤长”的依据。所以我们根据这些人体尺寸来决定下列服装规格：

a. 后衣长的确定：女西服的长度一般在臀围线附近，因此，坐姿颈椎点高 -2.5cm=62.5cm-2.5cm=60cm。

b. 背长 = 颈椎点高－腰围高 =136cm-98cm=38cm。

c. 袖长的确定：根据西服袖的特点，要求考虑穿着层次、垫肩厚度、袖山头吃势等因素，共约 5cm 厚，所以，西服的袖长 = 全臂长 +5cm=50.5cm+5cm=55.5cm，其他服装的袖长可根据款式而定。

②服装围度规格的确定：服装围度规格是采用控制部位数值加放一定放松量的方法确定的。

a. 西服的胸围 = 型 + 放松量 =84cm+12cm=96cm。

b. 西服的肩宽 = 人体总肩宽 + 放松量 =39.4cm+0.6cm=40cm。

注意：放松量的取值，可根据不同的款式及穿着要求等设置大小不同的数值。放松量的数值一经确定，在这一款式的规格系列中就是一个不变的常量。这样才能使服装设计制板系列化，成品规格系列化。

第五步：填写中间体服装规格尺寸表。

根据第四步计算结果，将中间体服装规格填入表 9-25 中相应的格子里，得到表 9-27）。

第六步：规格系列组成及系列规格表（表 9-28）。

以中间体为中心，按各部位分档数值，上下或左右依次递增或递减组成规格系列。从表 9-28 查得分档数值：衣长 2cm、背长 1cm、袖长 1.5cm、胸围 4cm、肩宽 1cm。按表 9-18 的号型系列填入表 9-27 中。

表 9-27 5.4 系列 A 号型女西服规格系列表（单位：cm）

部位			型							
			72	76	80	84	88	92	96	100
			规格							
胸围						96				
肩宽						40				
号	145	衣长								
		背长								
		袖长								
	150	衣长								
		背长								
		袖长								
	155	衣长								
		背长								
		袖长								
	160	衣长				60				
		背长				38				
		袖长				55.5				
	165	衣长								
		背长								
		袖长								
	170	衣长								
		背长								
		袖长								
	175	衣长								
		背长								
		袖长								
	180	衣长								
		背长								
		袖长								
备注										

参照国家标准中的号型系列表，填满应填的数值，其中空格部分表示号型覆盖率小，可不安排生产。得到表 9-28。

以上是女西服规格系列设置的全过程，其他品种的规格系列设计相同。

表 9-28 5.4 系列 A 号型女西服规格系列表（单位：cm）

部位			型							
			72	76	80	84	88	92	96	100
			规格							
胸围			84	88	92	96	100	104	108	112
肩宽			37	38	39	40	41	42	43	44
号	145	衣长		54	54	54	54			
		背长		35	35	35	35			
		袖长		51	51	51	51			
	150	衣长	56	56	56	56	56	56		
		背长	36	36	36	36	36	36		
		袖长	52.5	52.5	52.5	52.5	52.5	52.5		
	155	衣长	58	58	58	58	58	58	58	
		背长	37	37	37	37	37	37	37	
		袖长	54	54	54	54	54	54	54	
	160	衣长	60	60	60	60	60	60	60	60
		背长	38	38	38	38	38	38	38	38
		袖长	55.5	55.5	55.5	55.5	55.5	55.5	55.5	55.5
	165	衣长		62	62	62	62	62	62	62
		背长		39	39	39	39	39	39	39
		袖长		57	57	57	57	57	57	57
	170	衣长			64	64	64	64	64	64
		背长			40	40	40	40	40	40
		袖长			58.5	58.5	58.5	58.5	58.5	58.5
	175	衣长				66	66	66	66	66
		背长				41	41	41	41	41
		袖长				60	60	60	60	60
	180	衣长					68	68	68	68
		背长					42	42	42	42
		袖长					61.5	61.5	61.5	61.5
备注										

（2）下装

第一步：确定号型系列和体型。

①因女装产品款式变化大，通常是小批量生产，所以通常采用 5.4 系列。如果要求规格覆盖面广一点，可也采用 5.2 系列。（这里以 5.2 系列为例）

②体型与上装配套选择 A 体型。

第二步：确定号型设置。

表 9-29 5.4 系列 A 号型女西裤规格系列表

部位			型																
			54	56	58	60	62	64	66	68	70	72	74	76	78	80	82	84	86
			规格 /cm																
腰围																			
臀围																			
号	145	裤长																	
	150	裤长																	
	155	裤长																	
	160	裤长																	
	165	裤长																	
	170	裤长																	
	175	裤长																	
	180	裤长																	
备注																			

①在表 9-3 中查出女子 A 体型的号型设置范围，“号”的起讫数是 145 ～ 180，“型”的起讫数是 54 ～ 86。

②绘制服装规格系列表（表 9-29）

第三步：确定中间体。

从表 9-4 中获得 A 体型女上衣中间体为 160/84A，其人体控制部位数据表 9-30。

表 9-30 160/84A 人体控制部位数据表

部位	身高	颈椎点高	坐姿颈椎点高	腰围高	腰围	臀围
数据	160	136	62.5	98	68	90

第四步：计算中间体各服装控制部位规格数值。

服装规格中裤装控制部位主要有：腰围、臀围、裤长。转化为服装尺寸：

①裤装长度规格的确定：裤长 = 腰围高 - 裤脚口离地高度 + 腰头宽 /2=98cm-1.5cm+3÷2cm=98cm。

理想着装状态中，腰头宽的 1/2 处刚好位于人体腰部最细处，也就是腰围高的测量起点，女西裤的腰头宽通常为 3cm，裤腰口上缘高于腰围线 1.5cm，因此要加 1.5cm；其次，赤脚穿裤时，西裤的脚口会略离地，大约 1.5cm 左右，因此在数据上要减 1.5（如裤型不同，或穿着者要穿高跟鞋，则可根据具体情况设计）。其他裤型的裤长的数据可根据这个原理进行设置。

②裤装围度规格的确定：服装围度规格是采用控制部位数值加放一定放松量的方法确定的。

a. 腰围 = 型 +2cm（0 ～ 2cm 松量）=68cm+2cm=70cm。

b. 臀围 = 净体臀围 +10cm=90cm+10cm=100cm。

第五步：填写中间体服装规格尺寸表。

根据第四步计算结果，将中间体服装规格尺寸填入表中相应的格子。（表 9-31）

第六步：规格系列组成及系列规格表（表 9-32）

以中间体为中心，按各部位分档数值，上下或左右依次递增或递减组成规格系列。从表 9-4 查得分档数值：裤长 3cm、腰围 2cm、臀围 1.8cm。按表 9-18 的号型系列填入表 9-31 中。

参照国家标准中的号型系列表，填满应填的数值，其中空格部分表示号型覆盖率小，可不安排生产。得到表 9-32。

表 9-31 5.4 系列 A 号型女西裤规格系列表（单位：cm）

部位			型																
			54	56	58	60	62	64	66	68	70	72	74	76	78	80	82	84	86
			规格																
腰围										70									
臀围										100									
号	145	裤长																	
	150	裤长																	
	155	裤长																	
	160	裤长								98									
	165	裤长																	
	170	裤长																	
	175	裤长																	
	180	裤长																	
备注																			

表 9-32 5.4 系列 A 号型女西裤规格系列表（单位：cm）

部位			型																
			54	56	58	60	62	64	66	68	70	72	74	76	78	80	82	84	86
			规格																
腰围			56	58	60	62	64	66	68	70	72	74	76	78	80	82	84	86	88
臀围			87.4	89.2	91	92.8	94.6	96.4	98.2	100	101.8	103.6	105.4	107.2	109	110.8	112.6	114.4	116.2
号	145	裤长			89	89	89	89	89	89	89	89	89						
	150	裤长	92	92	92	92	92	92	92	92	92	92	92	92	92				
	155	裤长	95	95	95	95	95	95	95	95	95	95	95	95	95	95	95		
	160	裤长	98	98	98	98	98	98	98	98	98	98	98	98	98	98	98	98	98
	165	裤长			101	101	101	101	101	101	101	101	101	101	101	101	101	101	101
	170	裤长					103	103	103	103	103	103	103	103	103	103	103	103	103
	175	裤长							106	106	106	106	106	106	106	106	106	106	106
	180	裤长									109	109	109	109	109	109	109	109	109
备注																			

六、服装号型标准在工业样板中的号型配置

对于服装企业来说，必须根据选定的号型系列编制出产品的规格系列表，这是对正规化生产的一种基本要求。产品规格的系列设计，是生产技术管理的一项重要内容，产品的规格质量要通过生产技术管理来控制和保证。规格系列表中的号型，基本上能满足某一体型90%以上人们的需求，但在实际生产和销售中，由于投产批量小，品种不同，服装款式或者穿着对象不同等客观原因，往往不能或者不必全部完成规格系列表中的规格配置，而选用其中的一部分规格进行生产或选择部分热销的号型安排生产。在规格设计时，可根据规格系列表并结合实际情况编制出生产所需要的号型配置。例如前述女西服A体型规格系列中，选用150～170五个号和76～92五个型，可以有的几种配置方式：

1. 号与型同步配置

配置形式：150/76、155/80、160/84、165/88、170/92。

2. 同号多型配置

配置形式：160/76、160/80、160/84、160/88、160/92。

3. 多号同型配置

配置形式：150/84、155/84、160/84、165/84、170/84。

以上号型配置只是推荐的几种方式，在具体使用时可根据各地区的人体体型特点或者产品特点，在服装规格系列表中选择好号和型的搭配。它可以满足大部分消费者的需求，同时又可以避免生产过量。对一些不好销售、比例比较少的号型，可根据情况设置一些特体服装号型，生产量可以小一些，用以满足不同体型消费者的需求。

基础知识二：服装样板

一、样板定义

样板简单的说就是生产制作服装的图纸，又称纸样、纸板等，是服装生产中裁剪、缝制和后整理等工序中不可缺少的标样，是产品的规格、造型和工艺的主要依据。样板应用于工业化批量生产中时称之为工业样板，也称系列样板。

二、服装工业制板

服装工业制板是提供合乎款式要求、面料要求、规格尺寸和工艺要求的一整套利于裁剪、缝制和后整理的纸样或样板的过程。

款式要求是指样板的款式要与客户提供的样衣或经修改的样衣、款式图的式样及设计师的设计稿相符合。

规格尺寸是指根据样板所制作的成衣规格要同根据服装号型系列而制定的样衣尺寸或客户提供的生产该款服装的尺寸相一致，它包括关键部位的尺寸和小部位尺寸等。

工艺要求是指缝制、熨烫、后整理的加工技术要求需在样板上标明。

服装工业制板并不是简单的做一个样板，它是提供符合工业生产所依据的标准的一个过程，包含了绘制样板、试制样衣、样衣的审视和评价、样板修正、确认样板及制作系列板几个步骤。如样衣评审中发现的问题较多，样板的改动较大，则需要重新试制样衣，然后再评审，直至确认，制作成系列样板。

三、服装工业样板

1. 服装工业样板与单裁单做的区别

单裁单做是指满足某一特定人体的要求，对象是单独的个体，由一个人单独完成，常常忽略了制板的许多过程，尤其是样板的标识和裁片单。

服装工业样板研究的对象是大众化的人、具有普遍化的特点。成衣的工业生产是由许多部门共同完成的，这就要求服装工业样板详细、准确、规范，能够让各个部门（裁剪、缝制、整烫和包装）按纸样进行生产。总的来说，服装工业样板要严格按照规格标准、工艺要求进行设计与制作，裁剪纸样上必须标有纸样绘制符号和生产符号，有些还要在工艺单上详细说明。

2. 工业样板的作用

服装工业样板是服装工业制定技术标准的依据，是裁剪、缝制和部分后整理的技术保证，是生产质检部门进行生产管理、质量控制的重要技术依据。

3. 服装工业样板的分类（表9-33）

表 9-33 服装工业样板分类

工业样板									
裁剪纸样					工艺纸样				
面料样板	里料样板	粘衬样板	内衬样板	辅助样板	修正样板	定位样板	定型样板	定量样板	辅助样板

（1）裁剪纸样

①面料样板：要求结构准确，纸样上标识正确、清晰。

②里料样板：里子样板一般比面子样板大 0.2 ～ 0.3cm，长度一般比面料纸样多一个折边，也有些服装会使用半里。如里子与面子之间还有内衬，如棉夹克里子纸样应更长些，以备绢好内衬棉后做一定的修剪。

③粘衬样板：衬布有有纺与无纺、可缝与可粘之分，根据不同的面料、部位、效果，有选择的使用衬布。衬布样一般要比面料小 0.3cm。

④内衬样板：介入大身与里子之间，主要起到保暖的作用。毛织物、弹力絮、起绒布、法兰绒等常作为内衬。内衬经常绗缝在里子上，但挂面的内衬是缝在面子上的。

⑤辅助样板：一般较少，只是起到辅助裁剪的作用，如夹克中松紧长度样板、用于挂衣的织带长度样板等。辅助样板也可归类于工艺纸样中的辅助样板。

（2）工艺样板

①修正样板：主要用于校对裁片，如在缝制西服之前，裁片经过高温加压粘衬后会发生热缩变形等现象，这就需要用标准的纸样修剪裁片。另外，对格、对条的衣片也需要修正纸样，由于大批量开裁时会造成条、格的错开，所以要每件对条、对格地修剪裁片。修正样板有时可归类为裁剪纸样。

②定位样板：在缝制过程中用于确定某些部位、部件位置的样板，主要用于不易钻孔定位的高档毛料产品的口袋、扣眼、省道等位置的定位。定位样板多以邻近相关部位为基准进行定位，通常做成漏花板的形式。定位板有净样、毛样、半净半毛样之分，主要用于半成品中某些部位的定位。定位样板与修正样板有时两者合用。

③定型样板：主要在缝制过程中，用于掌握某些小部位、小部件的形状的样板，如西服的前止口与领子、衬衫的领子与贴袋等。定型纸样一般使用净样板，缝制时要求准确，不允许有误差。定型样板的质地应选择较硬而又耐磨的材料。定型样板根据用法可分为三种：画线模板、缉线模板、扣边模板。

④定量样板：用于衡量某些部位宽度、距离的小型模板。

⑤辅助样板：在缝制与整烫过程中起辅助作用的样板。例如：腰的净样板，用于整烫、定位；裤口净样板，用于校正裤口大小，以保证左右一致等。

参考文献

[1] 白琴芳 . 最新女装构成技术 [M]. 上海：上海科学技术出版社，2002,

[2] 周丽娅，周少华 . 服装结构设计 [M]. 北京：中国纺织出版社，2002.

[3] 戴鸿 . 服装号型标准及其应用 [M]. 2 版 . 北京：中国纺织出版社，2001.

[4] 邹奉元 . 服装工业样板制作原理与技巧 [M] . 杭州：浙江大学出版社，2006.

[5] 戴永甫 . 服装裁剪新法——D 式裁剪法 [M]. 安徽：安徽科学技术出版社，1984.

[6] 冯翼 . 服装技术手册 [M]. 上海：上海科学技术文献出版社，2005.

[7] 蒋金锐 . 裙子设计与制作 [M]. 北京：金盾出版社，2001.

[8] 刘瑞璞，刘维和 . 女装纸样设计原理与技巧 [M]. 2 版 . 北京：中国纺织出版社，2000.

[9] 陈明艳 . 女装结构设计与纸样 [M]. 3 版 . 上海：东华大学出版社，2018.

[10] 张孝宠，桂仁义 . 服装打板技术全编（修订本）[M]. 上海：上海文化出版社，2005.

[11] 吴俊 . 女装结构设计与应用 [M]. 北京：中国纺织出版社，2000.

[12] 张福良 . 成衣样板设计与制作 [M]. 北京：中国纺织出版社，2011.

[13] 潘波，赵欲晓 . 服装工业制板 [M]. 2 版 . 北京：中国纺织出版社，2010.

[14] 鲍卫兵 . 女装工业纸样——内 / 外单打板与放码技术 [M]. 上海：东华大学出版社，2009.

[15] 张文斌 . 服装制版基础篇 [M]. 上海：东华大学出版社，2012.

[16] 张文斌 . 服装结构设计 [M]. 北京：中国纺织出版社，2006.

[17] 章永红 . 女装结构设计（上）[M]. 浙江：浙江大学出版社，2008.

[18] 周丽娅，周少华 . 服装结构设计 . 北京：中国纺织出版社，2002.

[19] 卓开霞 . 女时装设计与技术 [M]. 上海：东华大学出版社，2008.

[20] 朱远胜 . 面料与服装设计 [M]. 北京：中国纺织出版社，2008.

[21] 中国标准出版社 . 服装工业常用标准汇编 [M]. 8 版 . 北京：中国标准出版社，2014.